未来科学家系列 1

计算机是怎样构成的

未蓝文化 / 编著

中国青年出版社

图书在版编目（CIP）数据

计算机是怎样构成的/未蓝文化编著. 一北京: 中国青年出版社, 2022.11
（未来科学家系列; 1）
ISBN 978-7-5153-6781-1

I.①计… II.①未… III.①电子计算机—青少年读物 IV.①TP3-49

中国版本图书馆CIP数据核字（2022）第185825号

未来科学家系列 1
计算机是怎样构成的

编　著: 未蓝文化

出版发行: 中国青年出版社
地　　址: 北京市东城区东四十二条21号
电　　话: (010)59231565
传　　真: (010)59231381
网　　址: www.cyp.com.cn
企　　划: 北京中青雄狮数码传媒科技有限公司
主　　编: 张鹏
策划编辑: 田影
责任编辑: 张佳莹
文字编辑: 李大珊
书籍设计: 乌兰
印　　刷: 天津融正印刷有限公司
开　　本: 787 x 1092 1/16
印　　张: 40
字　　数: 386千字
版　　次: 2022年11月北京第1版
印　　次: 2022年11月第1次印刷
书　　号: ISBN 978-7-5153-6781-1
定　　价: 268.00元（全四册）

本书如有印装质量等问题，请与本社联系
电话: (010)59231565
读者来信: reader@cypmedia.com
投稿邮箱: author@cypmedia.com
如有其他问题请访问我们的网站: http://www.cypmedia.com

前言

　　如今在学校利用计算机进行授课的方式越来越流行，在小学开展编程教育也成了当下的热门话题，不少学生因此对编程产生了兴趣。

　　以前网络还没有像现在这么发达，手机和计算机也不是大多数人的必需品，而现在无论是在日常生活还是工作中，手机和计算机已经成为我们生活中必不可少的物件。如何让孩子合理地使用它们是非常重要的一件事情。与其禁止孩子玩手机和电脑，不如引导他们熟练地使用手机和电脑编程，了解这些电子产品的内部构造。这样也许能够激发他们对编程的兴趣，将来他们有可能会成为一名优秀的程序员。当然，让孩子体验编程的目的并不止于此。

　　经过这么多年的发展，现在我们身边有很多家电产品都嵌入了计算机程序。网络可以将全世界的计算机关联在一起，缩短了人与人之间的距离，实现了信息共享。随着技术的不断发展，计算机将会渗透到人们生活的各个方面，应用领域也会不断扩展。特别是近年来人工智能突飞猛进的发展，在很大程度上拓宽了计算机的应用领域。

　　计算机已经成为帮助我们实现想法的一种工具，想必大家也会好奇它的工作原理以及内部构造。本书将会带大家认识计算机，包括其内部构造、运行原理以及未来发展趋势。相信通过本书的介绍，会让大家对计算机有一个新的认识。

　　如果阅读完本书之后，再使用计算机进行编程，一定会帮助你理解计算思维，更好地扩展思维能力和理解能力。相信在了解了计算机原理之后，它会成为你得力的小伙伴。

目录

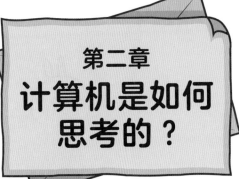

第五章
计算机的
智能化

第四章
计算机也会
遇到危险吗？

你对计算机里都有些什么好奇吗？快来和我们一起学习吧！

虽然大家对计算机并不陌生，

有的人还可以熟练操作它，

但是你真正了解它吗？

在这里将带大家真正认识计算机，

了解它的发展历史和影响力。

第一章

我们该如何理解计算机？

你知道计算机是什么时候出现的吗？

扫码看视频

在古时候，人们使用过的计算工具有手指、石头、结绳、算筹、算盘等。计算机从诞生开始，经历了几百年的发展，从机械式计算机发展到电子计算机，又从电子计算机发展到超大规模集成电路组成的微型计算机。

我们现在见到的计算机都是体积小巧、外表美观的电子设备。你知道吗？其实最初制造出来的电子计算机就像一个庞然大物，而且只能用于特殊领域。计算机最早是因为战争被发明出来的，后来用于解决烦琐的计算任务，进行自动化运算。

| 1623年，德国科学家威廉·契克卡德（Wilhelm Schickard）发明了第一台机械计算机，可进行6位数加减乘除运算。 | 1941年，德国工程师康拉德·楚泽（Konrad Zuse）制造出第一台具有编程能力的电子计算机Z-3。 | 1946年，美国宾夕法尼亚大学（University of Pennsylvania）研制出了世界上第一台现代电子数字计算机ENIAC。 | 1954年，美国贝尔实验室（Bell Labs）研制出世界上第一台全晶体管计算机TRADIC。 | 1965年，美国DEC公司推出了PDP-8型计算机，标志着小型机时代的到来。 |

计算工具的演化经历了由简单到复杂、从低级到高级的不同阶段。计算机在不同的历史时期发挥了各自的历史作用，同时也孕育出了现代计算机的雏形和设计思路。

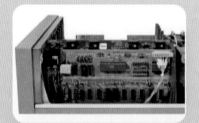  

1974年12月，美国电脑爱好者爱德华·罗伯茨（Edward Roberts）发布了自己制作的配有8080处理器的计算机"牛郎星"。这是世界上第一台装有微处理器的计算机，掀开了个人电脑的序幕。

1983年1月，美国苹果公司推出了世界上第一台商品化的图形用户界面的个人计算机，同时这款计算机也是第一次配备了鼠标。

后来又在之前计算机的基础上发展出了便携式的笔记本。当前笔记本的发展趋势是体积越来越小，重量越来越轻，功能越来越强。

计算机经过无数人的努力才发展到如今的水平。下面将计算机的发展分为6个阶段，介绍其主要的发展节点。

史前时代（1623年—1904年）

1623年，德国科学家威廉·契克卡德制造了人类有史以来第一台机械计算机。

1642年，法国科学家布莱士·帕斯卡（Blaise Pascal）发明了著名的帕斯卡机械计算机，首次确立了计算机器的概念。

1674年，德国数学家戈特弗里德·威廉·莱布尼茨（Gottfried Wilhelm Leibniz）改进了帕斯卡的计算机，并且提出了"二进制"数的概念。

1904年，英国青年工程师约翰·安布罗斯·弗莱明（John Ambrose Fleming）通过"爱迪生效应"发明了人类第一个电子管。

电子管时代（1911 年—1946 年）

1935年，美国IBM制造了IBM601穿孔卡片式计算机，它能在1秒内计算出乘法运算。

1941年，德国工程师康拉德·楚泽（Konrad Zuse）完成Z-3计算机的研制工作，这是第一台可编程的电子计算机。

1944年，美国人霍德华·艾肯（Howard Aiken）负责研制的马克1号计算机在哈佛大学正式运行，它代表了自帕斯卡计算机问世以来机械计算机和电动计算机的最高水平。

1946年，美国宾夕法尼亚大学摩尔学院教授莫契利（Mauchly）和埃克特（Eckert）共同研制成功了ENIAC计算机。

晶体管时代（1947 年—1958 年）

1947年，美国贝尔实验室创造了世界上第一个半导体放大器件——晶体管。

1954年，美国贝尔实验室使用800个晶体管组装了世界上第一台晶体管计算机TRADIC。

1958年，美国IBM推出了IBM7090大型计算机，这是自IBM701以来性能最为优秀的电子管计算机，同时也是其最后一款电子管计算机。

集成电路时代（1959年—1970年）

1959年，TI公司的杰克·基尔比（Jaek kilby）向美国专利局申报专利"半导体集成电路"。同年7月，仙童半导体公司（Fairchild Semiconductor）也向美国专利局申请专利"半导体集成电路"。

1965年，美国DEC公司推出了PDP-8型计算机，标志着小型机时代的到来。

1969年10月，阿帕网美国加州大学洛杉矶分校（UCLA）节点与斯坦福研究院（SRI）节点实现了第一次分组交换技术的远程通信，这也标志着互联网的正式诞生。

微处理器时代（1971年—1979年）

1971年，英特尔（Intel）的特德·霍夫（Ted Hoff）成功研制出第一枚能够实际工作的微处理器4004。

1974年，爱德华·罗伯茨发布了自己制作的装配有8080处理器的计算机"牛郎星"，这也是世界上第一台装配有微处理器的计算机，从此掀开了个人电脑的序幕。

1976年，史蒂夫·沃兹尼亚克（Steve Wozniak）和史蒂夫·乔布斯（Steve Jobs）共同创立了苹果公司（Apple Inc.），并推出了自己的第一款计算机Apple-Ⅰ。

PC* 时代（1980 年至今）

1981年，唐·埃斯特奇（D.Estridge）领导的开发团队完成了IBM个人电脑的研发，IBM宣布了IBM PC的诞生。

1983年，苹果公司推出的Lisa计算机，是世界上第一台商品化的图形用户界面的个人计算机，同时这款电脑也第一次配备了鼠标。

1983年，Novell公司推出了NetWare网络操作系统。

2000年11月，微软宣布推出薄型个人电脑Tablet PC。

目前计算机还在不断变化中，21世纪的计算机与之前相比，将会突破现有的技术瓶颈，向人工智能、神经网络等方向发展。

原来我们现在用的计算机是在这么多人的努力下研究出来的。

对呀！从庞然大物到可以手提的计算机，有很大突破。

---

* PC：Personal Computer，个人计算机。

现代计算机之父——约翰·冯·诺依曼（John von Neumann）

约翰·冯·诺依曼（1903年12月28日至1957年2月8日）是美籍匈牙利数学家、计算机科学家、物理学家。他是20世纪最重要的数学家之一。他曾对世界上第一台电子计算机ENIAC的设计提出过建议。

1946年，冯·诺依曼开始研究程序编制问题，并提出了存储程序控制原理。基于该体系结构可以将计算机划分为五大部分，分别是控制器、运算器、存储器、输入设备和输出设备。

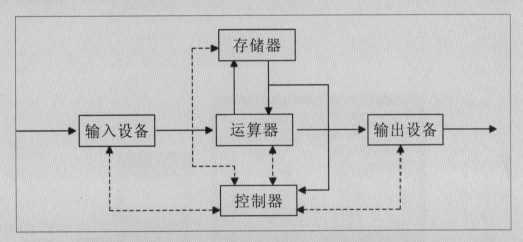

控制器主要是各种电路和固件，比如声卡、显卡、网卡等，主要用于协调指挥计算机各个部件的工作。运算器执行各种算术运算和逻辑运算，主要对数据进行加工和处理。存储器主要负责按指定的地址存入或取出信息。输入设备负责将原始数据和程序传输到计算机中。输出设备负责传达计算的处理结果。

这个原理对之后计算机的设计有着决定性的影响，后来的开发者把这个理论称为冯·诺依曼体系结构。直到现在，计算机仍然采用冯·诺依曼体系结构进行设计。

智能手机也能称为计算机吗？

通常情况下，我们会把计算机称为电脑。其实计算机的范畴很广，我们的个人电脑只是计算机的一个种类。我们平时使用的智能手机、平板电脑也属于计算机。

扫码看视频

计算机是一种能进行高速运算的智能设备，具有存储记忆功能，可以处理海量数据。我们平时用到的智能手机既可以实现数值运算和逻辑计算，又有存储功能，能够实现输入和输出，具备计算机的所有要求，所以它称得上是一台真正意义上的计算机。

计算机可以内置在各种物品中，比如儿童电话手表、全自动洗衣机和汽车上的 GPS（Global Positioning System，全球定位系统）。

原来如此，计算机在我们的生活中真是无处不在呀！

平时我们会使用智能手机和计算机进行上网交流。现在按键手机基本已经被淘汰，我们通常会用手指触屏来操作智能手机，通过鼠标和键盘来操作计算机。对于智能手机来说，我们用手指操作手机的虚拟键盘输入文字，经过手机内部处理后，文字会通过手机屏幕显示出来，这就是手机的输入和输出。

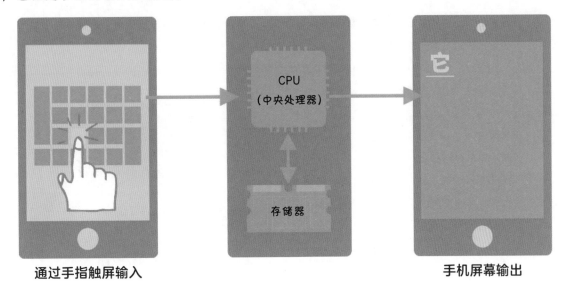

通过手指触屏输入　　　　　　　　　　　　　　　　　手机屏幕输出

对于计算机来说，我们使用键盘、鼠标等设备输入数据，经计算机内部处理后，通过显示器显示内容，这就是计算机的输入和输出。

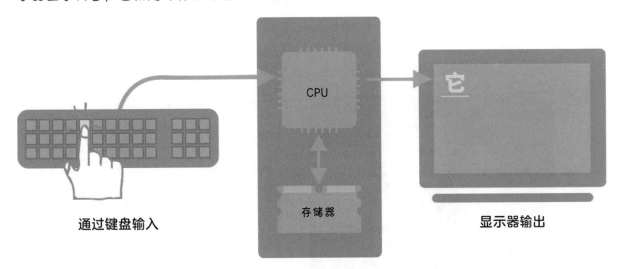

通过键盘输入　　　　　　　　　　　　　　　　　显示器输出

手机通过电容式触摸屏可以感知电流的流动，所以我们通过手指触摸屏幕就可以对手机进行操作。同样，我们也可以通过键盘告诉计算机该做什么。

乔布斯和苹果手机

一说到苹果手机，大家想到的第一个人就是其创始人史蒂夫·乔布斯，他是苹果公司联合创始人之一。乔布斯热衷于电子工程学，只念了一学期就由于经济原因而休学，然后一边上班一边投入到自己的计算机研究中。

1976年，乔布斯和朋友在自己的车库里成立了苹果公司，他们自制的计算机被认为是"苹果Ⅰ号"。1977年，他们向外界展示了苹果Ⅱ号机，并受到欢迎。之后乔布斯又研发出了很多新产品。

后来由于乔布斯与公司管理层的经营理念不同，再加上IBM公司推出了个人电脑，抢占了大片市场，公司董事会便撤销了他的经营权利。乔布斯抗争无果之后便在1985年9月离开了苹果公司。

从苹果公司离开之后，乔布斯成立了皮克斯动画工作室。之后该公司成了众所周知

苹果Ⅱ号机

的3D电脑动画公司，并在1995年推出全球首部全3D立体动画电影《玩具总动员》。

1996年，苹果公司经营陷入困局，乔布斯于苹果危难之中重新回来，并大刀阔斧进行改革，停止了不合理的研发和生产，开始研发新产品iMac和OS X操作系统，让公司渡过了财政危机。

2010年发售的iPad比iPhone要大，是一款集工作、读书、看电影、玩游戏、便携等功能为一体且使用极其方便的计算机，受到了众人的好评，获得了巨大的成功。

真是一个了不起的人呢！

计算机里面究竟装了什么？

当你在使用计算机上网或玩游戏时，有没有想过一个问题：计算机里面究竟装了什么？计算机是一个复杂的电子设备，通过它实现的每一个操作都需要其内部系统控制各个部件进行工作。下面带你一起看看计算机里都装了什么。

扫码看视频

组成计算机的装置叫硬件，硬件是看得见、摸得着的设备。除了硬件之外，计算机里还有软件，以程序和文档的形式存在于计算机的内部，通过在计算机上运行来体现它的作用。硬件和软件需要相互依存，缺一不可。计算机中只有硬件是不够的；只有加入了软件，才能发挥它巨大的作用。

一般我们能看到的台式计算机部件有主机、显示器、键盘和鼠标。其中主机是计算机的主体部分，主机中有主板、CPU、内存、显卡、硬盘、电源等硬件。将计算机拆解之后可以看到连接着很多电子元件的板子，这就是主板。

台式机和笔记本的主板有所区别，不过主板原理是相同的。CPU和内存都集中在这里哦！

计算机电路中的晶体管

如果我们放大主机中的主板，就可以看到排列着密密麻麻的小型电子元件"晶体管"。晶体管是一种半导体器件，可以作为一种可变电流开关，基于输入电压控制输出电流。晶体管之所以能够大规模使用，是因为它能以极低的单位成本被大规模生产。

通过晶体管可以制造出集成电路（IC），而集成电路又可以制造出各种计算机装置。当计算机接通电源后，电流会在电路中流动。如果IC的晶体管中有电流经过就是开启，没有就是关闭。通过将这些开关组合在一起，就可以让计算机正常工作了。

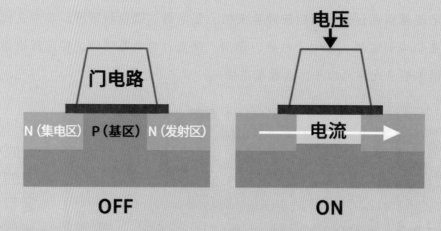

晶体管有大有小，比如有的晶体管为7nm（纳米）。纳米是一个极小的长度单位，1纳米比单个细菌的长度小得多。CPU中的晶体管越多，能处理的数据也就越多，计算机的运行速度就越快。在这个微型的世界中，晶体管一直重复着开启和关闭操作。

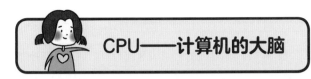

CPU——计算机的大脑

计算机的CPU（Central Processing Unit，中央处理器）是计算机系统运算和控制的核心部分，相当于计算机的大脑，在计算机中具有非常重要的地位。CPU之所以这么重要是因为它基本决定了计算机的运行速度。负责发送指令的控制器和负责计算的运算器都集中在CPU这里。这样你能看出CPU对计算机有多重要了吧。

无论是购买台式机还是笔记本，我们都会考虑影响CPU性能的主要指标，包括主频、CPU的位数、CPU的核心数、缓存等。在购买时可以参考这些指标进行选购。

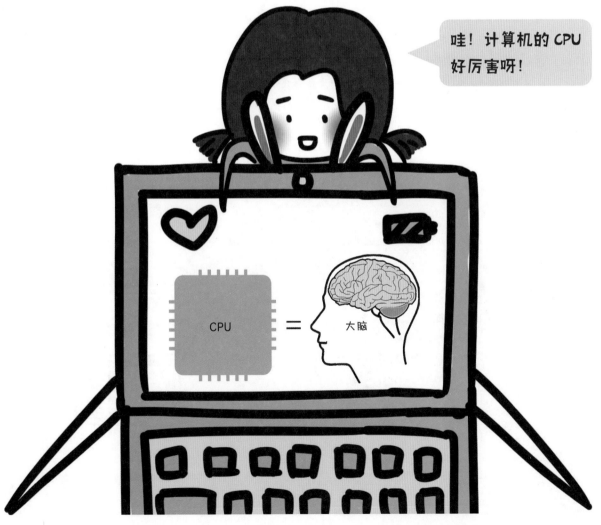

CPU 的主要指标

这里主要介绍影响CPU性能的几个主要指标：主频、核心、缓存。

主频（CPU Clock Speed）就是CPU的时钟频率，它直接决定了CPU的性能。我们可以右击"此电脑"选择"属性"，在"处理器"中就可以看到计算机的主频了。比如2.40GHz、3.60GHz、5.0GHz就是CPU的主频。CPU的主频相当于胳膊上的肌肉，主频越高，力量越大。

CPU的核心指的是内核，CPU中心隆起的芯片就是核心，用于完成所有的计算，比如2核、4核、6核、8核等。核心可以理解为我们的胳膊，2核表示两条胳膊，4核就是4条胳膊，6核就是6条胳膊。

缓存也是CPU中比较重要的一个指标。因为CPU的运算速度非常快，所以当内存读写非常繁忙时，CPU可以把部分数据存入缓存，以此来缓解CPU运算速度和内存读写速度不匹配的问题。

除了以上这几点，还有一个指标——架构，它相当于一个干活的工具。一般来说，每一代CPU的架构都是一样的，因此主要看最新一代处理器就可以了。

现在你知道 CPU 有多重要了吧！

存储器

计算机需要处理大量的数据，所以少不了用来存储数据的地方，这个地方就是存储器。计算机的存储器分为内部存储器和外部存储器。我们先来了解计算机的内部存储器，也就是平时常说的内存。

平时我们在开始学习时，都会把书本、笔、尺子等需要用到的东西摆放到书桌上，然后边看书边学习。其实内存就是将计算机运行时需要的东西暂时存储起来，方便CPU在进行计算和启动程序时使用。

内部存储器（Memory）在计算机中有着举足轻重的作用，它包括随机存储器（Random Access Memory，简称RAM）、只读存储器（Read Only Memory，简称ROM）、高速缓存（Cache）。RAM是与CPU直接交换数据的内部存储器，也可以称为主存或内存，可以随机进行数据的读写，速度很快。不过如果设备断电，RAM中的数据不会被保存。虽然ROM也是内存中的存储器，但是它主要用来存储一些重要的系统信息或启动程序，一般不能修改，只能进行读取，即使设备断电，数据也不会消失。

> 如果我们直接把计算机关机或切断电源，那么保存在RAM中的数据就会像书桌被收拾干净了一样消失不见。

书桌

内存

=

Cache位于CPU和RAM之间，是一个读写速度更快的存储器。当CPU向RAM中写入或读取数据时，这些数据同时会被保存到Cache中。如果CPU再次需要这些数据，会直接从Cache中读取数据，而不是访问相比之下较慢的RAM。当然，如果Cache中没有CPU需要的数据，那么CPU就会去读取RAM中的数据。

RAM就是通常所说的内存，当计算机的内存不够时，可以购买内存条插在主板上扩充内存容量。我们可以根据自身计算机的配置选择内存条，并不是内存条越大越好。ROM通常会固化在主板的某些基础功能芯片上。

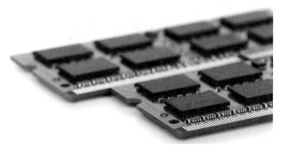

你知道吗？

内存的存储单位

字节（Byte，简称B）是内存在计算机中存储数据的基本单位。注意是基本单位而不是最小单位。我们可以查看自己计算机的内存，比如这里"已安装的内存（RAM）：16.0GB"表示的就是内存的大小为16GB。

系统	
处理器：	Intel(R) Core(TM) i3-9100F CPU @ 3.60GHz 3.60 GHz
已安装的内存(RAM)：	16.0 GB
系统类型：	64 位操作系统，基于 x64 的处理器

除了单位B，还有KB（千字节，简称K）、MB（兆字节，简称M）、GB（千兆字节，简称G）、TB（太兆字节，简称T）。下面是它们之间的换算关系。

1KB=1024B

相当于一篇作文

1MB=1024KB

相当于一本书

1GB=1024MB

相当于一整个书架的书

1TB=1024GB

相当于整个图书馆的书

外部存储器（简称外存）在计算机断电后依然可以保存数据，常见的外部存储器有硬盘、光盘、U盘等。外部存储器的主要作用就是保存数据，这就像大家会把在学校记的笔记带回家一样。与内存相比，外部存储器读取和保存数据的速度比较慢，但是它能传输和存储大量的数据。

CPU不会直接与硬盘进行数据交换，而是需要通过内存。当计算机需要处理数据时，硬盘中的数据会被读取到内存，然后CPU再从内存读取这些数据进行处理。也就是说，硬盘上

的数据只有在装入内存后才会被处理。只有当我们需要保存数据，执行存盘操作时，内存中的数据才会被存入外部存储器中。

硬盘（Hard Disk Drive，简称HDD）是计算机的主要外部存储设备。它由铝制或者玻璃制的碟片组成，这些碟片外面覆盖有铁磁性材料。随着技术的发展，可移动硬盘越来越普及，种类也越来越多。

光盘以光信息为存储载体，用于存储数据。它分为只读光盘和可记录型光盘，比如CD-ROM、DVD-ROM就是只读光盘，CD-RW、DVD-RAM是可记录型光盘。光盘利用激光原理进行数据的读写，是一种辅助存储器。

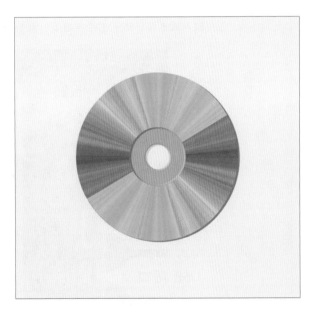

U盘是USB闪存盘的简称，它可以即插即用，便于携带。USB接口可以直接与计算机进行连接，实现数据的传输。USB外部通常是金属或塑料外壳，内部是一张很小的印刷电路板。要想访问U盘中的数据，就必须通过USB接口。

计算机主机的接口

不知道大家有没有听过"接口"这个词；它是计算机与其他设备进行连接的部分。显示器、键盘、鼠标、音响、打印机等设备在与主机进行有线连接时，都需要用到接口。比如鼠标、键盘与主机连接时需要USB接口，台式机显示器与主机连接时需要使用连接线连接主机上的D-Sub接口。

PS/2接口又称圆口，是以前用来连接键盘和鼠标的接口。不过随着USB接口的普及，这种接口的鼠标和键盘越来越少。

集成显卡接口，形状为一侧宽一侧窄，是主机与显示器的连接接口，它包括下图中的D-Sub接口和HDMI接口。

HDMI接口是高清多媒体接口，是一种全数字化视频和声音发送接口。它可以用于个人计算机、机顶盒、DVD播放机等设备。

USB接口是一种串口总线标准，也是一种输入输出接口的技术规范，现在被广泛地应用于各个设备。USB接口可以连接多种外部设备。

网卡接口，用于连接网线和主机，使计算机可以接入外部网络。不过现在很多计算机也会使用无线方式接入网络。

音频输入输出接口用于连接麦克风、音响等设备。

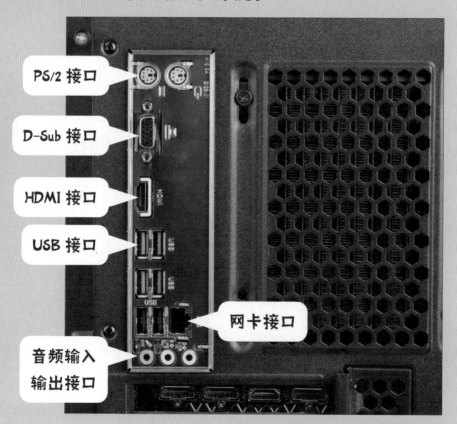

PS/2 接口

D-Sub 接口

HDMI 接口

USB 接口

网卡接口

音频输入
输出接口

输入和输出设备

计算机的输入和输出设备（I/O设备）是进行数据处理的重要的外部设备，它们需要与计算机进行交互，起到人与机器交流的作用。

输入设备（Input Device）是向计算机输入数据和信息的设备，是计算机与用户或其他设备通信的桥梁。输入设备的主要任务是把数据、指令等信息传输到计算机中。键盘、鼠标、摄像头、扫描仪、手写输入板、语音输入装置等都是输入设备。

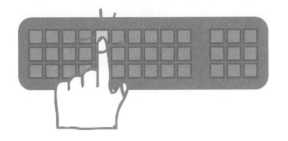

鼠标

向计算机传达移动或选择的指示。

键盘

敲击键盘可以告诉计算机该做什么事情。

触摸板

用手指移动或选择图像等。

计算机可以接收各种各样的数据，包括数字、图像、声音、文字等，是不是很厉害！

麦克风

传输声音数据。

扫描仪

传输图像数据。

输出设备（Output Device）是把计算结果、处理结果或中间结果以人能识别的各种形式表示出来，比如数字、符号、字母等。输出设备起到了人与机器进行联系的作用。常见的输出设备有显示器、打印机、绘图仪、音响等。

显示器

这是计算机必不可少的一种图文输出设备。它可以将数字信号转换为光信号，使文字和图形在屏幕上显示出来。

音响

一种播放声音的设备。

打印机

可以把程序、数据、字符、图形等信息打印在纸上。

随着技术的不断提升，计算机的输入和输出设备也在不断升级，比如无线鼠标、无线键盘等。这些设备的升级也提升了用户的体验感。

将来肯定会有更新潮好用的输入输出设备，想想就很激动，太期待啦！

让你意想不到的计算机

除了你平时接触到的智能手机、台式电脑和平板电脑，想一想还有哪些设备属于计算机呢？其实除了我们口中熟知的这些设备，还有不少让你意想不到的计算机，快来和我一起看看吧！

扫码看视频

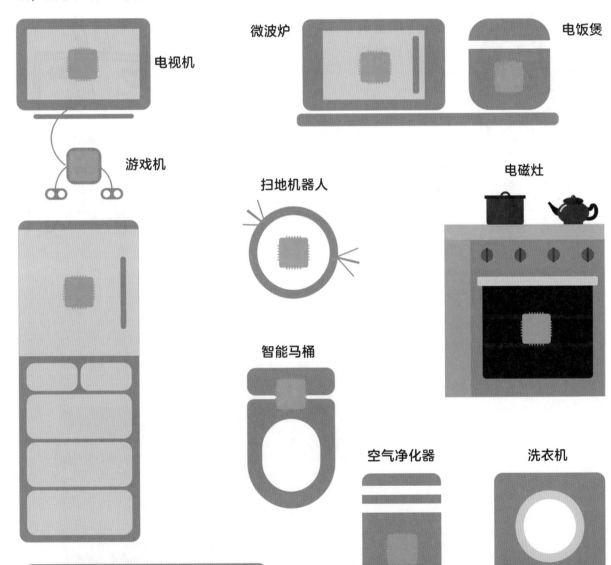

电视机

微波炉　　　　　　　　　电饭煲

游戏机

扫地机器人

电磁灶

智能马桶

空气净化器　　　洗衣机

空调

这些大家熟悉的产品里面都嵌入了微型计算机，正是这些设备在改善着大家的日常生活。微型计算机简称微型机、微机或微电脑，是由大规模集成电路组成的、体积较小的电子计算机。

微型计算机的特点有体积小、灵活性大、性价比高等。与之前相比，现在嵌入微机的智能产品已经有了很大的突破。

原来家里有这么多计算机呀！

一个设备中可能会有多个微型计算机哦！

你知道吗？

微处理器

微处理器（Microprocessor）是由一片或少数几片大规模集成电路组成的中央处理器。微型计算机就是以微处理器为基础的电子设备。微处理器能完成读取指令、执行指令以及与外部存储器和逻辑部件交换信息等操作，是微型计算机的运算控制部分。它可以与存储器、外围电路芯片组成微型计算机。

与传统的CPU相比，微处理器具有体积小、重量轻、容易模块化等优点。不过微处理器本身并不是微型计算机，它仅仅是微型计算机的CPU（中央处理器）。

计算机也能做饭吗?

你是不是认为计算机擅长对数据进行计算和存储,不可能会做饭呢?其实在智能电饭煲中也有微型计算机,它能够根据设定的指令进行计算,然后按照设定的顺序来做饭。这种顺序就是算法,而命令计算机按照算法工作就是编程。

因为研发人员仅仅向电饭煲的微型计算机里写入了必要的做饭程序,所以电饭煲只会做饭,不会其他工作。

智能电饭煲具备预约煮饭、保温、防溢出等功能,这些都可以通过程序来实现。

向计算机下达操作指令就是编程,面向普通用户的则是功能按钮。

好方便呀!这样没有经验的人也能通过简单的指示做出香喷喷的白米饭了。

以前人们为了做出美味的饭,会根据经验不断调整火候。现在我们只需要使用电饭煲就能很快做出香喷喷的白米饭了。

以前人们在开始煮饭时,需要手动点火使水温升高。而电饭煲会按照设定好的程序进行升温工作。

人需要手动点火煮饭。

电饭煲按照微型计算机里的程序进行工作。

以前需要火候逐渐升温，人们只能根据自身经验调整火候。除非有生活经验，否则很难掌握煮饭的火候。而电饭煲则会按照程序自动进行升温操作。

随着温度不断升高，锅里的饭也快熟了。以前人们需要手动将火调小，直到米饭成熟关火。而电饭煲则会通过检测温度自动开始小火，直至米饭成熟发出提示音，然后跳转到保温状态。

你知道吗？

算法和程序

在进行编程时，了解算法是非常有必要的。算法是为一个问题或一类问题给出解决方法，是对问题求解过程的一种准确而完整的逻辑描述。

程序是算法的具体实现，是一组计算机能够识别和执行的指令。程序需要通过某些程序设计语言进行编写。

简单来说，算法就是解决问题的思路，而程序是通过某种编程语言来实现算法。数据结构是计算机存储、组织数据的方式。

告诉你一个好记忆的公式，这样是不是就容易理解了。

算法 + 数据结构 = 程序

计算机和人类的不同

根据上面的学习，我们知道计算机会通过指令执行操作。因此，无论何时，只要对电饭煲下达指令，它就会按照设定为我们做出美味的米饭。当然，人类也可以根据个人口味灵活调整米饭的软硬程度，或根据实际情况调整做饭计划。

扫码看视频

简而言之，计算机虽然擅长按照指令重复去做一件事情，但是不懂得变通。我们虽然有时候会出错或失败，但是可以随机应变，灵活做出调整。这就是人类和计算机的主要区别。

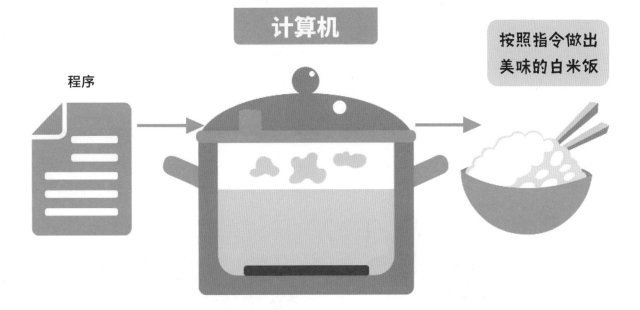

不过，由于科技的飞速发展，现在出现了一种叫作"人工智能"（AI）的技术。AI技术可以结合人类个体的状况做出符合其口味的米饭。像天猫精灵、Siri都是我们生活中常见的AI语音助手。未来计算机会不会像人类一样独立思考？未来人类与计算机的关系将会是怎样？这些问题受到了大家的关注。

人

　　大家可以想一想，我们与计算机相比，擅长的事情和不擅长的事情都有哪些。注意观察身边的事物，这会很有意思哦！

互联网厉害在哪儿？

互联网（internet）已经成为当今社会最实用的工具之一，影响和改变着我们生活的各个方面。互联网是指网络与网络之间以一组通用的协议互相连接，形成的庞大的国际网络。

扫码看视频

Internet中的inter是互相连接，net是网，所以internet指的是互联网。

20世纪60年代出现了连接计算机的技术，在之后的几十年间，全世界的计算机都可以连接在一起。到今天，通过计算机上网已经成为一件非常普遍的事情了，在网络上查资料、看视频、购物等已经成为我们日常生活的一部分。

互联网的优越之处在于，即使用户并不理解其原理，也可以使用计算机上网，随时随地得到世界各地的信息。关于互联网更深层次的内容，将会在后续的章节进行介绍。

像网一样连接是互联网的主要特点。

世界上所有的计算机都可以通过网络进行交流哦！

互联网是全球性的，现在已经有越来越多的人加入互联网。互联网最大的成功之处不在于技术层面，而是在于对人的影响。

互联网可以不受空间限制进行信息交换，虽然用户众多，但是它会满足每个人的个性化需求。全世界所有的计算机都通过这个网连接在一起。

 互联网是怎么发展的?

互联网始于1969年，最初是美国国防部高级研究计划署（ARPA）为了连接4个研究部门的计算机而开发的名叫ARPANET的网络。

之前虽然有可以用来通信的系统，但是这种情况有很大的局限性。如果其中一条线路出现故障，那么这台计算机的网络连接就会断掉，无法与网络中其他计算机进行通信。这种系统会造成因故障无法通信的情况。与这种网络模型相比，下面这种模型即使其中一条线路出现故障，计算机也可以通过其他线路进行通信。这就是互联网的原型。

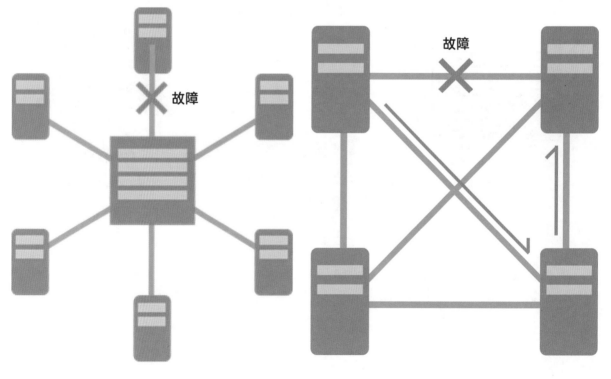

图1   图2

之后，TCP/IP协议（Transmission Control Protocol/Internet Protocol，传输控制协议/网际协议）的出现让互联网得到了突飞猛进的发展。虽然这个协议看起来很难理解，但简单来说就是名叫TCP和IP的两个协议。它决定了要把我

们想进行传输的数据整合成固定数据包的形式，附上住处（IP地址），然后多次发送直到数据被完整地传输。

通过这种大家公认的顺序和规定，我们就可以把原本设计得各不相同的网络互相连接在一起了。TCP/IP协议在1983年被ARPANET采用并用来连接全世界的网络。

1990年出现了WWW（World Wide Web，万维网），这是一个可以在互联网上公开阅览文本与图像的技术。为了能够看到图文，浏览器随之被研发出来。此后，家庭电脑连接互联网就变得平常了。

介绍了这么多，那你知道中国是什么时候开始使用互联网的吗？

中国最早的互联网是？

1987年9月20日，钱天白教授发出了我国第一封电子邮件，揭开了中国人使用互联网的序幕。

计算机对社会发展的影响

扫码看视频

　　随着计算机的小型化以及互联网覆盖范围的扩大，大家所处的社会正在急剧变化。由于许多物品已内置微型计算机并且连接互联网，我们已经迅速进入了一个能够远程控制物品并与物品进行信息交换的物联网（Internet of Things，简称IoT）时代。

　　物联网即万物相连的互联网，是在互联网基础上延伸和扩展的网络。它可以将各种设备和网络结合形成一个巨大的网络，实现人、机、物的互联互通。物联网的出现给我们的生活带来了翻天覆地的变化，覆盖了医疗、教育、经济、农业、金融等各个领域。未来将会发展到什么程度呢？我们一起拭目以待吧。

所以跟计算机做朋友是非常重要的哦！

我们真是生在了一个了不起的时代呢！

物联网

　　物联网是新一代信息技术的重要组成部分，其核心和基础仍然是互联网。物联网的应用领域涉及方方面面，有效地推动了不同领域的智能化发展，使得有限的资源被合理分配。

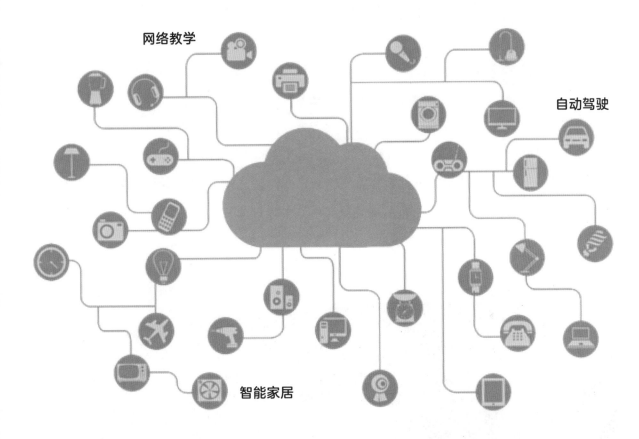

网络教学

自动驾驶

智能家居

　　在实现了物联网的世界中，所有的东西都连接在同一个互联网上。虽说是"所有的东西"，但最终让"东西"工作并使用它们的当然还是人。

物联网就是物物相连的互联网哦！

下面以汽车为例，介绍其在物联网方面的发展情况。汽车是现在普遍的交通工具，其实它的里面也内置了计算机和传感器。通过这些器件，可以根据外部复杂的环境，分析判断得出便利的行车路线。

汽车中的方向盘、油门、刹车等部件并未与轮胎、发动机等部件直接连接。汽车通过传感器得知方向盘打了多少圈、油门踩下去了多少，然后用电脑计算出它要怎样操纵车轮、要向发动机输入多少燃料，之后再下达指示。而现在，汽车更是配备了大量传感器，不仅能够得知自身信息还能感知周围状况信息。人们的思维和行动、天气和周围环境、道路的拥堵情况、道路的破损和交通事故的状况、乘客听的音乐……这些数据充满了整个汽车。

怎样充分利用汽车通过联网为我们收集的信息，企业想出了许多有趣的点子。分析车辆的位置信息，为司机提供躲避交通堵塞的最优线路；从雨刮器的动态信息中预测天气变化；从行驶中汽车的刹车情况来把握路面状况……企业已经付诸讨论并逐步实现了。

如果无法通过网络共享车辆位置与道路状况，那么令人瞩目的自动驾驶这一未来技术也就无法实现。如果大家在将来想要从事与汽车研发有关的工作，那么掌握计算机和网络知识是绝对有必要的。

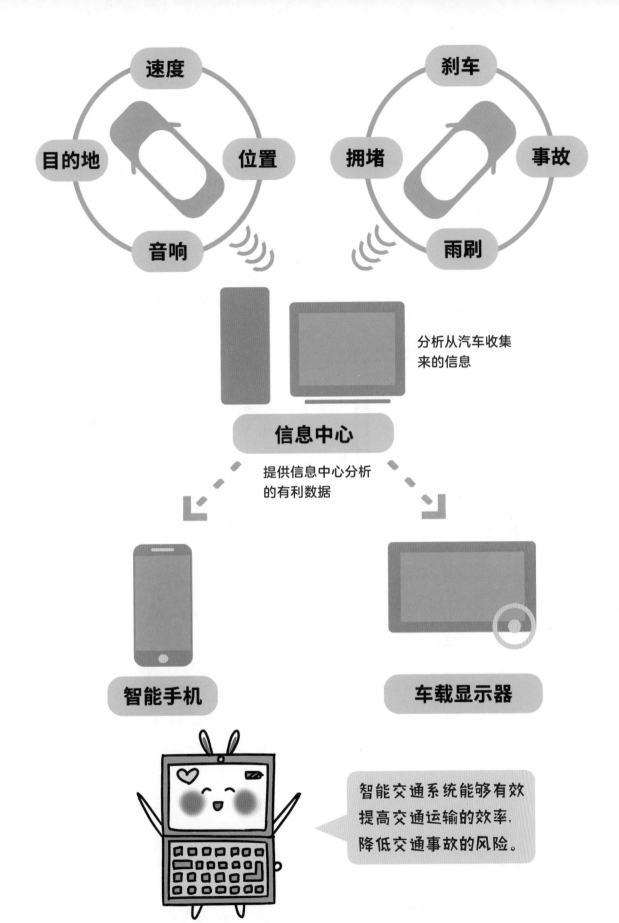

相信现在你已经对计算机有了一定的了解，
不过你有没有好奇过计算机的大脑是什么样子的？
下面让我们一起探索计算机大脑的奥秘吧。

第二章

计算机是如何思考的？

计算机和数字世界

不同国家的人在交流的时候使用的语言各不相同，比如中文、英语、阿拉伯语等。大家在交流时，用的都是"语言"。那么，计算机用的是什么语言呢？

其实，计算机使用数字来思考，而且它所使用的数字只有0和1。是不是难以想象？

计算机内数据和指令的存储、处理都是由晶体管和门电路等元件完成的，而这些元件实际上只能表达出两种状态：开和关。这也是唯一能真正被计算机所"理解"的东西。计算机将0作为关，将1作为开，只靠0和1搭配进行计算与图文显示。

扫码看视频

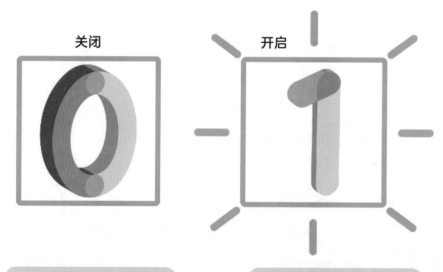

关闭　　　　开启

我的大脑只能理解由0和1组成的数据。

难道要学习计算机的语言才能交流吗？

计算机输出的图像、文字等信息，其本质都是由一串一串的0和1组成的。目前我们使用的计算机主要采用数字集成电路组建而成，而数字电路只能表示0和1，所以计算机只认识这两个数字。

因为计算机只使用0和1，所以它并不会像我们一样按照0、1、2、3、4……这样的顺序计数。我们使用0到9这10个数字表示数量，进行计数，这种方式叫作十进制。计算机使用0和1两个数字计数，这种方式叫作二进制。十进制的计算规则想必大家已经十分熟悉了，就是逢十进一。同理，二进制就是逢二进一。除了二进制和十进制，还有八进制、十六进制等，这些不同的进制之间可以按照一定的规则进行转换。

只用0和1也能计算哦！

好神奇，还有这种计数方式啊！

你知道吗？

内存的存储单位

比特（bit）是计算机存储数据的最小单位，字节（Byte）是计算机存储数据的基本单位。两者之间的换算关系是1个字节等于8个比特。注意，比特的单位是b，字节的单位是B，它们的单位别弄混了。

1B=8b

其实位等价于比特，是同一个单位，即1位就是1比特。但是字和字节是两个不同的单位，1字等于2字节。

1 比特 ——→ [1] 0 1 0 1 0 1 0 ←—— 1 字节

进制转换

 十进制数　　　　　　二进制数

0　=　　　　　　　　⓿

1　=　　　　　　　　①

2　=　　　　　　⓵⓪

3　=　　　　　　①①

4　=　　　　　①⓪⓪

5　=　　　　　①⓪①

6　=　　　　　①①⓪

7　=　　　　　①①①

8　=　　　①⓪⓪⓪

9　=　　　①⓪⓪①

10　=　　①⓪①⓪

从上面十进制和二进制的对应关系中可以看出，十进制的0和1对应二进制的0和1，而十进制的3对应的是二进制的11。可以看出，二进制是逢二进一进行计算的。

在学习十进制和二进制之间的转换关系之前，我们先来看一下熟悉的十进制计算，这里以十进制数字5204为例。

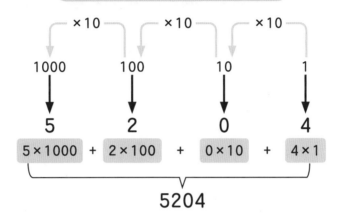

每进1位，乘数就要变成原来的10倍。

$$5×1000 + 2×100 + 0×10 + 4×1$$

5204

大家明白二进制的原理了吗？正因为计算机使用二进制，所以它才能够只通过晶体管的开与关进行计算。

下面介绍二进制数和十进制数之间的转换规则，这里将二进制数1010转换为对应的十进制数。你还记得这个1010对应的十进制数是什么吗？

二进制转换为十进制的规则是：从右至左使用二进制的每一个数乘以2的相应次方。如果是小数点后的数，则是从左至右相乘。

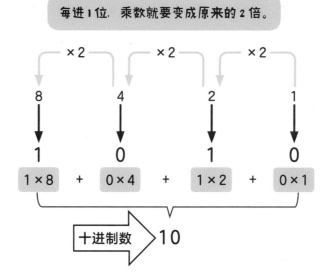

在进行二进制转十进制时，0×1 实际上是 0×2^0，1×2 实际上是 1×2^1，而 0×4 实际上是 0×2^2，1×8 实际上是 1×2^3。

再试试将二进制数10101011转换为十进制数。

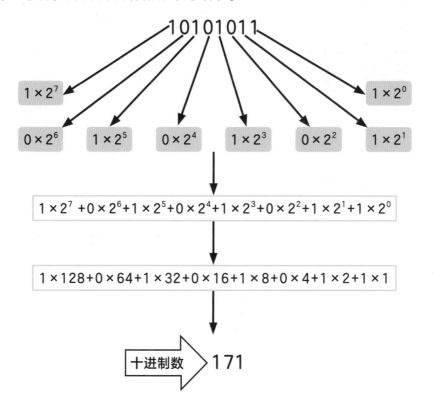

十进制转换成二进制有两种情况，分为整数转二进制和小数转二进制。整数转二进制的规则是：除2取余，逆序排列。小数转二进制的规则是：乘2取整，顺序排列。

如果将十进制数10转换成二进制，应该如何转换呢？

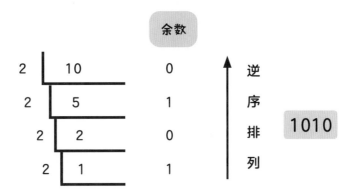

首先使用2整除十进制数10，得到商5和余数0，然后再用2去除得到的商5，又会得到一个商2和余数1，重复操作，一直到商为0或1时为止。最后将得到的余数逆序排列，结果就是二进制数1010。

对于十进制小数转换规则"乘2取整，顺序排列"，意思是使用2乘十进制小数得到积，然后将积的整数部分取出，再用2乘余下的小数部分得到积，再将积的整数部分取出。重复操作，直到积中的小数部分为0，或达到要求的精度为止。

这里以十进制小数0.125为例进行二进制转换。

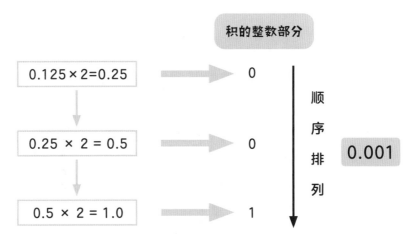

当小数部分为0就可以停止乘2了，然后按先后顺序排列积的整数部分，得到二进制小数0.001，即十进制小数0.125转换成二进制小数为0.001。

如果一个十进制小数的整数部分大于0，可以将整数部分和小数部分分别转换为二进制，然后再合在一起就可以了。比如将十进制数10.125转换为二进制数，则需要将整数部分10和小数部分0.125单独转换为二进制后，再合并，最后得到二进制数1010.001。

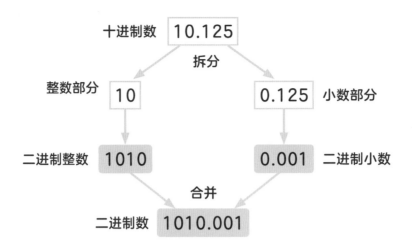

现在我们知道了在计算机内部，数据都是以二进制的形式存储的，而且二进制也是学习编程必须要掌握的基础内容。由于我们从小就开始学习十进制，生活中用途也非常广泛，所以很多人会认为只有一种进制数。

其实计算机的世界很有意思，当你移动一下鼠标或按下一个键，每一个动作到了CPU那里都会转换成0和1。二进制的学习，相信会让大家开阔思维。

计算机的这种二进制设计也太厉害了吧！

想不到吧！虽然只有0和1，却可以构建出非常完美的东西，这就是智慧的结晶。

你知道吗？

八进制和十六进制

除了之前介绍的二进制和我们熟悉的十进制，还有八进制和十六进制。八进制共有8个数字，分别是0、1、2、3、4、5、6、7。在进行加法运算时逢八进一，减法运算时借一当八。比如67001、25430都是有效的八进制数。

十六进制使用的频率比八进制更频繁。十六进制共有16个数字，分别是0、1、2、3、4、5、6、7、8、9、A、B、C、D、E、F，其中A表示10，B表示11，C表示12，D表示13，E表示14，F表示15。在进行加法运算时逢十六进一，减法运算时借一当十六。十六进制中的字母不区分大小写，ABCDEF也可以写成abcdef。比如EA32、80A3都是有效的十六进制数。

计算机是如何显示文字的？

扫码看视频

在计算机中，各种信息都以0和1组成的二进制表示。之所以能区分不同的信息，是因为它们采用的编码规则不同。英文字母使用单字节的ASCII码，汉字采用的是双字节的汉字编码。ASCII码是字符采用的编码方式，字符包括英文大小写字母、数字、标点符号、运算符等。

外部输入的语言需要经过转换才能被计算机识别并执行哦！

听你说了这么多，我好像有点明白计算机的语言了！

 英文字母的 ASCII 码

ASCII码（American Standard Code for Information Interchange，美国信息交换标准代码）是基于拉丁字母的一套计算机编码规则，主要用于显示现代英语和其他西欧语言。我们在键盘上看到的字母、数字或符号在ASCII码中都有对应的二进制数字，比如字母A的编码是65，那么计算机就会将它转换成二进制数字0100 0001。下面来看一下英文大写字母的ASCII码是什么吧。

英文字母	十进制	二进制	英文字母	十进制	二进制
A	65	0100 0001	N	78	0100 1110
B	66	0100 0010	O	79	0100 1111
C	67	0100 0011	P	80	0101 0000
D	68	0100 0100	Q	81	0101 0001
E	69	0100 0101	R	82	0101 0010
F	70	0100 0110	S	83	0101 0011
G	71	0100 0111	T	84	0101 0100
H	72	0100 1000	U	85	0101 0101
I	73	0100 1001	V	86	0101 0110
J	74	01001010	W	87	0101 0111
K	75	0100 1011	X	88	0101 1000
L	76	0100 1100	Y	89	0101 1001
M	77	0100 1101	Z	90	0101 1010

汉字编码

汉字编码是为汉字设计的一种便于输入到计算机的编码规则。计算机中的汉字也是使用二进制表示的。汉字进入计算机要比英文的难度大，因为汉字数量庞大、字形复杂，存在大量一音多字和一字多音的现象。

基于汉字的这种复杂情况，1981年，中国标准总局制定了一套编码标准《信息交换用汉字编码字符集——基本集》，又叫国标码，它成为汉字统一的编码标准。如今主要的汉字编码有GB/T 2312-1980、GBK-1995等。

世界上有那么多种语言，计算机是如何做到统一兼容的呢？为了避免语言冲突，解决传统的字符编码产生的局限性，产生了Unicode（统一码或万国码）。如果把不同的文字编码比喻成各地方言，那么Unicode就是世界各国合作开发出的一种通用语言。在这种语言环境下，不会出现编码冲突；在同一个屏幕下，可以显示任何语言的内容：这就是Unicode的最大好处。

Unicode是一种在计算机中使用的字符编码，它为每一种语言的每个字符都设定了统一并且是唯一的二进制编码。Unicode从1990年开始研发，1994年正式公布。

当你发送邮件给别人时，如果发送的文档在收件人那里变成了乱码，那么通常情况下是由于使用字符编码不同而造成的。在了解了有关编码的知识后，遇到这种情况就应该知道是怎么回事了。

现在大家弄清楚计算机是如何表示汉字的原理了吗？下次使用计算机输入汉字的时候，确认一下自己用的是什么编码规则吧。

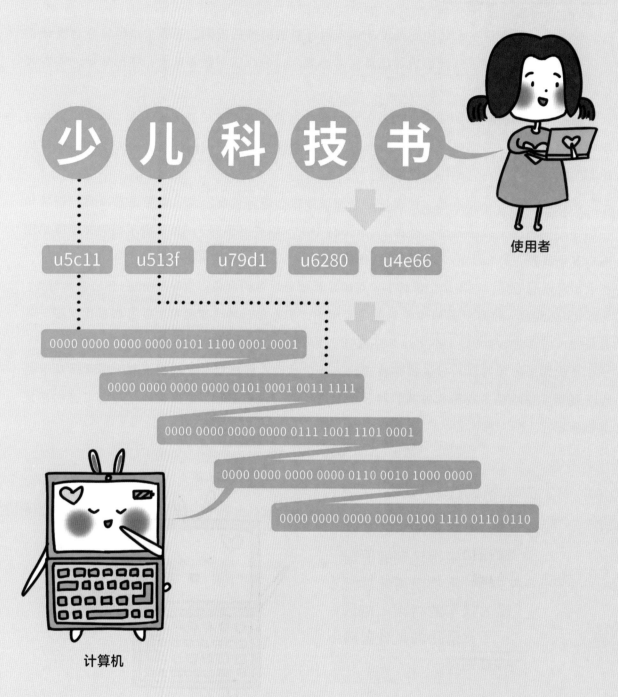

少儿科技书

使用者

u5c11　u513f　u79d1　u6280　u4e66

0000 0000 0000 0000 0101 1100 0001 0001

0000 0000 0000 0000 0101 0001 0011 1111

0000 0000 0000 0000 0111 1001 1101 0001

0000 0000 0000 0000 0110 0010 1000 0000

0000 0000 0000 0000 0100 1110 0110 0110

计算机

计算机是如何显示图像的？

我们已经明白计算机是如何显示文字的了，那么平时看到的图像，计算机又是如何将它们显示出来的呢？其实计算机会把图像数据当成聚集在一起的小方块，而我们将这一个个的小方块称为"像素"。白方块是0，黑方块是1，这样计算机就能画出各种各样的图像啦。

扫码看视频

```
1 0 0 0 1
0 1 0 1 0
0 0 1 0 0
0 1 0 1 0
1 0 0 0 1
```

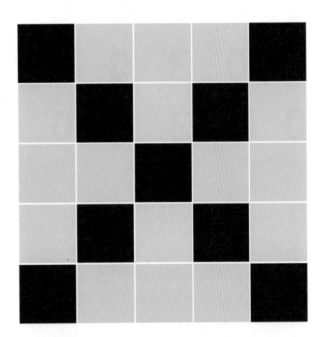

显示器上的图像也是由像素组成的哦！

方块是0或者是1，就意味着在用一个比特表示的情况下，计算机只能显示出黑白两种颜色。如果大家想表示五颜六色的图像，那么可以使用大一点的数字表示一个彩色的小方块就可以了。

0 0 2 0 0
0 2 4 2 0
0 0 2 0 0
3 0 3 0 3
0 3 3 3 0

如果2是红色，3是绿色，4是黄色，那么用二进制数表示第二行就是"000 010 100 010 000"。

增加小方块的数量，再把每个小方块用大量不同的颜色数据表示，就成了一幅漂亮的图像啦！

原来是一朵花呀！

波形的数字化

　　无论是文字还是图像，计算机都可以将它们转换成二进制数据进行处理。那么对于波，计算机是如何处理的呢？波动是物质运动的重要方式，广泛存在于自然界中。

　　光、色彩、电波等都属于"电磁波"的一种。除此之外，声音也是一种通过空气振动传播的波（声波）。我们只要把波通过0和1进行数字化，就能让计算机对声音和颜色进行操作。

　　与棱角分明的数字信号相比，波是比较圆滑的。如果将波的信息以一定的间隔分开，则可以尝试使用数字进行表示。间隔越细，波传递的信息也就越准确。

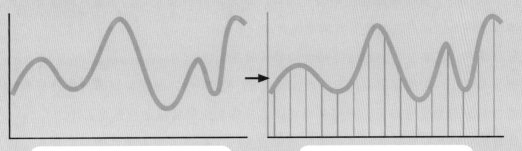

声波：圆滑且连续变化的模拟波

采样：以一定的间隔读取波

之后再将量化后的数值转换成二进制数（0和1）就可以了。

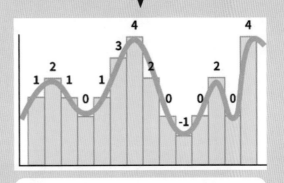

量化：音质会由于采样频率的不同而不同

计算机中的系统软件

平时我们会使用计算机做各种各样的事情，比如上网课、听音乐、看视频、打游戏、写文章等。想必大家已经明白在计算机内部是使用二进制处理数据的了，那么支持计算机处理数据所必需的软件又是什么呢？

扫码看视频

计算机中的软件分为系统软件和应用软件。系统软件是控制和协调计算机外部设备，支持应用软件开发和运行的系统，负责管理计算机中各种独立的硬件，协调它们的工作，比如操作系统、辅助程序等。应用软件是用户平时会用到的一些软件，比如Word、QQ等。

我们先来认识一下计算机中最重要的系统软件——操作系统（Operating System，简称OS）。一般情况下计算机都要配备操作系统，通常一台计算机只会安装一种操作系统。操作系统提供了一个让用户与系统交互的操作界面。

除此之外，还有一个大家比较陌生的软件就是BIOS（Basic Input Output System，基本输入输出系统）。它是计算机在启动时加载的第一个软件，负责控制硬件与计算机的连接。硬件通过BIOS开始工作之后，存储在硬件中的操作系统就会启动并开始工作。

计算机中的系统软件会让我们将计算机当作一个整体，而不需要顾及底层每个硬件是如何工作的。

操作系统是管理计算机硬件和软件资源的计算机程序。在计算机中，操作系统是最基本也是最为重要的基础性系统软件。常见的计算机操作系统有Windows、macOS、Linux等。智能手机常用的操作系统有Android和iOS。大家可以看看自己使用的计算机和智能手机是什么操作系统。

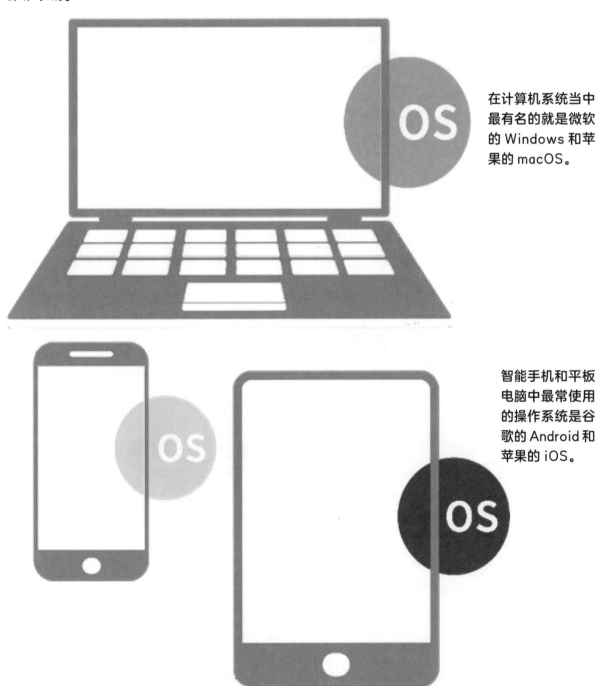

在计算机系统当中最有名的就是微软的 Windows 和苹果的 macOS。

智能手机和平板电脑中最常使用的操作系统是谷歌的 Android 和苹果的 iOS。

计算机中的应用软件

应用软件是和系统软件相对的，它是为了满足不同用户的需求而开发的。应用软件简称应用，通过安装各种符合用户需求的应用，计算机就会成为一个方便有趣的工具。应用软件必须要在计算机的操作系统中工作，因此应用软件在不同的操作系统中有不同的版本。比如Android版的应用无法在macOS系统中正常运行。

扫码看视频

一般同一款应用会在不同公司的PC端或平板上发售，但根据系统不同进行再编程还是有必要的。对于智能手机，我们会在手机的应用市场中简单地安装一些必要应用。对于计算机，我们会在官方网站中下载安装必要应用软件。

最好还是通过官方网站下载，不要下载来历不明的应用哦！

现在新出了很多应用，好玩又有趣。

 操作系统和应用软件

应用软件是根据对应的操作系统编写出来的。无论是使用计算机还是智能手机，大家在安装应用软件时，都必须要符合自己目前设备正在使用的操作系统，否则软件将会无法工作。

应用程序

 微信

 钉钉

 位置服务

 在线商城

OS

现在知道操作系统对应用的重要性了吧！

应用软件是如何编写出来的？

大家最喜欢的应用软件是什么？有的人喜欢游戏软件，有的人喜欢视频软件。下面以游戏软件为例，介绍应用软件是如何编写出来的。

扫码看视频

在开发一款游戏软件之前，公司人员会考虑好要制作一款什么类型的游戏。在确定好游戏内容之后，还需要确定这个游戏需要在哪些操作系统中运行。在确定好这两件事情之后，就可以开始编写程序了。

游戏所包含的人物、背景图像、背景音乐等元素都是必不可少的。一款游戏的制作不仅需要程序员，还需要动画制作师、美工编辑人员、策划人员等。

好想试着做一款游戏呀！

如果是大型游戏，那么所需的人员会更多。一款游戏的面世，背后往往需要许多人的齐心协力。

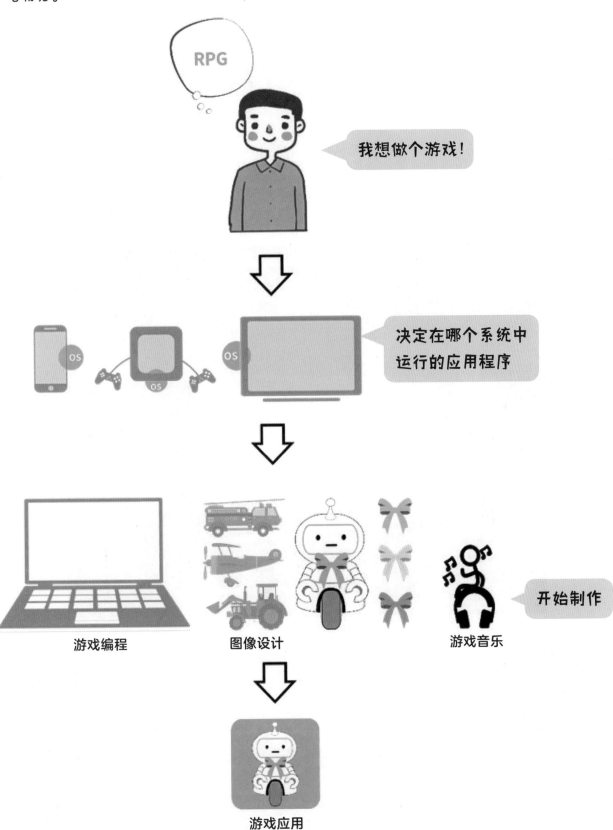

RPG

我想做个游戏！

决定在哪个系统中运行的应用程序

游戏编程

图像设计

游戏音乐

开始制作

游戏应用

如何制作一款受欢迎的游戏？

　　大家在娱乐放松的同时有没有想过，一款游戏为什么会受到很多人的喜爱？如果一款格斗游戏只需要玩家进攻一次就能赢得胜利的话，未免单调乏味了一些。但是如果游戏的困难等级特别大，玩家进攻很多次都赢不了，又会丧失玩下去的动力。因此合理控制游戏的难度等级非常重要。

　　一款游戏合理的难度应该是：虽然玩家无法简单通关，但是努力多试几次就能通过。另外，如果一款游戏可以让玩家在通关升级的同时逐渐学习并掌握复杂的操作方法，那么就算是游戏菜鸟也能享受游戏带来的乐趣。

游戏虽然有趣，但是不要过于沉迷其中哦！

游戏的通关难度需要程序员在编写程序时进行把控，这也对程序员的技能有一定的要求。

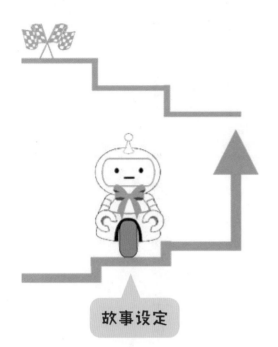

故事设定

"玩家以解救公主为目标，不过在解救途中遇到的敌人也会越来越强"，这种故事设定虽然老套，但是却受到很多人的喜爱。

真实感

如果游戏手柄的输入能够与角色的动作配合流畅的话，玩家的游戏操作感受也会大大提升。这也是程序员需要掌握的技术之一。

真实感

对于竞速游戏，游戏设计者们会尽力将车拐弯与撞墙的感觉变得更加真实，让玩家身临其境。这就是把现实世界的物理现象通过计算机用数值再现出来。

AI

为了让单人玩家在玩游戏的过程中也能有和朋友对战的感觉，游戏开发者们制作出了AI程序。现在的AI甚至已经进化到可以打败专业棋手的水平了。

如何构思程序？

计算机程序就是一组计算机能识别和执行的指令。计算机只会按照指令工作，如果写入了不正确的指令，那么应用程序就无法正常工作。如果想顺利从下面这个迷宫的起点走到终点，应该如何构思程序？快想一想吧！

扫码看视频

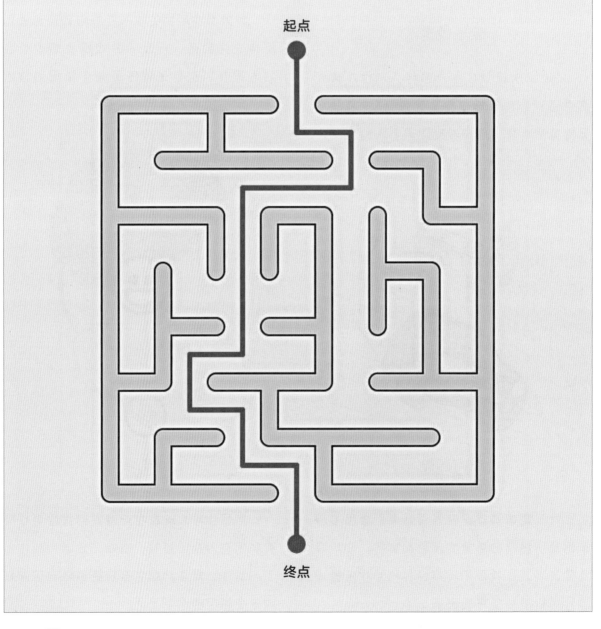

为了走出这个迷宫，我们首先需要确定它的起点和终点位置，规划好可行路线，然后确定移动的方向和具体步数。走出上面这个迷宫的程序大致如下：

向下移动1步，向右移动1步，
向下移动1步，向左移动2步，
向下移动3步，向左移动1步，
向下移动1步，向右移动1步，
向下移动1步，向右移动1步，
向下移动1步。

起点

终点

像这样按照移动步数规定程序的执行步骤，虽然可以成功从起点到达终点，但是这样的程序只适用于上面这一个方形迷宫。如果遇到圆形迷宫，程序又该如何编写呢？开动脑筋，想一想有没有适合多种迷宫的程序呢？

一般情况下，迷宫的道路都是复杂难辨的，很难从内部到达入口或从入口到达中心道路。不同的迷宫，移动路线也会不同。不过如果我们换一种思考方式，是不是就可以了呢？

① 确认右侧是否有墙壁
  →若右侧有墙壁，则到步骤②
  →若右侧无墙壁，则面向右方到步骤④
② 确认前方是否有墙壁
  →若前方有墙壁，则到步骤③
  →若前方无墙壁，则到步骤④
③ 确认左侧是否有墙壁
  →若左侧有墙壁，则面向后方到步骤④
  →若左侧无墙壁，则面向左方到步骤④
④ 前进一步

如果按照这个思路在迷宫中移动，就算在移动的过程中碰到了阻碍也可以原路折返，最终移动到终点。大家可以使用这个思路在其他迷宫中试一试。不过这种方法并不适用于一些起点或终点在中间的迷宫或立体迷宫。

其实这种走出迷宫的思路叫右手法，这个法则是：将右手（左手也可以）贴在墙上不要离开，就这样一直向前移动，最终会走到终点。这种方式会根据迷宫状况的不同进行变化，根据是否有障碍物确认下一步该怎么做。因此，我们在构思程序的时候，一定要让程序随着条件变化，做出"是"或"否"的回答，不要让程序陷入死循环，这也是在编程时特别需要注意的地方。

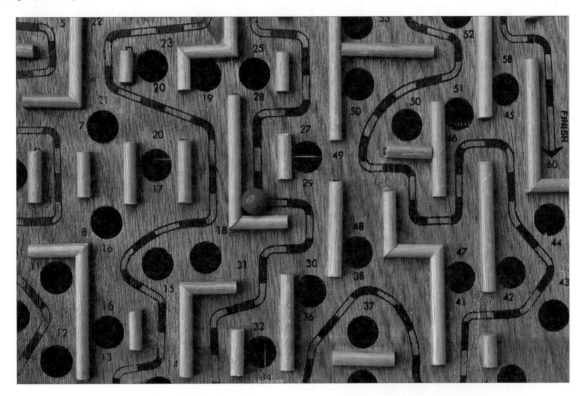

我们必须要制定能够被计算机理解的指令。

有时程序会发生错误，那是因为计算机没有思考的能力，只会完全按照我们给出的指令执行，这时就需要我们修改代码来解决问题。

带你认识流程图

在开始编程之前，通过流程图梳理并确认执行步骤可以让我们的思路和逻辑更清晰。流程图是用规定的符号描述程序中所需的主要操作或判断的图示。在使用流程图时，会使用矩形、圆形等图形表示要对计算机下达的指令，然后使用箭头按照指定的顺序连接这些指令。

扫码看视频

无论多复杂的程序，只要将它整理成流程图就会容易很多。

流程图

现在大家对计算机的大脑有了解了吗？

编写代码有点像解谜题呢！

将前面迷宫的执行步骤改写成流程图，如下图：

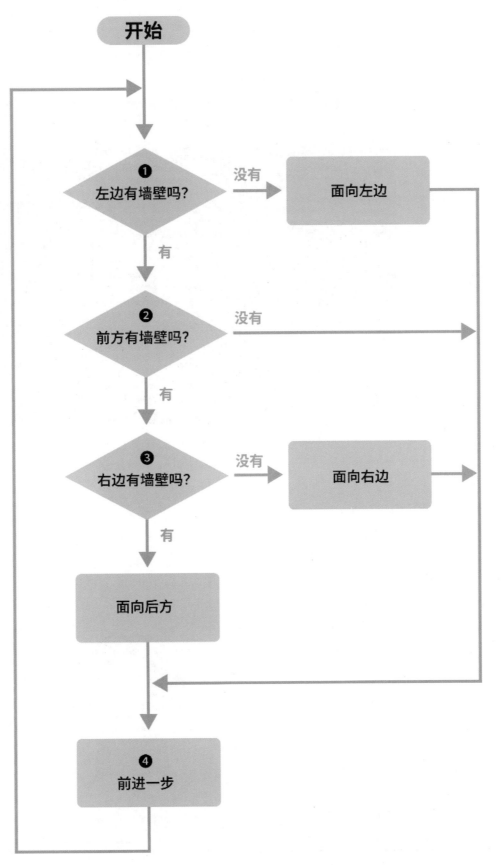

认识编程语言

编程语言（Programming Language）是人与机器交流和沟通的语言，它可以让程序员准确地定义计算机所需的数据和需要执行的下一步。在前面我们已经介绍过，计算机只会使用0和1进行思考，那么它是如何识别人类输入的编程语言呢？

其实能直接被计算机理解的这种0和1的特殊语言叫作机器语言，而机器语言对于人类来说难以理解，所以我们选择了一种折中的方式，就是使用编程语言与计算机进行交流。当

编程语言输入到计算机后，CPU会将它们翻译成计算机能够理解的机器语言，然后执行相应的操作。

编程语言有很多种类，它们各自的规则、用途、适用的操作系统各不相同。因此，根据自己的需求学习一种或几种编程语言是非常有必要的。在"世界编程语言排行榜"中，每个月都会更新一次语言排名，其中列出了当下最受欢迎的编程语言和某种编程语言的热门程度，比如Python、C、Java、Scratch等。

对于编程语言初学者来说，可视化的编程要比全英文界面容易理解。我们建议大家先掌握可视语言编程的基础，再去挑战文本语言。这里推荐大家使用Scratch进行编程，虽然它的适用范围有限，但是使用它可以制作出各种有趣的场景和动画。

这样的话，我也可以尝试编写程序啦！

现在全世界都被一张巨大的网连接在了一起，

这张网究竟有什么神奇之处？

下面让我们一探究竟吧！

第三章

计算机的互联

什么是全球互联？

互联网的出现使空间不再受到限制，人们可以通过互联网随时随地共享计算机中的数据资料。其实我们从互联网的英文名字Internet中也可以看出，网络和网络之间互相连接在一起，从而将全世界的计算机也连接在了一起，这样计算机中的数字信息就能通过网络在不同的计算机之间自由穿行啦。

扫码看视频

有了网络，不用去学校也可以在家里上网课啦！

老师在学校的教学视频是怎么传过来的呢？

打个比方，在你想看美国动画片的时候，远在海外的计算机数据是如何传输到你的计算机中的呢？虽然互联网的厉害之处在于你就算不理解它的实现原理也能够使用它，但相信正在阅读本书的你一定非常想知道互联网的运行原理吧！那我们就来看一看吧！

想知道那么多复杂的数据是怎么传输过来的！

我们去看数字资料传输的原理吧！

网络中的数据是如何传输的?

扫码看视频

互联网是一个能够让大家相互交流沟通的平台，为了理解互联网的网状结构，我们可以想象一下地铁的运行线路图。网状的地铁运行线路图和互联网的结构比较相似，也更易理解。

当我们需要乘坐地铁出门时，通常会选择从最近的地铁站向目的地进发。如果中间需要换乘，则需要在地铁站里换乘之后继续向目的地进发。与之相似的是互联网中计算机数据的传输。在进行数据传输时，从你的计算机中发出的数据经过不断"换乘"，最终会被送达目标计算机。

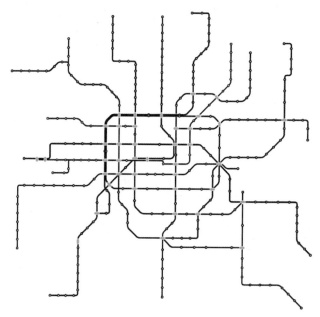

就像地铁的运行线路一样，数据也是通过不断换乘才能抵达目的地哦!

我最喜欢乘坐地铁出行啦!

数据到目标计算机之前可以有多种选择，所以当其中一条线路不通时，选择另外一条线路就可以了。

连接计算机的电缆

扫码看视频

说到连接计算机，大家是不是会想到家里的网线呢？为了能够快速地将大量数据传输到很远的地方，通常会使用电缆连接设备。

电缆通常由几根导线绞合而成，它有很多种类，比如我们日常家庭中使用的双绞线就是电缆。除此之外还有一种大家在平时几乎见不到但遍布全国的"光缆"。它一般被安装在地下通道里或电线杆上，并与房屋、大楼等建筑相连接。它更是作为海底电缆穿越大洋，与远在海外的计算机相连接。

在中国，即使是偏僻的乡村，网络覆盖率也达到了 98% 哦！

变成光信号的数据传播得好快啊！

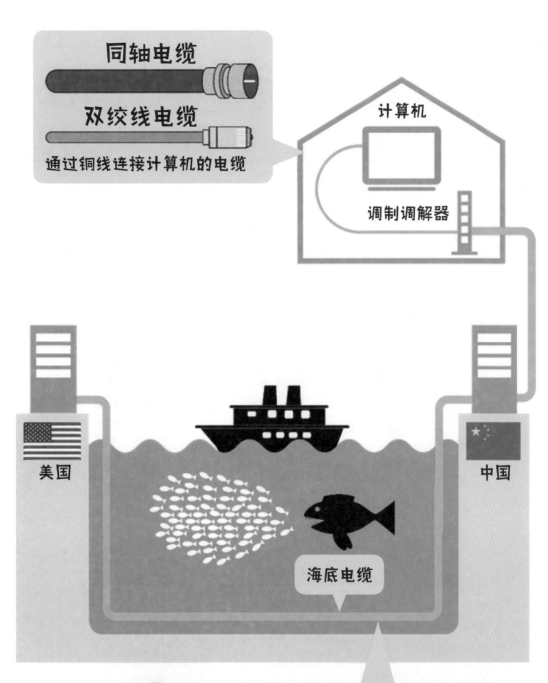

同轴电缆

双绞线电缆

通过铜线连接计算机的电缆

计算机

调制调解器

美国

中国

海底电缆

数据从海底过来的啊！

光缆

用在石英玻璃制成的光纤内，利用光的反射进行数据传输。传输速度可高达 10 亿 bps*。

* bps是bits per second，是数据传输速率的单位。

电磁波如何连接计算机？

无论是智能手机还是游戏机，现在的计算机几乎都可以通过无线的方式连接到网络中。这种连接计算机的方式就是利用了我们看不见的电磁波。电磁波充斥在我们的生活中，从远距离沟通到娱乐方式，都离不开它。

扫码看视频

对于无线通信，我们最熟悉的就是Wi-Fi吧。Wi-Fi（无线通信技术）是国际通用的无线局域网标准之一。它使用2.4GHz和5GHz波长的电磁波与有线联网的接入点进行信息交换。现在，在公交车、火车站、饭店、宾馆等地方都会提供免费的Wi-Fi服务，我们可以随时随地上网。

我们把电脑带在身边也能联网使用，原来这都是电磁波的功劳啊！

5G 网络（第五代移动通信系统）的传输速率比当前的有线互联网还要快哦！

74

Wi-Fi 的构成

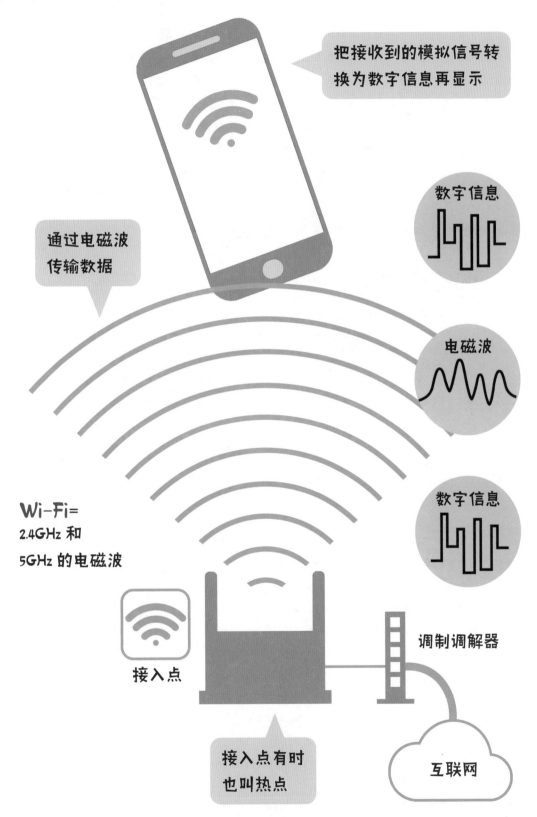

把接收到的模拟信号转换为数字信息再显示

数字信息

通过电磁波传输数据

电磁波

Wi-Fi=
2.4GHz 和
5GHz 的电磁波

数字信息

接入点

调制调解器

接入点有时也叫热点

互联网

卫星通信

现在我们几乎可以在国内的任何地方使用网络，但是在高山密林深处、地球两极等极端地区连接网线非常困难。另外，战争或地震等灾害也会造成网络线路被摧毁。也就是说，在全球范围内还是有很多人无法上网。因此，卫星通信便受到了人们的关注。

利用人造地球卫星作为中继站来转发无线电波，从而可以实现两个或多个地球站之间的通信，这样在地球的任何地方都可以不用通过网线就能上网了。即使在移动的飞机和太空空间站里也可以使用网络，这其实就是通过宇宙中的卫星进行通信的。

大家应该听说过用来导航的GPS（Global Positioning System，全球定位系统）吧。它是一种以人造地球卫星为基础的高精度无线电导航的定位系统，在全球任何地方以及近地空间都能够提供准确的地理位置、车辆行驶速度及精确的时间信息。

如今，中国自行研制的全球卫星导航系统——北斗卫星导航系统（BDS）已经在军用和民用领域展开了应用，成为全球四大卫星导航核心供应商之一。北斗是中国自行研制的全球卫星导航系统，也是继GPS（美国研发）和GLONASS（俄罗斯研发）之后的第三个成熟的卫星导航系统。

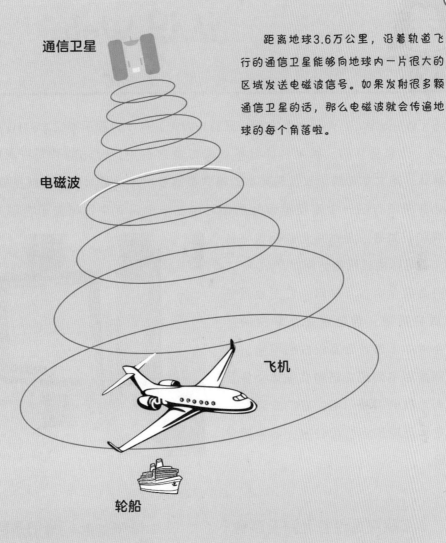

通信卫星

电磁波

飞机

轮船

距离地球3.6万公里，沿着轨道飞行的通信卫星能够向地球内一片很大的区域发送电磁波信号。如果发射很多颗通信卫星的话，那么电磁波就会传遍地球的每个角落啦。

目前在地球轨道上飞行使用的卫星中有200颗左右都是通信卫星哦！通过通信卫星，不管是飞机还是轮船都能使用互联网了！

认识 Web

Web（World Wide Web，万维网，简称WWW）是一种基于超文本和HTTP的、全球性的、动态交互的、跨平台的分布式图形信息系统。Web的表现形式有超文本、超媒体、超文本传输协议。超文本的格式有很多，目前最常使用的就是网页。

扫码看视频

Web非常流行的一个重要原因就是它可以在一个网页中同时显示色彩丰富的图形、文本、音频和视频等。无论用户的系统平台是什么，都可以通过网络访问WWW。

我们之前介绍过互联网，它是由通信设备组成的网络。因特网是互联网的一种，是由成千上万台设备组成的网络。而万维网则是由不同的文档和多媒体文件互相连接而形成的逻辑网络。它们三者之间的关系是：互联网包含因特网，因特网包含万维网。

互联网是设备之间互联通信，万维网是服务与数据资源之间的共享利用。

原来如此，我们是通过万维网的链接浏览其他网站的啊！

当我们在浏览网页时，总会想看看与之相关的其他网页，超链接就可以满足我们的需求。超链接在本质上属于网页的一部分，它可以从一个网页指向另一个网页，也可以指向相同网页的不同位置。超链接指向的可以是一段文本、一张图片，或一个按钮等对象。

网页文本

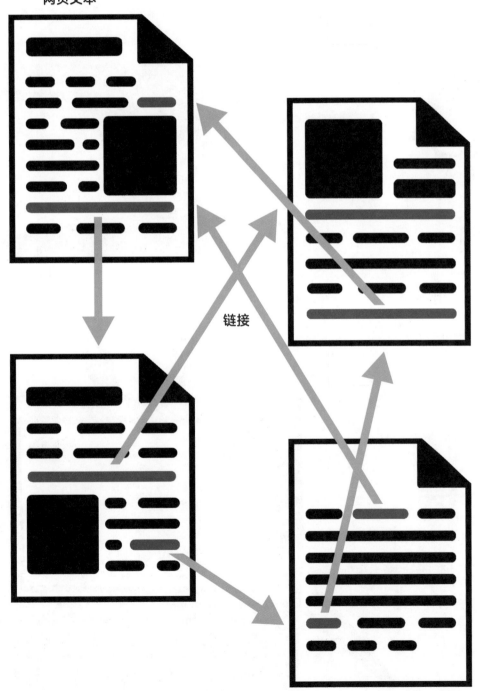

链接

通过浏览器访问网页

我们在浏览网页时使用的软件就是浏览器，在浏览器中输入网址（URL）就可以浏览这个网址中的网页信息，多个网页组合就形成了网站。常用的浏览器有 Chrome、Firefox、Microsoft Edge等。

扫码看视频

我想去看看中国共青团的网站！

浏览器

在网址栏中

https://www.gqt.org.cn/

输入

显示中国共青团网站

URL 的结构

URL（Uniform Resource Locator，统一资源定位系统）用来表示互联网上资源的位置。URL由一串字符组成的，这些字符可以是字母、数字和特殊符号，比如常见的百度网址就是https://www.baidu.com。

1 访问方式
以 https 的形式发送和接收数据

https://www.gqt.org.cn/

中国共青团的
服务器是 www

2 域名
政府网站的域名为 ".cn"

你知道吗？

域名

　　域名是由一串用点分隔的名字组成的Internet上某一台计算机或计算机组的名称，是在数据传输时对计算机定位的标识。域名就像是计算机在网络上的住所，它是有命名规则的，比如www.baidu.com就是一个域名。通常将域名最后面的部分叫作顶级域名，表示网站最基本的信息。在被"."分隔的部分中，越往前所表示的信息就越具体。

★顶级域名示例

.com…商业机构	.museum…博物馆	.info…信息提供
.net…网络服务机构	.cn…中国	.int…国际机构
.org…非营利性组织	.post…邮政机构	.name…个人网站
.gov…政府机构	.aero…航空机构	.travel…旅游网站

网页是如何被打开的？

每一台需要连接网络的计算机都会被分配一个IP地址。IP（Internet Protocol，网际互联协议）是TCP/IP体系中的网络层协议。如果计算机想要接入互联网并获取其他计算机的数据，必须要有IP地址。

扫码看视频

IP地址是由数字组成的，不容易记忆，比如192.168.23.254。由于我们难以记忆计算机的IP地址，所以通常会使用与IP对应的域名访问目的地。在浏览器中输入域名后，会先连接域名服务器，它会帮我们把域名翻译成对应的IP地址。

原来我们并不能直接打开目标网站啊！

通过网址导航网站就可以方便地进入各种网站啦！

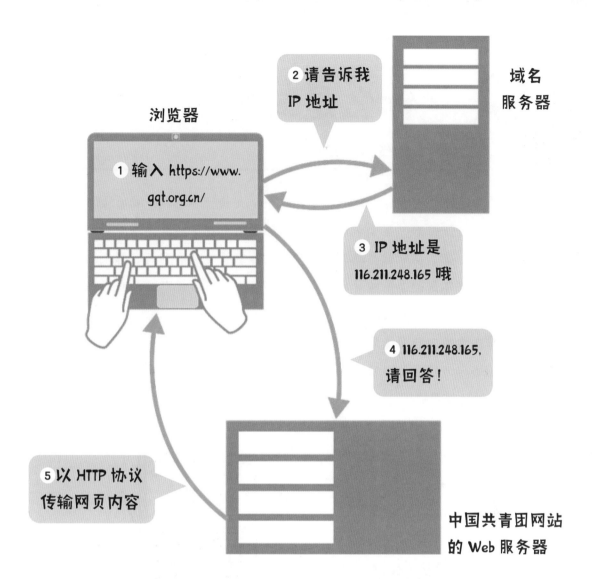

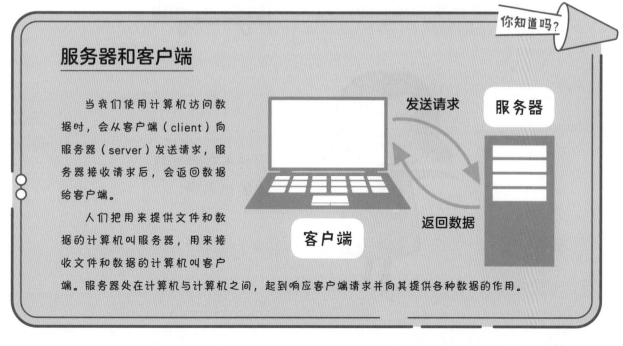

服务器和客户端

当我们使用计算机访问数据时，会从客户端（client）向服务器（server）发送请求，服务器接收请求后，会返回数据给客户端。

人们把用来提供文件和数据的计算机叫服务器，用来接收文件和数据的计算机叫客户端。服务器处在计算机与计算机之间，起到响应客户端请求并向其提供各种数据的作用。

什么是域名服务器？

域名服务器（Domain Name Server，简称DNS）是进行域名和IP地址转换的服务器。它里面保存了一张表，里面记录了域名和与之对应的IP地址。在互联网中连接着大量的计算机，那么域名服务器是如何在这些计算机中找到目标计算机的IP地址的呢？其实，这并不是通过单独一台服务器就能找到的。当我们输入域名时，首先有一个"本地域名服务器"，它起到中转的作用，会向最初的"向导"——根域名服务器查询。然后，根域名服务器会核对域名最后的部分，告诉我们管理此类域名组织的服务器地址。这样一来，只要按照各部分域名从后往前的顺序与管理域名的服务器连接，我们就能不断地缩小目标计算机的IP地址范围啦。

扫码看视频

因为各有分工，所以域名服务器就可以正确地指路啦。

好多各种各样的域名呀！

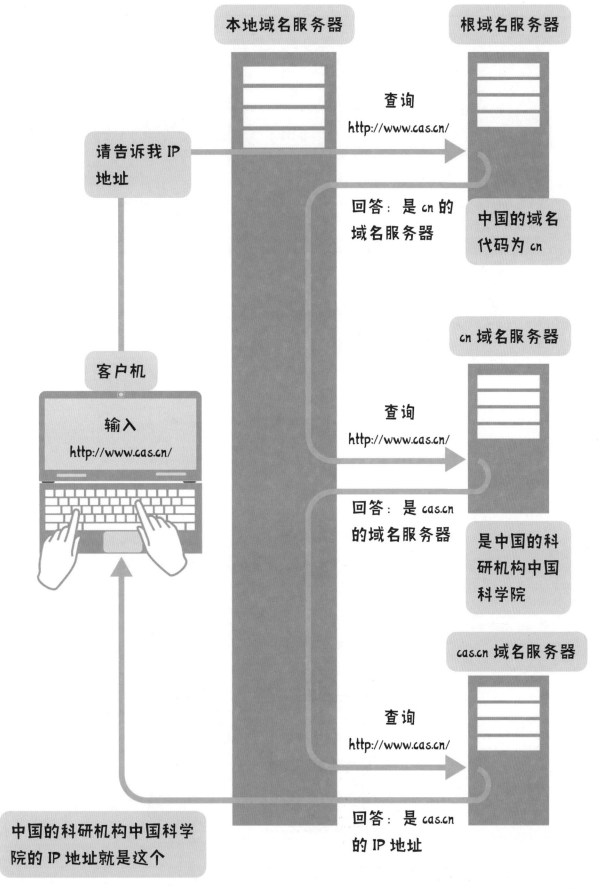

网页语言 HTML

从域名服务器那里获取IP地址后，会从目标网页服务器返回网页文件，这个网页文件就是用HTML语言编写的。HTML（Hyper Text Markup Language，超文本标记语言）是一种标记语言，它有很多标签，通过这些标签可以将网络上的文档格式统一，形成我们看到的网页。

一个网页对应多个HTML文件，当浏览器向保存网页数据的服务器发出请求时，网页服务器就会返回相应的数据。虽然看起来只是简单地发送请求和返回数据，但是其中的过程非常复杂。浏览器读取通过HTTP协议传输过来的HTML文件，解析出文字的大小、颜色、图像以及跳转到其他页面的链接，并让它们出现在显示器上。

原来网页是这样的呀！

大家可以尝试自己使用 HTML 编写简单的网页哦！

如果在网页中右击选择"查看页面源代码"，就能看到你正在浏览的网页源码，也就是HTML文件。

```
1  <!doctype html>
2  <html>
3  <head>
4  <meta name="SiteName" content="中国科学院">
5  <meta name="SiteDomain" content="www.cas.cn">
6  <meta name="SiteIDCode" content="bm48000002">
7  <meta http-equiv="Content-Type" content="text/html; charset=utf-8" />
8  <meta name="viewport" content="width=device-width, initial-scale=1.0, maximum-scale=1.0, user-scalable=no">
9  <meta http-equiv="X-UA-Compatible" content="IE=edge,chrome=1" />
10 <link rel="apple-touch-icon" href="//www.cas.cn/lib/images/favicon.png">
11 <link href="//www.cas.cn/lib/images/favicon.ico" rel="shortcut icon" type="image/x-icon" />
12 <link href="//www.cas.cn/lib/js/plugin/swiper/swiper.min.css" rel="stylesheet" type="text/css" />
13 <link href="//www.cas.cn/lib/css/hover.css" rel="stylesheet" type="text/css" />
14 <link href="./images/z19_public.css" rel="stylesheet" type="text/css" />
15 <link href="./images/z19_index.css" rel="stylesheet" type="text/css" />
16 <link rel="stylesheet" type="text/css" href="./images/z19_stylePad.css" media="screen and (min-width:768px) and (max-width:1023px)" />
17 <link rel="stylesheet" type="text/css" href="./images/z19_stylePad.css" media="screen and (min-device-width:768px) and (max-device-width:1023px)" />
18 <link rel="stylesheet" type="text/css" href="./images/z19_styleMobile.css" media="screen and (max-width:767px)" />
19 <!--[if lt IE 9]>
20 <script type="text/javascript" src="//www.cas.cn/lib/js/respond.min.js"></script>
21 <![endif]-->
22 <title>中国科学院</title>
23 <style>
24 .topTitle h4{font-size:32px}
25 @media screen and (max-width:1366px) and (min-width:1024px){
26     .topTitle h4{font-size:26px}
27 }
28 @media screen and (max-width:1023px) and (min-width:768px){
29     .topTitle h4{font-size:22px}
30 }
31 /*
32 @media screen and (min-width:1301px){
33     .news_list{height:253px}
34 }
35 */
36 </style>
37 </head>
38 <body>
39 <!--top1 begin-->
40 <form style="display:none;" name="searchform" class="search" action="//www.cas.cn/../../search/index.shtml" method="get" target="_top">
41     <input type="hidden" name="keyword" value="" />
42 </form>
43 <div class="top1">
44    <div class="container boxcenter">
45       <div class="top_l fl_all padhide">
46
47
48 <script>
49 // 设置为主页
50 function SetHome(obj,vrl){
51 try{
52 obj.style.behavior='url(#default#homepage)';obj.setHomePage(vrl);
53 }
54 catch(e){
55 if(window.netscape){
56 try{
57 netscape.security.PrivilegeManager.enablePrivilege("UniversalXPConnect");
58 }
59 catch(e){
60 alert("此操作被浏览器拒绝！\n请在浏览器地址栏输入\"about:config\"并回车\n然后将[signed.applets.codebase_principal_support]的值设置为'true',双击即可。");
```

在 HTML 中，以 <> 开头的开始标签和以 </> 结尾的结束标签通常是成对出现的。

使用HTML语言可以编写出网页中出现的文字、图像、视频、链接等内容。有关HTML的编写方法，可以阅读本系列丛书之《编程可以用来干什么》。

电子邮件的收发机制

在日常工作或学习中，电子邮件是一种必不可少的通信方式。电子邮件可以是文字、图像、声音等多种形式，在很大程度上方便了人与人之间的沟通与交流。在互联网中，邮件服务器专门负责电子邮件的收发管理。

扫码看视频

在发送邮件时，邮件数据会先被发送到发件人的邮件服务器。它有可能是为发件人提供网络服务的运营商服务器，也可能是由学校管理的服务器。在获取收件人的邮件地址后，服务器会先从域名中解析对方邮件服务器的IP地址，再发送数据。这样收件人只需接入自己的邮件服务器就可以接收邮件了。

邮件服务器和现实中的邮箱真的好像啊！

其实电子邮件是在20世纪70年代发明的哦！

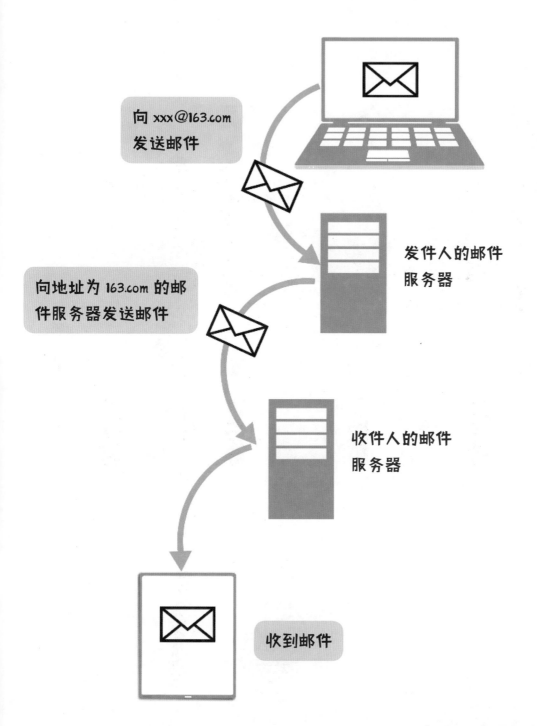

数据传输的形式

数据在网络中传输时以数据包（Packet）的形式进行分装，然后才会被发送出去。包是TCP/IP协议通信传输中的数据单位，一般也称为"数据包"。其实这与快递员派发快递类似，如果要派送的东西很多，那么只要将这些货物分装在不同的箱子里，快递员就能更方便地进行派件。

扫码看视频

⌐标头部分　信息标头是附在数据包上的，它包含了数据传输所必要的IP地址等信息，起到类似于快递单的作用。

数据部分　包含了想要发送的数据。

这个四四方方的箱子就是数据包。

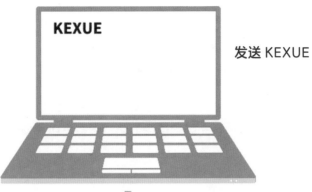

发送 KEXUE

我们把这种通信方式
叫"数据包交换"。

E

U

X

E

K

大家想一想，数据打包
会有什么好处呢？答案
会在下一页揭晓。

这些包是彼此
独立、互不影
响的哦！

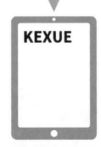

KEXUE

收到 KEXUE

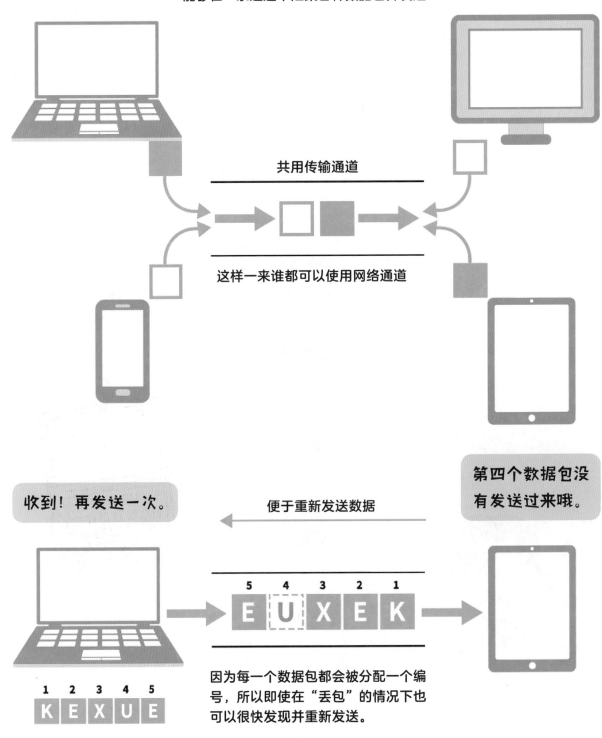

能够在一条通道中汇集各种数据包并发送

共用传输通道

这样一来谁都可以使用网络通道

第四个数据包没有发送过来哦。

收到！再发送一次。

便于重新发送数据

5 4 3 2 1
E U X E K

1 2 3 4 5
K E X U E

因为每一个数据包都会被分配一个编号，所以即使在"丢包"的情况下也可以很快发现并重新发送。

可以通过各种通道发送数据

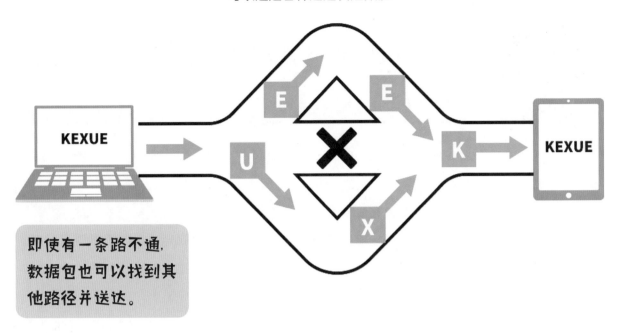

即使有一条路不通，数据包也可以找到其他路径并送达。

在进行数据传输时，数据会被分散开，装入不同的数据包中，而且在传输时也会通过不同的网络线路。因此，我们很难知道数据到底是通过哪条路径传输过来的。数据在输出过程中都会附带编号，所以即使传输顺序被打乱，计算机也可以将这些数据重新排列好并显示出来。

数据包是在互联网中飞来飞去的哦！

数据包实在是太方便了！

互联网中的视频

相信大家平时都会在网站上看视频吧，比如优酷网、腾讯视频、爱奇艺等。那么，这里就向大家介绍互联网中视频的传输形式。

扫码看视频

其实，互联网并不擅长传输像视频和音乐这种连续的数据。视频数据是通过数据包传输的，如果传输过来的数据包顺序是被打乱的，那么我们就无法即时观看这段视频。可是，即使这样，我们还是只需要联网就能立刻在视频网站上浏览视频，这又是为什么呢？当视频播放失败时又会发生什么，答案将在下文揭晓哟。

互联网不善于传输视频，我确实没想到。

数据包更适合突发性的通信。

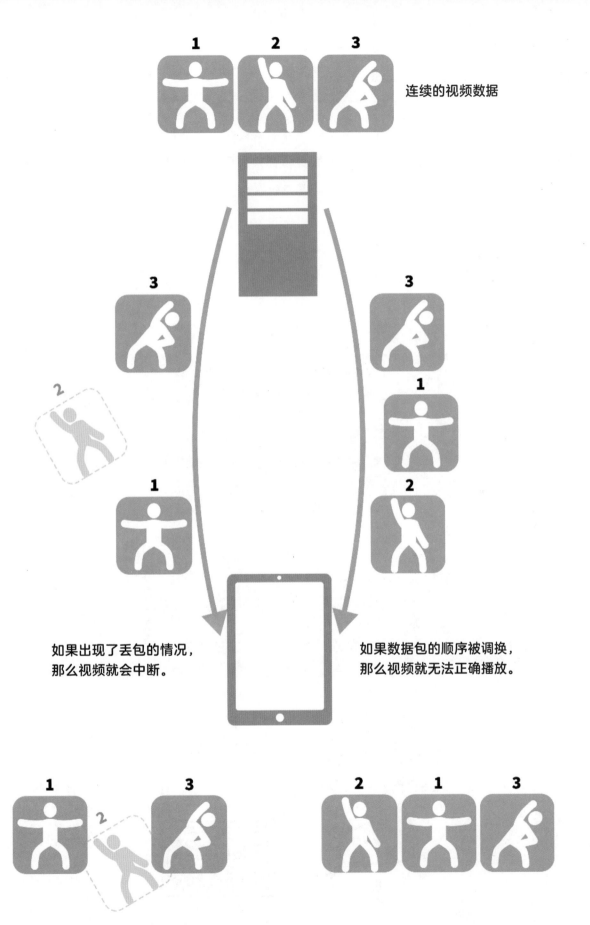

连续的视频数据

如果出现了丢包的情况，
那么视频就会中断。

如果数据包的顺序被调换，
那么视频就无法正确播放。

视频流畅传输的原因

  当我们在观看视频时，如果整段视频全部下载完成，就可以正常播放视频。但是相应地等待时间也会更久，这样就会失去很多看视频带来的乐趣。当然我们也可以选择边看边缓存的形式，这种方式使用的是流媒体技术。通过这种技术，我们可以实时、流畅地播放视频和音乐。

  流媒体技术并不会一次性将我们观看的视频全部下载下来，而是采用边下载边播放的形式。通常在进度条那里可以看到视频播放的进度和下载的进度。一般视频已播放的部分会显示为蓝色，下载的部分显示为灰色。只要蓝色部分追不上灰色部分，我们就能一直流畅地观看视频。这种将数据提前下载好并存储的形式叫缓冲。

我明白了，原来是缓冲的作用啊！

读到这里，之前的疑问就豁然开朗了吧！

已播放
的数据

已下载
的数据

未播放
的数据

进度条

你知道吗？

视频缓冲和视频分段加载

　　视频缓冲时会将数据预加载到内存保留区，缓冲会让客户端在开始播放视频或音乐之前先下载一定数量的数据。这样当流媒体的下一部分在后台加载时，我们就可以观看存储在缓冲区中的数据。使用这项技术后观看视频就可以免去等待时间，不用等到全部下载完就能观看，大大提高了观看体验。

　　视频分段加载就是将一个完整的视频切割成很多小段视频。观看视频时会跟着播放时间分阶段地加载剩下的小段视频，并不需要全部加载完。比如我们打开一个视频观看时，会发现缓冲条在缓冲一段后停止，等待播放一部分后再继续缓冲，这就是分段加载。

互联网是怎么搜索数据的？

平时我们需要查阅一些资料时，除了翻阅纸质资料之外，还会上网查询。当我们在百度等搜索引擎中输入关键词进行检索时，符合关键词的数据就会一排一排地显示出来。大家有没有想过这是为什么呢？

扫码看视频

在互联网中，除了网页之外，还有图像和音乐等大量信息，它们的数量多达上百亿。但是数量再多也不怕，搜索引擎有一种叫"网络爬虫"的自动搜索程序，它会事先在网络中游走并抓取信息，创建出一个数据库。在这个数据库中，网站的文本和图像等信息会被整理和储存。

当我们在输入了想要搜索的关键词之后，搜索引擎就会在数据库中寻找和关键词相匹配的信息并显示出来。

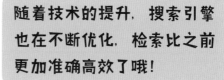

现在查找资料可真方便呀！

随着技术的提升，搜索引擎也在不断优化，检索比之前更加准确高效了哦！

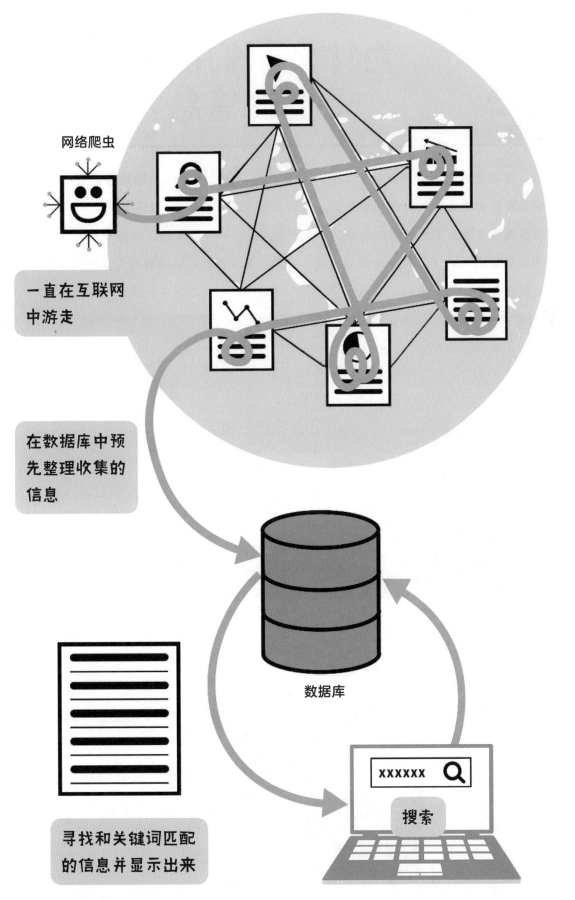

网络爬虫

一直在互联网
中游走

在数据库中预
先整理收集的
信息

数据库

xxxxxx

搜索

寻找和关键词匹配
的信息并显示出来

为什么我们能搜到想要的信息？

在输入关键词时，搜索引擎就会工作，它会从数据库中为我们找出最佳信息。这时，网页就会根据搜索引擎的算法按照一定的顺序排列并显示出来。

扫码看视频

算法会随着搜索引擎的不同而不同，至于使用的是什么样的算法，这属于商业机密。它通过分析网站的浏览量、关键词出现的位置、可从其他网站跳转到此网站的链接数量等数据，决定网站的推荐度。因此，在第一条搜索结果中含有目标信息的可能性相对较高的。

只要能够熟练地掌握搜索这项技能，我们就可以在全世界的网页数据中找到想要的信息啦。

这就是我们能够很快地搜索出目标信息的原因。

好方便呀！这样就能随时查询不懂的知识了！

搜索的窍门

如果我们把互联网比作图书馆，那么搜索引擎就像是收集管理并向我们推荐书籍的图书管理员。为了方便他推荐书籍，我们需要清楚地告诉他自己想看什么样的书。同样，为了高效地得到想要的信息，在搜索网站中输入正确的关键词也很重要。

像"怎样才能做出好吃的煎鸡蛋"这样的一整句话并不是关键词。"煎鸡蛋 方法"这种词语的组合才是正确输入关键词的窍门。如果搜索结果里没有我们想要的信息，那么我们再稍微改变下关键词，如"煎鸡蛋 半熟"，再搜索一下试吧！只要我们习惯了这种搜索方式，搜到想要的信息就变得轻而易举啦！

但是大家要注意，在网络中也会存在许多错误的信息。因此，我们要多浏览，比较不同的网站，还要收集一些报纸和纸质书的信息，从而锻炼出分辨正确信息的能力，这一点是非常重要的。

还有这种搜索方法哦！

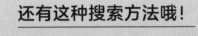

"煎鸡蛋菜谱"　　搜索

这种方法叫"精确匹配"，在关键词上面加上双引号之后，就能够让我们所搜索的关键词在搜索时不被拆分，结果就会更加精确哦。如果我们想知道的是煎鸡蛋的知识，可是搜出来的全是其他菜谱的话，我们就用这种方法试着搜索一下吧。

要掌握更高效的搜索方法哦！

社交媒体上的动态传播方式

相信现在大家应该明白我们是如何通过互联网与全球庞大的数据建立联系的了吧。除了全球数据的传输之外，人与人之间的交流也是必不可少的。

扫码看视频

随着智能手机的普及，社交媒体（又称为社交网络服务，英文名称为Social Network Service，简称SNS）的使用率呈现了爆发式的增长。其中，在中国比较流行的有微博、知乎、豆瓣、哔哩哔哩等。如果你在社交媒体上传了一张你养的猫咪照片，那么接下来会发生什么样的事情呢？朋友在给你点了赞之后，朋友的朋友也可能会看见这张照片，也就是说这张照片会不断地传播到你的熟人圈子之外。

猫咪的照片有可能传到全世界哦！

好多陌生人给我点了赞！

社交媒体中数据的传播结构

在微博等社交媒体上，你发布的猫咪照片会先被推送到你添加过的朋友那里。如果朋友点了赞，那么他的朋友也会看见。如果他的朋友也点了赞，那么这张照片就会被推送到朋友的朋友那里……你的爱猫甚至有可能在不知不觉中就成了网红。社交媒体中的数据就是以这种方式进行传播的。

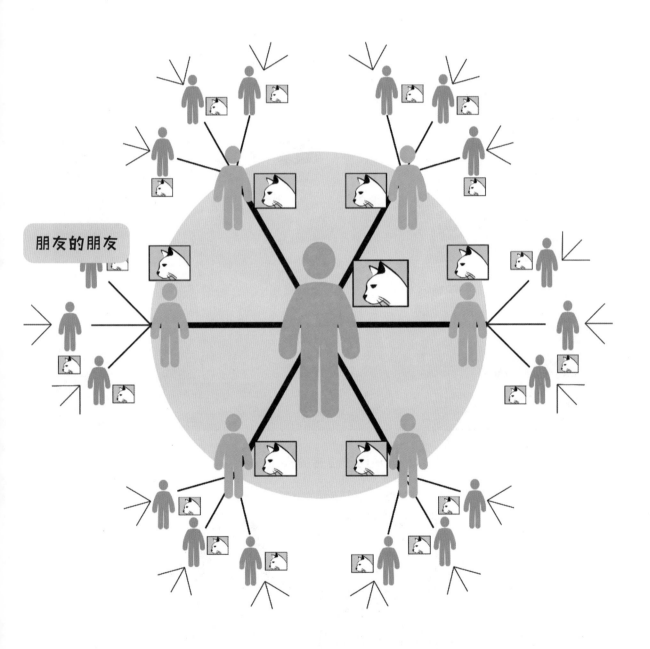

朋友的朋友

网友数量增加的原因

扫码看视频

如果你发布的猫咪照片在社交媒体上传播开了，那么朋友的朋友就对你有了一定的了解，甚至想跟你交朋友。

除此之外，许多社交媒体可以帮助我们找出想要认识的人并把他介绍给我们。打个比方，如果甲和乙都喜欢同一品种的猫，那么他们成为朋友的可能性就很大。如果他们恰巧住得很近，又喜欢听同一类型的音乐的话，社交媒体就会把他们作为"可能感兴趣的人"推荐给我们。

这样一来，社交媒体连接了原本不可能连接的人，不断拉近人与人之间的距离。

社交媒体种类不同，与好友有关的算法也会有所不同。

所以才会在不同的平台上遇到不同的朋友！

社交媒体可以通过分析我们朋友的朋友，抑或是爱好、学校、居住地等信息，来向我们介绍可能会感兴趣的人。有了这个功能，人与人之间的联系就会越来越紧密。

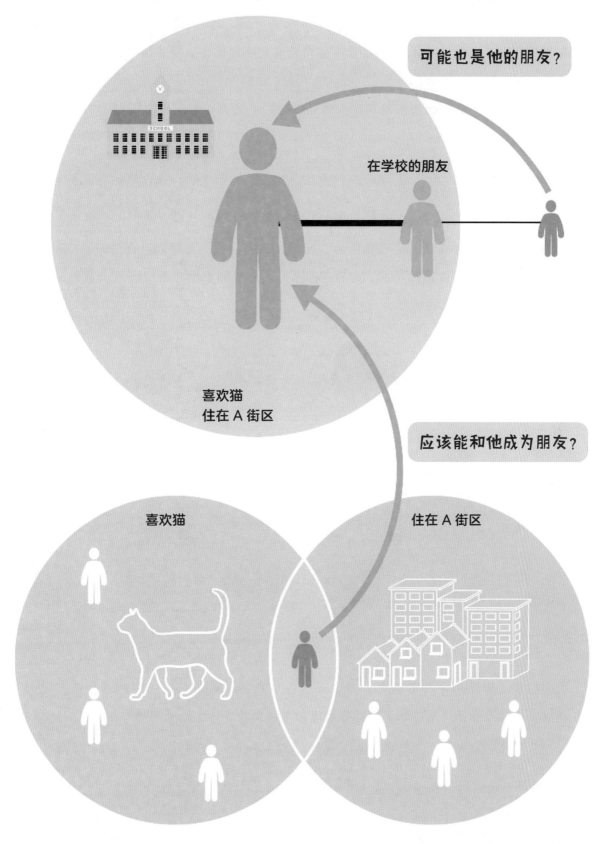

可能也是他的朋友？

在学校的朋友

喜欢猫
住在 A 街区

应该能和他成为朋友？

喜欢猫

住在 A 街区

即时通信

　　在特定的朋友圈子里，像QQ这种能够即时传输文字和图像数据甚至可以拨打网络电话的通信软件大受欢迎。

　　服务器在即时通信中扮演的是数据中转站的角色，它可以实现许多便利的功能。当大家打开了相同的社交媒体App（Application的缩写，应用软件）的时候，发送出的信息就会像右图一样经过消息服务器传到对方的手机上并显示出来。没有打开这款应用或是正在使用其他应用的人则会马上收到消息提醒。

　　为什么这些人也能收到消息提醒？这都是"推送通知"的功劳。我们平时使用电子邮件时，如果没有打开应用并接入服务器的话，数据就无法传输。可是即时通信App却有从服务器向智能手机自动传输数据的功能，即使不打开App，我们也能在手机屏幕上看到从推送通知专用的服务器那里发来的信息。

搭载这种功能的App被不断地开发出来，人与人的交流也在通过网络逐步向"即时交流"进化。有的电子邮件应用也有定时查看新邮件并向收件人推送通知的功能。

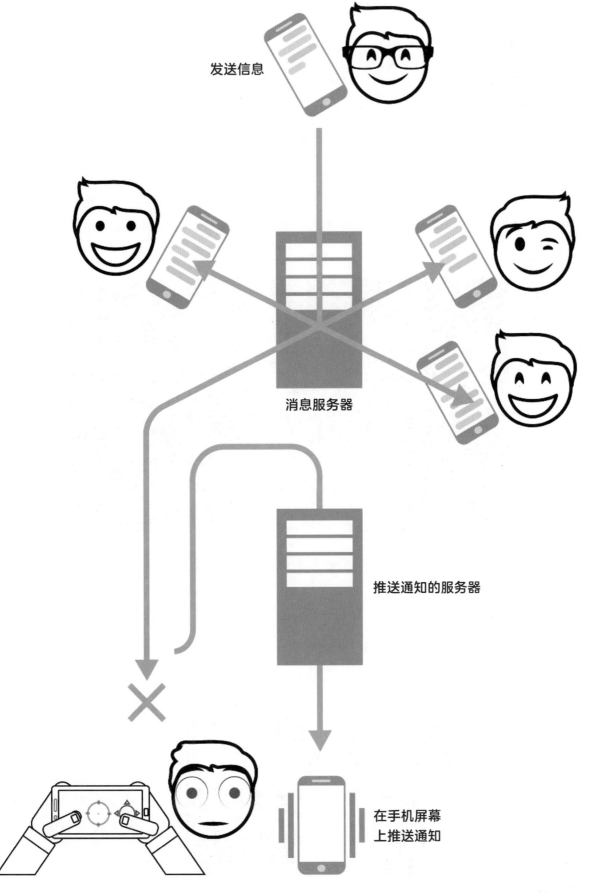

发送信息

消息服务器

推送通知的服务器

在手机屏幕
上推送通知

什么是"云技术"？

大家听说过计算机用语"云"（Cloud）吗？"云"是一个形象的比喻，人们根据云可大可小、可以飘来飘去的这些特点来形容在网络中将硬件、软件、网络等系列资源统一起来，实现数据的计算、储存、处理和共享的一种托管技术，因而这种技术被命名为"云技术"。

扫码看视频

我们一般都把应用程序、文本、图片等数据保存在自己的电脑上。但是，随着互联网大容量通信的实现，先把数据保存在网上（也就是保存在"云端"），等到我们需要的时候再打开应用并读取"云端数据"的"云计算"逐渐成了主流。用户即使不知道在云端发生了什么，也可以享受到云技术带给我们的快捷与便利。比如百度网盘使用的就是云技术的在线存储服务。

互联网就是"云"啊！

云技术正在逐渐转变为通过人工智能解决数据的使用需求哦！

云技术的结构

扫码看视频

网络硬盘

应用

云技术的基本结构就是将数据保存在云端网盘中，然后不同的计算机再与之连接并读取数据。既然网络硬盘能够保存大量数据并且像仓库一样供人使用，那么我们不用下载也能方便地使用各种应用，享受各种服务。

我们在之前学习了各种网络结构，现在就向大家介绍一下纵观全局的网络设计吧。这可能会有些困难，但大家都读到这里了应该会有一定的初步印象。

像右图这种分层次的结构就是网络设计的有趣之处。最下方是链路层，主要包括连接计算机的电缆等硬件；越往上越接近用户实际使用的应用程序。处在结构中心的是IP，也就是网际互联协议。每一台计算机都保证被分配到一个IP地址。IP是能够从不同路线把数据传输到目的地的基础协议。只要IP共通了（无论连接方法是有线还是无线都可以），我们就能按照IP的规定不断地开发出各种奇思妙想的新应用啦。

另外，各层只承担各自的工作责任，保证数据能够传输到下一层（自律），而分布在各地的服务器起到中转的作用（分散）并在IP协议下工作（协调），这种"自律、分散、协调"就是网络结构最大的特征。希望大家记住一点，那就是通信技术、硬件、软件的飞速发展其实都与这种巧妙的设计密不可分。

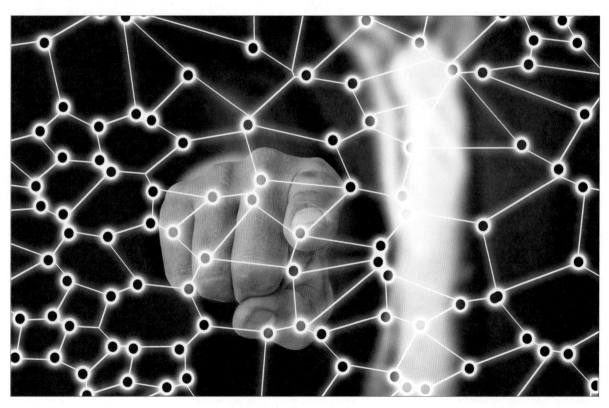

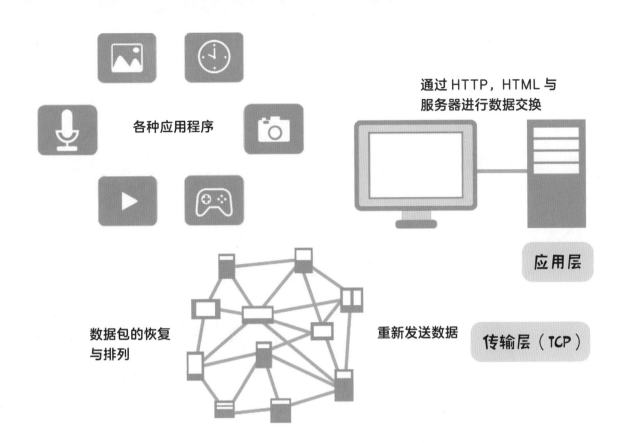

各种应用程序

通过 HTTP，HTML 与服务器进行数据交换

应用层

数据包的恢复与排列

重新发送数据

传输层（TCP）

网际互联协议（IP）

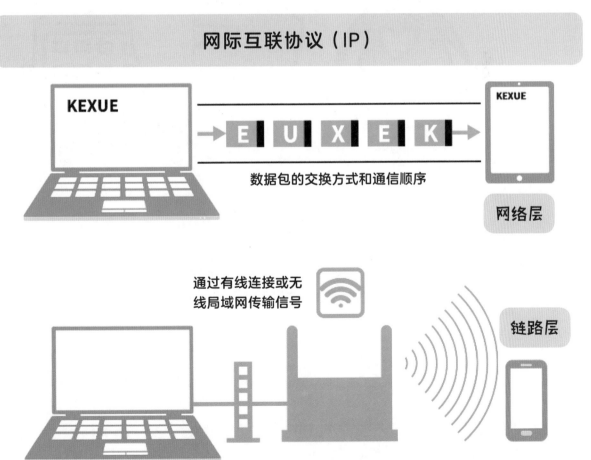

KEXUE

KEXUE

数据包的交换方式和通信顺序

网络层

通过有线连接或无线局域网传输信号

链路层

连接到网络中的计算机会有怎样的危险？
我们该如何保护好自己的个人信息呢？
本章会为大家介绍在使用计算机时应当注意的事情。

第四章

计算机也会遇到危险吗？

网络中也会有坏人吗？

扫码看视频

在全球互联的时代，我们通过计算机进入网络世界就像是在全世界旅游一样。我们能通过网络与不同国家和地区的人交流，但是很多时候你不知道对方是谁，也不知道对方长什么样。与大家生活的真实世界一样，网络世界中有好人，也会有坏人，因此平时上网时不要轻信陌生人发来的消息和链接。

比如某人收到了从银行发来的邮件，上面写着"为了您能够顺利办理相关手续，请登录本银行官网"。于是他就打开了邮件内的链接，在所谓的"官网"中输入了用户名和密码。但是这个"官网"实际上是个钓鱼网站，它与真正的官网长得几乎一模一样。坏人就用它顺利地盗取了受害者的用户名和密码。这种"网络钓鱼"是网络犯罪中比较常见的骗术之一。

网络坏人太过分了！

我们怎么才能防备那些坏人呢？

坏人

请登录
**银行网站
进行操作

转到

用户名

密码

钓鱼网站

你知道吗？

用户名和密码

　　大家在享受一些网络服务的便利之前可能需要登录操作，而登录就会用到用户名和密码，它们一般由数字和字母组成。用户名有时也叫账户名，它由网站运营者提供（现在大部分网站都可以自定义注册ID*），并且可以被用在邮箱地址等公开信息上面，所以很容易就被其他人知道了。因此，我们只要再设定一个只有自己知道的密码，那么网站就可以通过用户名和密码的组合来确认是否为本人登录。当然了，密码是绝对不可以让其他人知道的哦！

＊ID：Identity Document的缩写，网络用户身份标识号。

什么是计算机病毒？

扫码看视频

像生物病毒一样寄生在计算机文件中并不断增殖，让计算机"生病"的程序叫"计算机病毒"。被病毒感染的计算机会出现各种症状，比如系统被破坏，保存的数据被擅自发送出去甚至被全部删除等。还有一些病毒可以一边冒充正常的应用程序工作，一边偷偷地干坏事。病毒会让我们的计算机失控，里面保存的信息也会受到损坏。

病毒感染的途径也有很多，比如在打开了从网上下载的不安全的文件或者电子邮件附件之后，我们的计算机就有可能被感染。病毒有时还会隐藏在光盘和U盘等设备中。有些病毒还会不声不响地操纵计算机向外部散播新的病毒。

只是打开了一个陌生链接，计算机就中毒了！

被病毒操纵的计算机叫"僵尸主机（肉机）"，不受我们的控制。

计算机病毒传播的方式

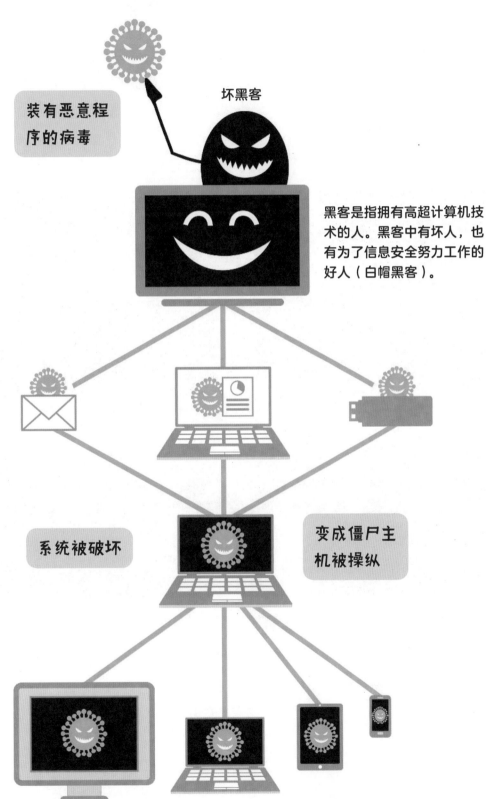

装有恶意程序的病毒

坏黑客

黑客是指拥有高超计算机技术的人。黑客中有坏人，也有为了信息安全努力工作的好人（白帽黑客）。

系统被破坏

变成僵尸主机被操纵

个人信息是如何泄露的？

经常听说企业甚至政府部门发生个人信息泄露事件，便是坏黑客向目标服务器发起大规模的攻击，盗取了大量个人信息来谋取不当利益，对社会造成了恶劣影响。

为了不被黑客入侵，大企业和政府部门都会构筑坚固的安全防护，所以黑客想要直接入侵是非常困难的。因此，黑客会伪装成客户或职员，向企业内部人员发送带有病毒附件的邮件。如果有内部人员打开了邮件中的病毒文件，那么他的个人计算机首先会被劫持，接着黑客就可以通过这个途径来入侵管理个人信息的服务器。

个人信息包含姓名、住所、电话号码、生日、邮箱地址等能够识别出个人身份的信息。如果这些信息落到了坏人的手里，且它们又与登录用户名和密码有关的话，坏人就可以用我们的账户随便在网上买东西，从我们的银行账户中取钱，在社交媒体上发一些乱七八糟的东西等。互联网在拉近世界距离的同时，也会有各种各样的危险，希望大家能够认识到这一点。

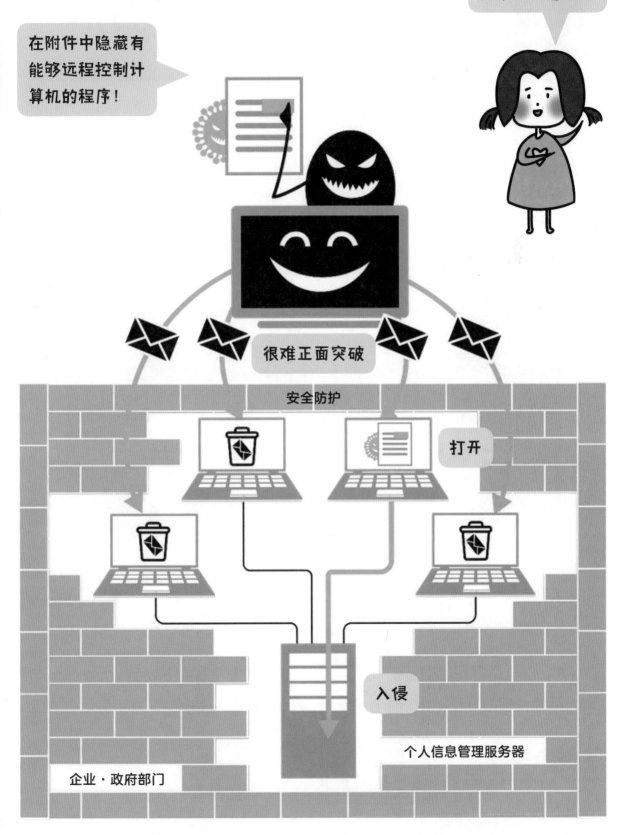

保护计算机安全的方法

既然网络中有各种各样的危险，那么我们该怎样保护计算机的安全呢？首先，大家一定要在电脑上安装杀毒软件。杀毒软件的开发公司会在网络上放出毫无防护的诱饵计算机，故意让它感染病毒，这样就可以第一时间发现新的计算机病毒。新病毒一经发现，软件公司就会迅速研究出解决病毒的方案并将信息发送至杀毒软件。这样一来，我们就可以防备新型病毒的攻击啦！

扫码看视频

除此之外，在计算机和互联网之间还有一道"防火墙"（Firewall），它像门卫师傅一样保护计算机的安全。防火墙可以通过分析数据包的发送来源和目标地址保护计算机安全，以防数据包中混入有害数据。

防火墙会帮助计算机阻挡病毒的攻击哦！

这样我稍微放心一点了！

杀毒软件和防火墙的构成

　　防火墙可以拦截来自网络的恶意攻击，而安装在计算机中的杀毒软件可以排查一些来自网络的病毒。杀毒软件和防火墙都是用来阻止病毒入侵，保护计算机安全的设备。

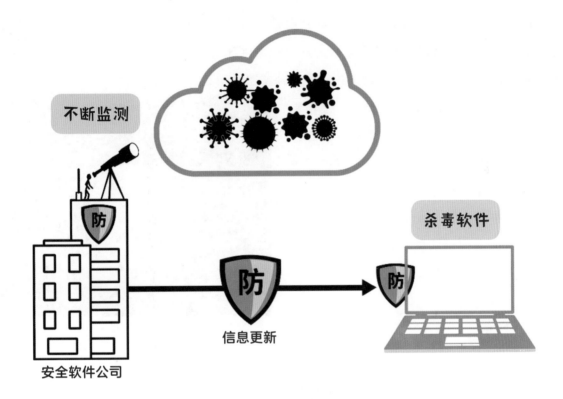

不断监测

杀毒软件

防

防

防

信息更新

安全软件公司

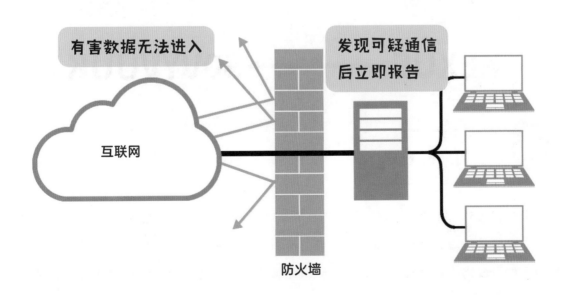

有害数据无法进入

发现可疑通信
后立即报告

互联网

防火墙

什么是密钥?

我们在使用网络服务的过程中，可能需要输入银行卡号等个人信息，这时就会担心这些信息会不会被网上的坏人盗取。计算机中除了防火墙等防护措施，还有一种叫密钥的技术。密钥是数据在网络传输中一种秘密的钥匙。

扫码看视频

以某种算法改变原有的信息数据，使得其他人即使获得了原有信息也弄不明白信息的内容，这个过程就叫"加密"。能够把加密过的信息恢复成原样的密钥只有接收方和发送方知道，这是最基本的加密方式。但是，在互联网中被普遍使用的密钥却是另一种完全不同的设计。

一般密钥的加密形式

加密

原有数据

意义不明的数据

KEXUE ⟶ SOVYVUUK

公钥加密方式

公钥加密也称非对称密钥加密，指的是由对应的一对唯一性密钥（公开密钥和私有密钥）组成的加密方法。在公钥加密体制中，不向外公开的是私钥，对外公开的是公钥。发送数据的人先用公钥把数据加密，而只有私钥能够恢复加密后的信息，也就是说只有拥有私钥的人才可以解读此数据。

122

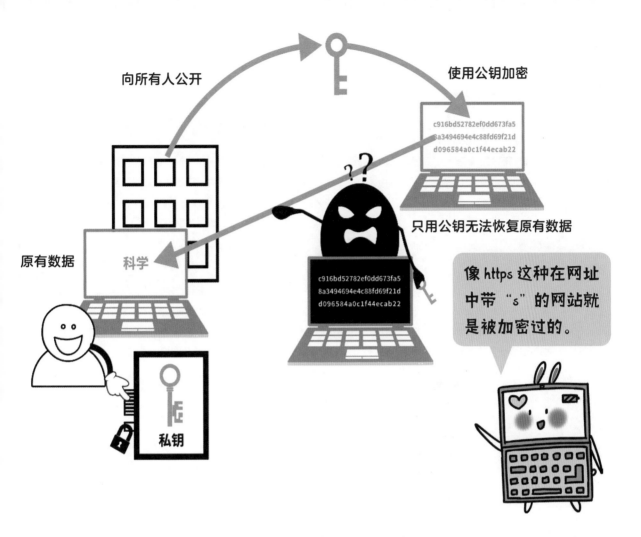

向所有人公开

使用公钥加密

c916bd52782ef0dd673fa5
8a3494694e4c88fd69f21d
d096584a0c1f44ecab22

只用公钥无法恢复原有数据

原有数据

科学

c916bd52782ef0dd673fa5
8a3494694e4c88fd69f21d
d096584a0c1f44ecab22

私钥

像 https 这种在网址中带"s"的网站就是被加密过的。

你知道吗?

保护个人信息的要点

处于网络时代的我们,足不出户也能办公和生活。似乎每个人都是半透明的状态,从外卖信息可以知道你的口味,从网购信息可以知道你的喜好,从聊天记录可以知道你生活的点滴。近些年来,网络犯罪层出不穷,网络安全越发受到大家的重视。为了保护我们在网络上免受坏人的侵害,希望大家可以做到以下几点要求:

不断更新操作系统和应用程序

把一直安装在电脑上的杀毒软件保持在最新版本,操作系统和应用程序也要保持在最新版本,因为它们也需要更新对抗病毒的方法。

不要打开可疑的文件或网站

一定不要打开陌生人发送的电子邮件中的附件和网址,最好直接删掉邮件。就算邮件是熟知的邮件地址发来的,我们也要事先进行确认之后再打开。

提高密码的复杂度

在设置密码时，要有一定数量以上的字符数，且需要大小写字母、数字与符号混用。

多设几个不同的密码

在不同的网站注册账号时，如果使用同一个密码，那么只要其中一个账号被泄露，其他网站账号就有被坏人入侵的危险。所以即使不好记，不同账号的密码也要尽量不同。

不要轻易输入个人信息

个人信息在很多情况下都是通过网络问卷泄露出去的。就算我们享受的是免费服务、免费应用或是线上礼品，在提交个人信息时，也要及时和自己的监护人商量一下。另外，在每次输入个人信息时，稍微改变一下姓名和住址等信息，这样就算真的被泄露出去了我们也知道是从哪里泄露的。

希望大家可以牢牢记住这几条内容，让我们一起努力，共建和谐网络环境。

区块链

区块链（Block chain）是信息技术领域的术语，它是一个数据库，存储在其中的数据具有不可伪造、公开、透明等特点。区块链起源于比特币，它让比特币等网络虚拟货币不断发展并逐渐火爆。区块链由大家分散管理，防止不正当行为发生。

大家在银行存的钱处在银行严密的监管之下，但是使用区块链结构的虚拟货币的安全防护就像没有中心管理人员一样。从技术层面上看，区块链涉及了数学、密码学、互联网、计算机编程等很多技术问题。

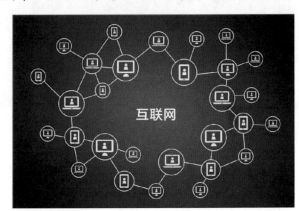
互联网

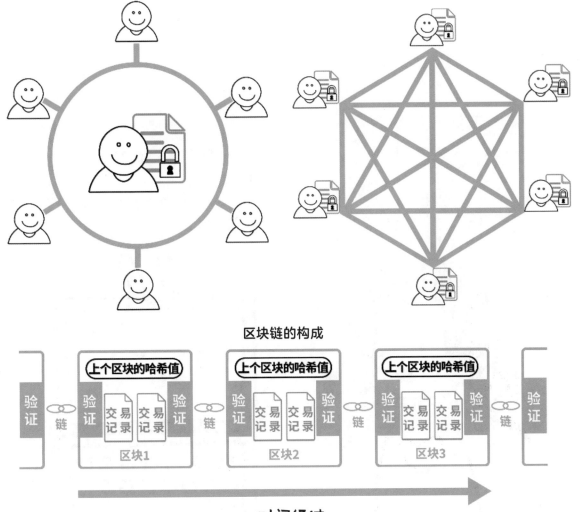

区块链的构成

时间经过

区块链就是这样构成的。交易记录被收纳在"区块"里，而区块内的信息是用哈希函数加密后的哈希值，且与证明此信息的值一并被收纳到下一个区块内。区块经过一定时间会更新，每个新产生的区块严格按照时间线顺序推进，形成不可逆的链条。至于此区块是参与者中的哪一个人发布的，大家会一起进行检查和验证。这就是区块链最基本的构造。

如果有人想要篡改其中的数据，区块间的连接就会立刻消失，那么他的诡计也会马上败露。因此，利用这种分散型的安全结构，各种系统就可以被安全地开发出来。

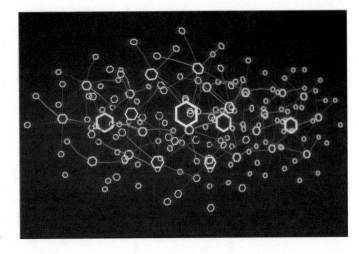

随着技术的提升，计算机的发展必然会经历很多新的突破。

从目前的发展趋势来看，计算机将会发展到一个更先进、更智能的水平。

那么最先进的计算机可以做什么？

以后的计算机会发展成什么样子呢？

我们又该如何面对智能化的计算机呢？

带着这些疑问继续看下去吧！

第五章

计算机的智能化

超级计算机

超级计算机，是指能够以惊人的速度进行运算的计算机。中国研制的超级计算机，如"神威·太湖之光"和"天河二号"等，其中"神威·太湖之光"每秒可以执行超过12.54亿亿次计算。从2012年—2017年，中国连续5年蝉联世界上运算速度最快的计算机榜首。新一代超级计算机项目"神威E级计算机原型系统"更是将目标定在了实现每秒百亿亿次浮点计算，将计算速度提高到全新的E级（Exascale）。

扫码看视频

超级计算机可以用于气象分析和新药开发等需要模拟复杂现象的领域。就算有些研究所需的数据多到超级计算机也算不完，或是实验存在实际困难暂时无法进行，超级计算机也能让研究前进一大步。

它能用于最前沿的技术研究领域哦！

超级计算机真的太厉害了！

超级计算机的用途

异常气候的分析与预测

使用超级计算机分析大量的气象数据来预测台风和暴雨等极端天气，防灾害于未然。

解开宇宙之谜

对宇宙中存在的粒子进行解析，模拟星球与银河是怎样产生的。

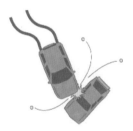

新药的开发

超级计算机可以模拟研究新药中的物质在人体内是如何起作用的，这样就不用做人体实验了。

汽车碰撞测试

为了获取汽车在碰撞时的受力数据，超级计算机可以模拟场景计算，这样就不用真的进行碰撞测试了。

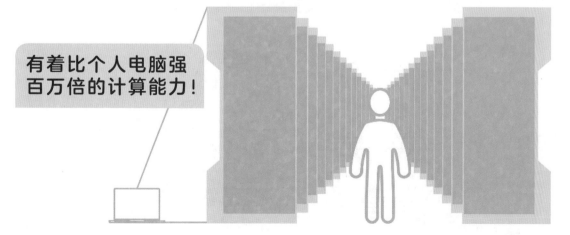

有着比个人电脑强百万倍的计算能力！

什么是可穿戴计算机？

扫码看视频

随着计算机的微型化，计算机终于小到了可以穿戴在身上的程度，比如配有计算机的手表、眼镜、衣服和鞋子等物品已经处于开发和优化之中了。我们把这些可以穿戴在身上的计算机叫"可穿戴计算机"，比如智能手环已经成为人们日常佩戴的一款可穿戴计算机。

如果眼镜的镜片变成了显示屏，不仅走着路就能显示出地图而且还能在社交媒体上发布动态聊天，人们就不用时时刻刻带着手机了。如果衣服和鞋子中的传感器可以一直记录我们的体温、脉搏、步行距离等数据并发送给医生的话，应该就能实现即时健康管理了。无论何时何地，不用特地去做些什么我们也能享受到便利的服务。这也是人们对于可穿戴计算机功能的展望。

可穿戴计算机在以前只在科幻电影或漫画中出现过，但是随着技术的发展终归是要变成现实的。

现在市面上已经有很多种智能手表了哦！

有未来世界的感觉啦！

可穿戴计算机

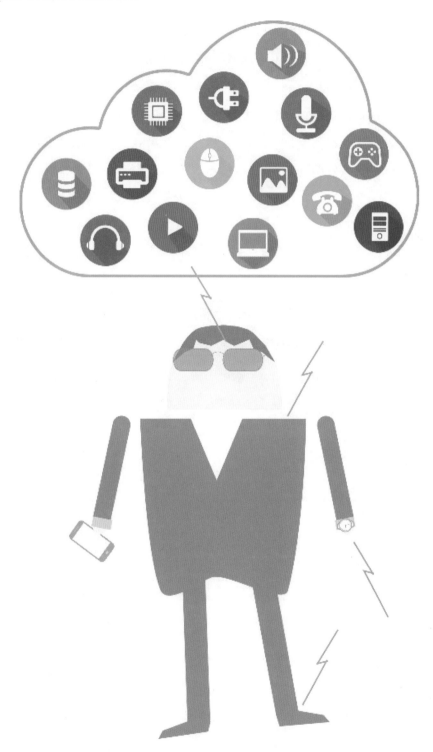

只要将可穿戴计算机联网，那么信息与物品就可以实时与人建立联系。利用可穿戴计算机可以实现什么预期呢？大家思考一下这个有趣的问题吧。

　　与可穿戴计算机的发展同时引起人们关注的还有VR和AR技术。虽然它们名字相似，但却是两种完全不同的概念。人们常常分不清两者的联系和区别。

　　先说说VR吧！VR（Virtual Reality，虚拟现实）是20世纪发展起来的一种全新的实用技术。虚拟现实，顾名思义就是虚拟和现实相结合。戴上VR眼镜，我们视野中的整个场景都是虚拟出来的，和现实场景没有关系。VR不仅可以应用在游戏上，还可以应用到电影、音乐等各种娱乐中。除了影视娱乐方面的应用，VR还可以应用到教育、设计、医学、军事、航空航天等领域。

　　再来谈谈AR吧！AR（Augmented Reality，增强现实）是一种将虚拟信息与真实世界巧妙融合的技术。通过AR技术，我们的视野中在出现现实世界影像的同时，也会出现虚拟的物体，而且虚拟的物体还会和现实场景有互动。AR在手机中应用后，我们可以通过手机屏幕看到现实场景以及叠加在上面的虚拟角色，比如前些年大火的Pokémon Go（宝可梦Go）游戏就加入了AR技术。

　　VR→虚拟现实，是利用计算机生成的一种模拟环境，使用户沉浸到该环境中的技术。

　　AR→增强现实，是将图像等虚拟信息叠加到真实世界中并使其显示的技术。

VR 技术应用在游戏中，可以让玩家身临其境，营造出 360 度全方位的 3D 空间。

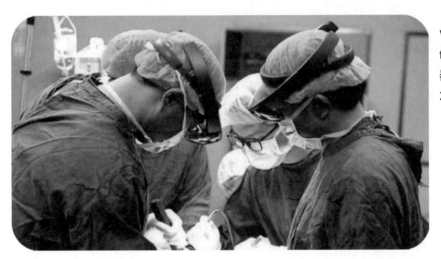

VR 技术应用在医学中，能够通过用 3D 显示出患者脏器的 CT 扫描数据来验证手术计划与共有手术信息。

谷歌公司开发的谷歌眼镜利用 AR 技术，可以在人们走路时显示实时路径信息。

北欧家居企业宜家（IKEA）提供的 AR 应用可以让人们试着在自己现实的房间里放置各种各样的家具，以避免出现家具不合适的问题。

神奇的3D打印技术

扫码看视频

随着技术的发展，3D打印对于我们来说已不再陌生，我国3D打印行业的公司也在逐渐增多。3D打印是一种以数字模型文件为基础，使用粉末状金属或塑料等可以黏合的材料，通过逐层打印的方式来构造物体的技术。

如果我们想买个放书的书架，一般都要先确认下有几本书以及摆放尺寸，然后再去店里买大小合适的书架。但是我们今后只需用电脑计算出书架的数据，再将数据输入到3D打印机中，就能当场打印出想要的书架啦！3D打印机是通过对树脂或其他材料进行加工来制作物品的机器。

像这种依照数字数据进行制造的技术叫"数字化制造"。3D打印机和激光切割机等数字化机器已出现在我们的生活中。在网络上有许多3D打印数据模型，无论什么时候只要输入数据都可以立刻制作。我们马上就会进入到一个新的生产模式中，在必要的时候只生产必要物件中的必要部分。

就算是很难购买到的零件也能很方便地通过3D技术制作出来了！

3D 打印机制作出来的东西

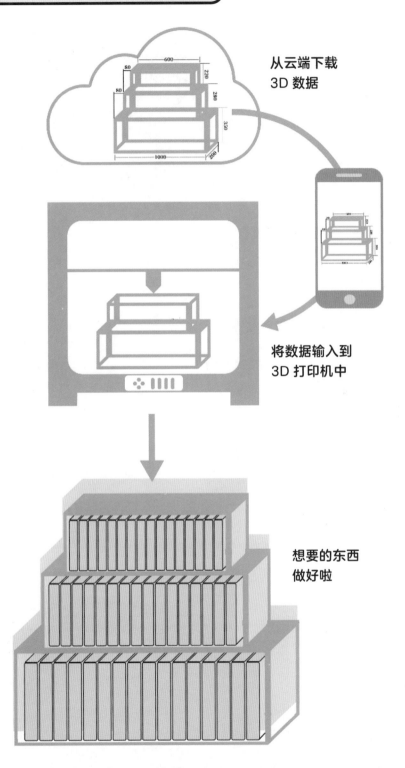

从云端下载
3D 数据

将数据输入到
3D 打印机中

想要的东西
做好啦

　　只要学会如何使用3D数据和3D打印机等装置，设想中的新商品就能变为实物。3D打印技术可以应用的领域非常广泛，比如建筑、国际空间站、航天科技等。

3D 打印技术的应用

3D打印在创建物体形态上有着非常高的自由度，使用3D打印的方式可以自由地制造出各种各样的物品，无论是在工业、医疗、航空还是个人生活中都有着广泛应用。现在购买或制作一个3D打印机只需要数千元。让我们来看看3D打印都能够做些什么吧！

增材制造生产车间

首先是使用3D打印机制作陶瓷杯子。我们只要有了3D打印机，就可以根据自己的喜好方便地制作出属于自己的小物品了。即使是橡胶、金属、光敏树脂甚至砂糖这样的材质也可以使用3D打印机制作物品哦。

使用 3D 打印机制作陶瓷杯子

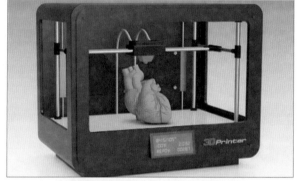

使用 3D 打印机制作心脏模型

另外，3D打印机还可以制作人的心脏模型。将MRI（核磁共振成像）扫描出的心脏数据"打印"出来，在患者就医时医生就能用这个模型向患者通俗易懂地说明病情了。在最尖端的技术方面，用超高性能的3D打印机甚至可以制造出小汽车和房子。在国际空间站中也可以使用3D打印机来制作供宇航员食用的人造肉，这一点让你意想不到吧。

使用 3D 打印机制作的房子

由初创公司 XEV 制造的首款量产 3D 打印电动车 LESV 在车展亮相

宇航员使用 3D 打印机在太空环境下制造人造肉

自主学习的计算机

人类具有自我意识，可以实现自主学习，那么计算机是否可以自主学习呢？大家可以想象一下，如果一台计算机可以和你无障碍地交流，还会自己思考问题，你会有什么想法？

扫码看视频

近年来，人工智能（Artificial Intelligence，简称AI）逐渐成为人们日常谈论的热门话题。自诞生以来，人工智能研究的领域也在不断扩展，涉及了机器人、语言识别、图像识别、专家系统等方面。人工智能之所以能够这么快速地发展，是因为现在高性能的计算机可以输入并处理网络上庞大的数据（也就是"大数据"），分辨信息的特征并推算出合适的答案。因此，将来的AI一定会在医疗、安保、运输、艺术、金融、服务业、农业等各个领域成为人们的得力助手。

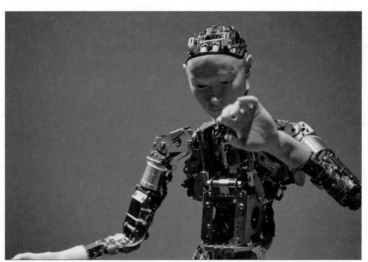

如何让计算机更加智能化，是人工智能领域的主要研究方向。

可以了解到更多有关于人工智能的知识了！

深度学习

深度学习（Deep Learning，简称DL）是机器学习（Machine Learning，简称ML）领域中的一个新的研究方向。深度学习使机器模仿视听和思考等人类的行为，解决了很多复杂模式难以识别的问题，使得人工智能相关技术取得了很大进步。

将人类的神经网络在计算机上再现的技术则是深度学习的技术基础。深度学习又可以把学习分为许多阶段并且让AI与复杂的、不断进化的神经网络相连接，使AI的重复学习成为可能。比如让计算机从众多动物图片中筛选出猫咪的图片。通过深度学习技术，计算机可以分辨出不同动物的特征，从而能够区分它们。而且AI还会通过大量数据反复学习，不断地自我提高与升级。

在输入图像数据后，复杂的神经网络会经过数层的思考区分，最终识别出猫，再输出。AI 会通过人告诉它输出结果的正确与否来不断提高识别精度。

输入

识别轮廓

识别脸部

识别眼睛

识别出猫

量子计算机

量子计算机简单地说就是一种可以实现量子计算的机器。它是一个物理系统，能存储和处理用量子比特表示的信息。与普通计算机相比，量子计算机的运行速度更快，处理数据的能力更强，应用范围更广。

现如今，晶体管体积已经变得比细菌病毒还要小了。如果再小下去的话，电子就会直接穿过物质，那么晶体管的开关功能也就不起作用了。因此，研究者们把注意力转向了应用"量子比特"原理的超级计算机。量子是现代物理的重要概念，一个物理量如果存在最小的不可分割的基本单位，那么这个物理量就是量子化的，我们把最小单位称为量子。

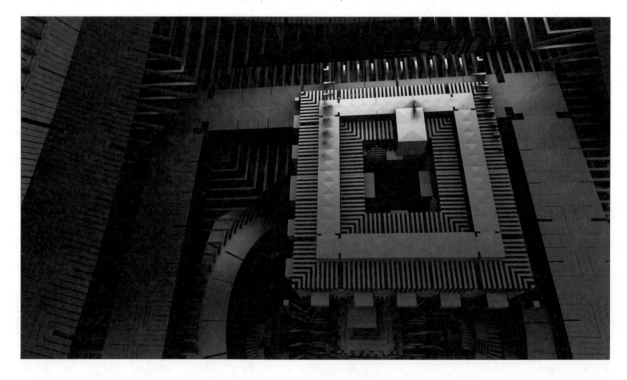

这个原理非常非常难。简单来说就是，在量子世界中，在量子世界中，二进制的0和1（0表示关，1表示开）可以使用一个量子比特表示，这样一来会发生什么呢？比方说010在半导体计算机中需要用4b（4个比特），也就是4个晶体开关来表示，同时这4个晶体管只能表示一个4b大小的数据。然而，只用4个量子比特能同时表示从0000到1111的全部16（2的4次方）种状态，20个量子比特能同时表示大约100万（2的20次方）个数据。所以量子计算机在理论上能够以现在的半导体计算机的约1亿倍的性能工作。

虽然量子计算机仍然处于实验与论证的初级阶段，人们想要完全掌控量子的性质非常困难，但是对于正在高速处理大数据的AI来说，今后量子计算机的发明与应用是不可或缺的。

半导体计算机

关 开

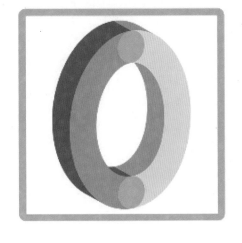
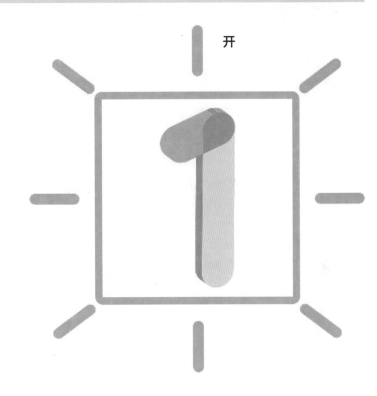

量子计算机

互联互通的世界

扫码看视频

请大家发挥自己的想象力，想象这样一个触手可及的世界：通过物联网技术，我们身边的一切都变成了计算机，并且这些计算机互联互通。在这个世界里，大家想要怎样生活，实现什么样的愿望呢？

我们身边的冰箱、洗衣机、空调、电视、空气净化器、马桶等家用电器的使用情况、故障状况等数据可以直接传输到网上。空调和空气净化器的数据能分析出房间里有多少螨虫，以便治疗过敏性疾病……这些奇妙的设想都已经变成了现实。

将汽车雨刷的动作数据运用在气象预测中；将农用拖拉机取得的土壤数据运用在更高品质的蔬菜和水果品种的开发中；用床分析睡觉时的身体活动数据，再用3D打印技术打印出最适合自己的枕头……把我们之前说的AI、"云"、可穿戴设备、VR、AR、数字化生产等技术融合在一起之后，大家想要用它们做什么呢？

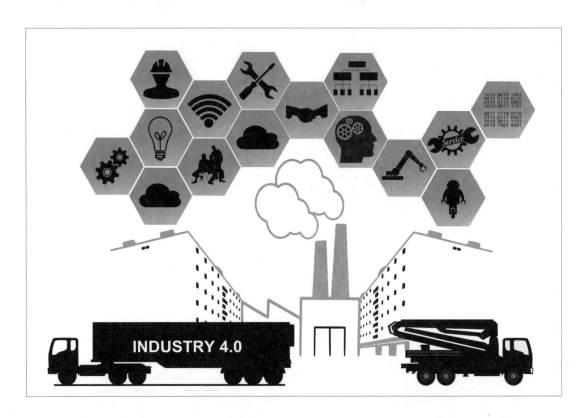

　　在不久的将来，人们可以使用计算机和互联网解决各种各样的问题。有很多事情因计算机而便利，因互联网而变为可能。在新技术不断发展的同时，保证人们能够安全安心地享受这些技术也非常重要。

　　对于学习计算机并想要用计算机做些什么的人来说，计算机一定会成为得力助手。那么，大家熟练使用计算机不断创造出方便有趣的事物的时代也一定会到来！

我们暂时就先介绍到这里了。如果大家还想了解更多关于计算机的前沿知识，可以尝试挑战与本书相关的系列丛书，试着学习编程、人工智能等相关知识吧！

要不接下来挑战编程吧！这是一个大胆的尝试哦！

未来科学家系列 2

编程可以用来做什么

未蓝文化 / 编著

中国青年出版社

图书在版编目（CIP）数据

编程可以用来做什么 / 未蓝文化编著. 一北京: 中国青年出版社, 2022.11
（未来科学家系列; 2）
ISBN 978-7-5153-6781-1

I.①编… II.①未… III.①程序设计一青少年读物 IV.①TP311.1-49

中国版本图书馆CIP数据核字（2022）第186662号

未来科学家系列 2

编程可以用来做什么

编　　著: 未蓝文化

出版发行: 中国青年出版社
地　　址: 北京市东城区东四十二条21号
电　　话: (010) 59231565
传　　真: (010) 59231381
网　　址: www.cyp.com.cn
企　　划: 北京中青雄狮数码传媒科技有限公司
主　　编: 张鹏
策划编辑: 田影
责任编辑: 张佳莹
文字编辑: 李大珊
书籍设计: 乌兰
印　　刷: 天津融正印刷有限公司
开　　本: 787 x 1092　1/16
印　　张: 40
字　　数: 386千字
版　　次: 2022年11月北京第1版
印　　次: 2022年11月第1次印刷
书　　号: ISBN 978-7-5153-6781-1
定　　价: 268.00元（全四册）

本书如有印装质量等问题, 请与本社联系
电话: (010) 59231565
读者来信: reader@cypmedia.com
投稿邮箱: author@cypmedia.com
如有其他问题请访问我们的网站: http://www.cypmedia.com

前言

　　编程语言有成百上千种，每一种编程语言都是为了满足不同人群的要求而被开发出来的。没有哪一种编程语言可以解决所有的问题。这些编程语言各有特色，擅长的领域也不相同。比如，Java语言适合用于Android应用，Python语言主要应用于Web开发和人工智能。我们可以做的就是享受编程带来的便利和乐趣。

　　如果你想自己编写一个小游戏，可以尝试Scratch。但是如果你想制作网页，那Scratch就满足不了你了，这个时候可以尝试使用HTML搭配CSS和JavaScript。编程语言是我们与计算机沟通的工具，它可以带我们感受一个不一样的世界。

　　本书从一个Scratch游戏的制作开始，带你进入编程的世界。在这个编程的世界里，你可以体会到第一次使用Scratch编写游戏的乐趣，感受AR的神奇，享受组装和开发机器人的成就感，了解个人网页制作还有智能手机App开发的奥秘。

　　按照本书的介绍顺序，你可以体会到各种编程语言之间的差异性和相似之处。现在社会已经向大数据和人工智能的方向发展，具备基本的编程能力可以帮助拓宽我们的思维。相信将来无论你做什么，这些技能都会帮助到你。

编程之旅
要开始喽！

目录

第一章
捕捉游戏

第二章
迷宫游戏

第三章
认识 AR

第四章
开发机器人

第六章
制作应用程序

第五章
制作自己的
网站

本书的使用方法

本书按照顺序将每一个阶段的目标都设置为一个标题，每一个标题下面又分成了不同的小标题，小标题标记了操作的顺序。按照顺序来攻破每一个小标题吧！

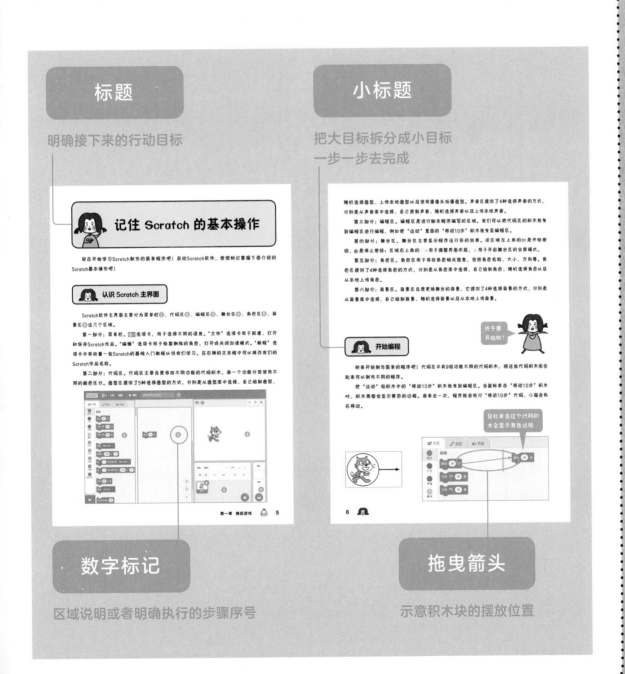

标题
明确接下来的行动目标

小标题
把大目标拆分成小目标
一步一步去完成

数字标记
区域说明或者明确执行的步骤序号

拖曳箭头
示意积木块的摆放位置

基本操作

这是在电脑上的基本操作说明，包括光标的变化、鼠标按键的操作以及文件夹的操作。

光标

在电脑屏幕上移动的时候是箭头的形状，输入状态的时候会变成右边这个形状。

鼠标操作

单击是按一次鼠标左键，双击是快速按两次鼠标左键，右击是按一次鼠标右键。

拖放

选中需要移动的内容，食指按住鼠标的左键不松开，一直移动鼠标到目标位置后再松开。

创建文件夹和重命名

创建文件夹：鼠标右击—选择"新建"—选择"文件夹"，然后给新创建的文件夹命名。
重命名：选中文件夹，鼠标右击—选择"重命名"，然后输入新的名字。

程序是什么？

在新学期开始时，每个班级都会分发课程表。表格中记录了每天的课程安排，每个班级都会按照课程表中的安排学习不同的学科。比如，第一节课学习语文，第二节课学习数学，按照这种顺序学习新学期的课程。

电脑是按照什么做事情的呢？就像学生按照课程表的安排学习新学期的知识一样，电脑是按照程序中的指示进行各种操作的。你想让电脑执行什么样的操作，就需要编写对应的程序指令。学习编程就是学习编写控制电脑的指令。

程序是电脑可以认识的指令，电脑会按照程序的要求执行各种各样的操作。如果你想让电脑执行任务，就得编写它能理解的语言，否则它不会明白你的想法。程序中的每一个指令都对应着电脑要执行的一个基本操作，告诉电脑要按照规定的顺序完成这些指令，这么多的指令合集就构成了程序。学生会按照课程表中的顺序上课学习，电脑也会按照程序中的指令执行操作。

　　电脑可以帮助我们完成很多的事情，比如看学习视频、看动画片、玩游戏、画画等。你会用电脑做什么呢？电脑中有各种各样的软件，有的可以听音乐，有的可以写文章，这些具有不同功能的软件原型就是程序。快看看你的电脑里都有哪些软件吧！

　　电脑里的这些软件是怎么来的呢？程序员通过各种程序设计生成程序文件，再将这些程序文件放在电脑中运行，来实现各种不同的功能。这就是我们平时看到的软件啦。编写游戏程序的话，在电脑上运行，可以玩游戏；编写听音乐的程序，我们就可以在电脑上听音乐。编写的程序不同，实现的功能就会不同。你想让电脑实现什么功能呢？

　　本书中有使用Scratch编写的游戏程序，有控制机器人的程序，有开发手机软件的程序。相信通过书中各种有趣又好玩的程序，你可以体会到编程带来的乐趣。

程序设计　　程序文件　　在电脑中运行

如何进行程序设计？

我们想让计算机按照指令执行任务，就需要使用编程语言来编写各种指令。人与人之间通过语言交流，人与计算机之间也需要通过语言交流，只不过这种交流方式比较特殊。人类的语言多种多样，编程语言也有很多种类。你想让电脑实现什么功能，就需要选择对应的编程语言。

编程语言发展到现在已经有成百上千种了，如何从这么多编程语言中选择一种或者几种语言进行程序设计呢？每一种编程语言都有它擅长的地方，我们可以根据它们的独特之处进行选择。

专业从事软件开发的人为了可以开发出更好的软件，会掌握多种编程语言。对于初学者，也有多种可供选择的编程语言。只要你会简单的电脑操作，就可以开始学习编程。

本书使用的编程语言是适合初学者学习的Scratch和JavaScript，还有制作网页的HTML这种标记语言。你可以使用Scratch编写出各种有趣的游戏，使用HTML和JavaScript制作个性的网页和应用程序。这些都是非常适合初学者学习编程的语言，它们的功能非常强大，编写的时候也会很有趣。

我推荐你从简单的编程语言开始学习哦！简单又好玩的游戏等你来挑战！

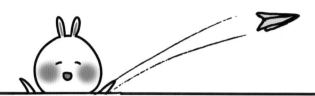

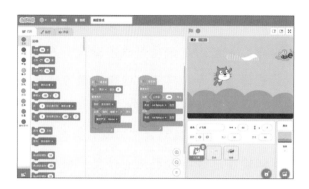

Scratch

美国麻省理工学院开发的一款适合初学者的编程语言。使用 Scratch 中色彩丰富的各种积木可以轻松地制作有趣的游戏。

JavaScript

网页的编写语言，可以制作网页和智能手机中的应用程序。JavaScript 非常容易学习，可以实现网页的动态效果。

```
<script>
    function question(){
        var input=prompt("请输入你的答案；");
        if(input=="function"){
            window.sessionStorage.totalScore++;
            window.location.href="result.html";
        }else{
            window.location.href="result.html";
        }
    }
</script>
```

了解更多

机器语言和高级语言的区别

机器语言是计算机最原始的语言，由0和1构成。电脑中的CPU在工作的时候只认识这种机器语言，人类很难读懂。为了方便编程，人类开发了高级语言。这种高级语言接近人类的语言，对于我们来说比较容易理解。高级语言需要通过编译器编译之后才可以被电脑理解，然后执行我们编写的指令。

机器语言因为能直接被计算机执行，所以效率很高，但是我们很难理解。高级语言更容易被人理解，可以更容易地编写程序，但是效率不如机器语言。

你有没有一款特别喜欢玩的游戏？

这款游戏为什么这么受欢迎呢？

平时我们在游戏机、智能手机或电脑上玩的游戏是如何制作出来的呢？

大家有没有想过，其实我们也可以自己制作一款游戏。

准备好了吗？

下面让我们一起通过学习 Scratch 的相关技能尝试制作

一款 Scratch 游戏吧！

捕捉游戏

认识 Scratch

从这里开始我们就要学习Scratch编程语言来制作游戏啦！Scratch简单易学，是一款非常适合编程入门学习的语言设计程序。学习第一章中的编程技巧，一边制作小猫捉蝴蝶的游戏，一边学习编程入门知识。

学习Scratch编程，我们可以制作游戏，同时也可以和小伙伴分享游戏，大家一起玩。Scratch提供了分享功能，我们可以将自己制作的Scratch作品在网络上公开，这样全世界的朋友都可以看到你的作品了。

Scratch 的由来

在开发和推广Scratch的过程中，米切尔·雷斯尼克可以说是一位非常重要的人，他被誉为少儿编程之父。在Scratch出现以前，还没有一款适合儿童学习编程的可视化工具。1989年，波士顿博物馆使用乐高作为举办活动的材料，为期一周的活动受到了孩子们的欢迎。当时米切尔·雷斯尼克因此受到启发，决定开发一款适合少儿，并且贴合少儿喜好的编程软件。通过不断研究，Scratch的首个版本在2007年发布。

在Scratch的编程界面中，编程语句都是以积木拼接的形式呈现的，不同颜色的积木功能也不相同。在编写程序时，只需要像拼积木一样，将编程语句拼接在一起就可以了。

这么一看，Scratch确实十分友好，是一款可视化的编程语言。

认识 Scratch 的各个版本

Scratch的首个版本是在2007年发布的，2013年发布了可以直接在网络浏览器中在线操作的Scratch 2.0版本，2019年发布了Scratch 3.0版本。经过多年的发展，Scratch的界面也在不断优化中，下面我们一起来看看Scratch的各个版本吧！

Scratch刚被开发出来的时候界面并不是很美观，但已经是符合少儿编程的可视化界面了。Scratch 1.4版本的界面如下图所示。

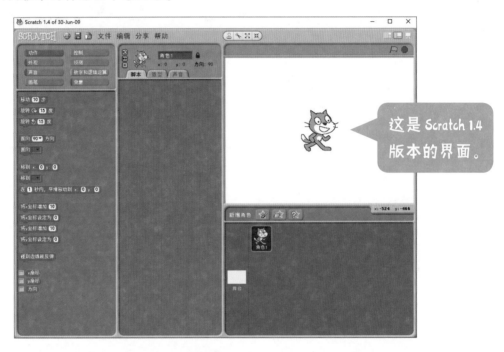

Scratch 2.0版本在之前版本的基础上继续进行了优化设计，比如加强了与外部链接设备的互动体验。Scratch 2.0版本的界面如下图所示。

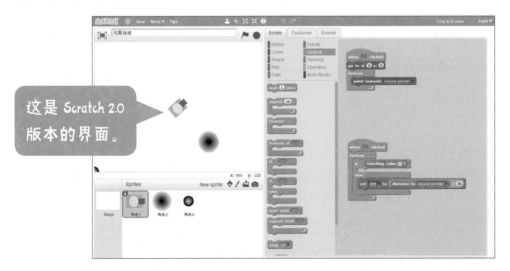

Scratch 3.0采用了最新的HTML5来编写，在之前版本的基础上，增加了更多的功能，界面也更加简洁和美观。我们在使用Scratch学习编程时，也更推荐使用这个版本。Scratch 3.0版本的界面如下图所示。

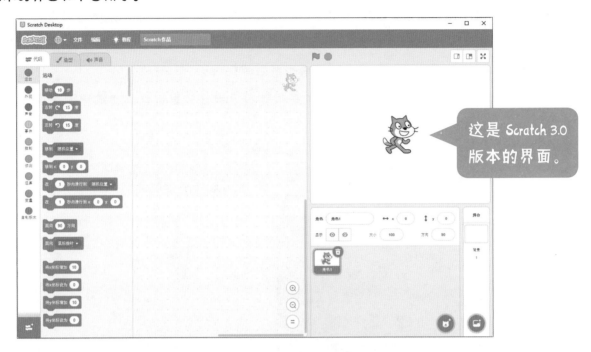

这是 Scratch 3.0 版本的界面。

现在我们已经成功启动Scratch了，你是不是对Scratch有一点了解了呢？那么，接下来我们需要了解Scratch的基本操作，以便更好地完成游戏制作。

看！这就是 Scratch 的启动界面。

了解更多

欣赏别人的作品

　　我们可以在Scratch的网站上看到全世界的人制作的作品。另外，我们也可以对别人的项目进行改造。欣赏或改造别人的作品可以磨炼我们的程序设计能力。Scratch并不只注重游戏的编程语言，还注重大家对游戏的分享。所以，只要肯下功夫就可以做出各种精彩的作品，那么有时间多看看其他人的作品吧。

记住 Scratch 的基本操作

现在开始学习Scratch制作的简单程序吧！启动Scratch软件，按照标记掌握下面介绍的Scratch基本操作吧！

认识 Scratch 主界面

Scratch软件主界面主要分为菜单栏①、代码区②、编程区③、舞台区④、角色区⑤、背景区⑥这几个区域。

第一部分：菜单栏。⊕▾选项卡，用于选择不同的语言。"文件"选项卡用于新建、打开和保存Scratch作品。"编辑"选项卡用于恢复删除的角色，打开或关闭加速模式。"教程"选项卡中存放着一些Scratch的基础入门教程以供我们学习。在右侧的文本框中可以修改我们的Scratch作品名称。

第二部分：代码区。代码区主要负责存放不同功能的代码积木，每一个功能分类使用不同的颜色区分。造型区提供了5种选择造型的方式，分别是从造型库中选择、自己绘制造型、

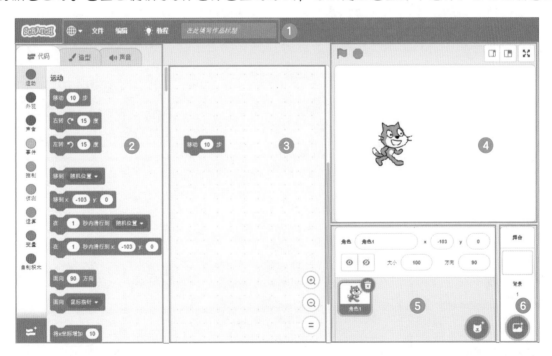

随机选择造型、上传本地造型以及使用摄像头拍摄造型。声音区提供了4种选择声音的方式，分别是从声音库中选择、自己录制声音、随机选择声音以及上传本地声音。

第三部分：编程区。编程区是进行脚本程序编写的区域。我们可以把代码区的积木拖曳到编程区进行编程，例如把"运动"里面的"移动10步"积木拖曳至编程区。

第四部分：舞台区。舞台区主要显示程序运行后的效果。该区域左上角的 是开始按钮， 是停止按钮；区域右上角的 用于调整界面布局， 用于开启舞台区的全屏模式。

第五部分：角色区。角色区用于存放角色相关信息，包括角色名称、大小、方向等。角色区提供了4种选择角色的方式，分别是从角色库中选择、自己绘制角色、随机选择角色以及从本地上传角色。

第六部分：背景区。背景区负责更换舞台的背景，它提供了4种选择背景的方式，分别是从背景库中选择、自己绘制背景、随机选择背景以及从本地上传背景。

终于要开始啦！

开始编程

快来开始制作简单的程序吧！代码区中有9组功能不同的代码积木，将这些代码积木组合起来可以制作不同的程序。

把"运动"组积木中的"移动10步"积木拖曳到编程区。当鼠标单击"移动10步"积木时，积木周围会显示黄色的边框。每单击一次，程序就会执行"移动10步"代码，小猫会向右移动。

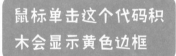

鼠标单击这个代码积木会显示黄色边框

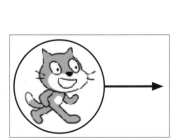

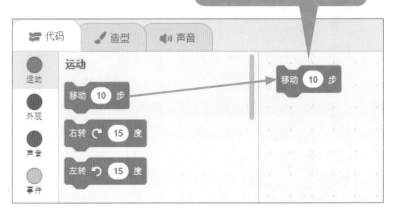

操作积木

继续拼接其他的代码积木吧！单击"运动"组积木下方的"外观"组积木，这里显示的代码与之前明显不同。在Scratch中，以颜色区分不同功能的代码积木，这样更方便我们查找。

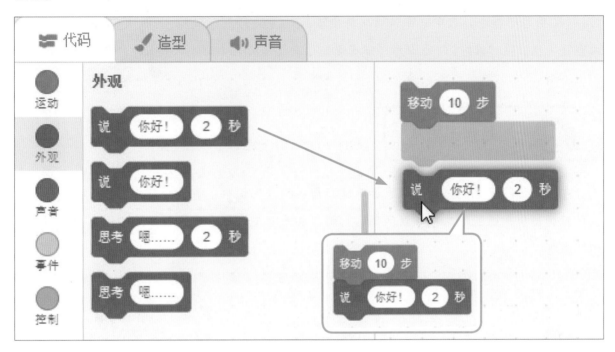

试着将"说你好！2秒"积木拖曳到"移动10步"积木下面吧！这两块积木靠近的话，会显示灰色区域，这是积木之间要拼接在一起的信号。这时松开鼠标，两个代码积木就会粘在一起。

单击编程区拼接在一起的积木块，小猫会向右移动并显示"你好！"。按照积木拼接的顺序，程序会从上到下执行代码。

如果多次单击积木块，小猫会移动至舞台区右侧的边缘处直到看不见。遇到这种情况，我们可以使用鼠标拖曳，抓住小猫把它放回舞台中间。

我们可以自由修改白色小框中的内容，积木中的白色小框可以输入文字和数字，也可以嵌入其他的代码积木。我们将光标移动到写着"你好！"的白色小框中，选中文字就可以自由输入内容了，比如将"你好！"修改为"喵喵喵！"。

在编程的过程中，如果我们想要删除不需要的代码积木，有两种方式：第一种方式是直接用鼠标将要删除的积木移动到代码区；第二种方式是鼠标右击需要删除的积木，选择"删除"命令。

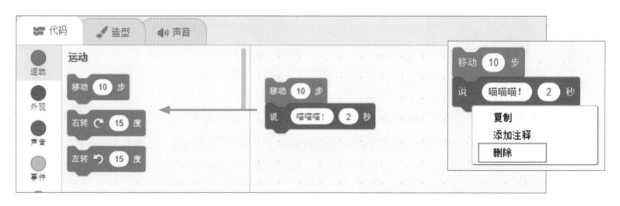

虽然我们在编程的时候可以通过单击代码积木移动小猫，但是多次单击会很麻烦，效率也很低。因此，我们可以使用▐ 代替重复单击操作。在"事件"组积木中选择"当▐ 被点击"积木，用鼠标拖曳到"移动10步"积木的上面，这样3块不同功能的积木就拼接成功啦。

在运行脚本程序时，我们可以单击舞台区的▐ 按钮，每单击1次▐ ，编程区的代码就会被执行1次。如果想停止运行程序，单击●按钮就可以了。

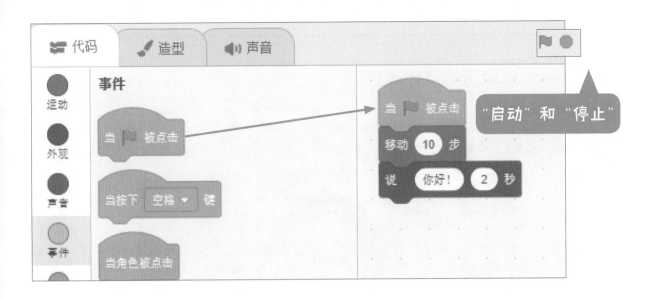

 **总结**

　　以上就是Scratch的基本操作步骤了，这里把Scratch的主要区域和功能整理成了下面的图片。代码区可选取不同的代码积木，然后拖曳到编程区制作脚本，舞台区会呈现我们创作的作品。想为多个角色编程的时候，我们可在角色区切换不同的角色，制作脚本程序。

Scratch 背后的设计理念

米切尔·雷斯尼克（Mitchel Resnick）是麻省理工学院的教授，是Scratch和乐高背后的驱动者，被誉为少儿编程之父。

米切尔·雷斯尼克

在开发和推广Scratch的过程中，米切尔还提出了一套创造性的学习理论。在他看来，人可以分为A型人和X型人。A型人更注重遵守规则，各个方面表现都比较优异，擅长考试。X型人更愿意冒险，勇于尝试新鲜事物，不是简单地解决教科书里的问题。

通过观察孩子们的学习方法，米切尔将他们的学习过程归结为一种创造性学习的曲线，呈现了一个螺旋式上升的过程，如下图所示。

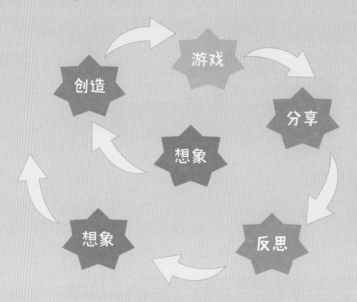

Scratch除了可视化的编程功能之外，背后这种设计理念也很重要。Scratch可以让我们在动手做的同时学习和体验编程带来的乐趣，里面涵盖了各种类型的设计，努力让每个使用它的人都能找到自己感兴趣的地方。

我们在使用Scratch学习编程的过程中，同伴也很重要，这是一个互动的过程。当完成一个游戏的创作后，我们可以将它分享给其他的小伙伴，或者也可以体验一下小伙伴们编写出来的游戏。这种互动可以让彼此之间的思维碰撞出更多富有创造力的火花。

在Scratch的设计中，包含了"低地板"和"高天花板"的原则，如下图所示。这让想开始学习编程的小伙伴能够快速上手学习，同时也鼓励小伙伴勇于挑战更高难度的项目。

高天花板
更高难度的项目

Scratch
核心设计理念

宽墙壁
支持多种类型的项目

低地板
入门容易

这种三角形的设计理念也让Scratch受到了更多人的喜爱。学习Scratch不仅培养了少儿的计算思维和创造力，还能让他们更好地和同龄人、老师及家长沟通与分享。

小猫捉蝴蝶

欢迎来到我们的第一个Scratch游戏，从这里开始，一边制作"小猫捉蝴蝶"的游戏，一边学习Scratch编程吧！按照接下来介绍的操作步骤完成这个游戏吧！

 游戏的设计思路

在制作游戏之前，我们首先需要考虑的就是想要制作一款什么样的游戏。在构思游戏的初级阶段，我们的设计思路可能会存在漏洞。不过没关系，我们可以在游戏的制作过程中慢慢改进。

这是一款节奏轻快的空中捕捉游戏，目标就是尽可能地捕捉蝴蝶，通过鼠标控制小猫的移动位置，捕捉的蝴蝶越多，游戏得分就越高。如果小猫碰到飘动的云朵，游戏就会结束。

通过单击▶或者⏺开始或关闭游戏，游戏界面的左上角显示得分情况。游戏背景是一张蓝色天空的图片，也可以改成你喜欢的任意风格！游戏主要有3个角色，分别是小猫、云朵和蝴蝶。

小猫：使用鼠标指针控制小猫在游戏中的位置，小猫就是游戏世界中的你。

云朵：云朵在空中四处飘荡，可以通过控制云朵的移动速度调整游戏的难度。如果小猫碰到了飘动的云朵，游戏就结束了。

蝴蝶：蝴蝶会随机出现在游戏界面中，小猫捉住1只蝴蝶就会得1分。

 角色的设计顺序

在制作游戏的过程中，我们需要思考游戏中角色的设计顺序，然后开始Scratch编程。游戏角色的设计顺序不是唯一的，这里根据下图中的设计顺序制作游戏。

角色的设计顺序

角色的设计顺序可以帮助我们理清游戏的设计思路哦！

设计玩家：小猫

游戏玩家就是在游戏世界中需要自己操作的角色，那么在这个游戏里你是一只小猫。我们需要根据选择的角色造型来决定角色的行为方式。准备好了吗？让我们开始Scratch编程吧！

扫码看视频

作品准备

启动Scratch，单击"文件"选项卡，选择"新作品"选项，新建一个Scratch作品。默认情况下，舞台区有一只行走的小猫角色。在这次的游戏创作中，我们需要的是另外一只小飞猫的角色，因此我们需要把默认的角色删除。删除角色的方式有两种：第一种是单击角色区中角色列表右上角的 按钮；第二种是鼠标右击角色列表中的角色，选择"删除"命令。

添加玩家小猫

在角色区，单击 按钮，打开Scratch角色库，在角色分类中选择"动物"分类，然后选择Cat Flying。

修改角色信息

这时，你会在舞台区的中央看到一只会飞的小猫。这只会飞的小猫的默认名字是Cat Flying，让我们为它重新起一个名字吧！

在角色区选中角色文本框中的名字，把名字修改为"小飞猫"。新的名字会出现在小猫图标的下方。

新添加的小猫出现在舞台区

选中小猫，可以看到这个角色的信息

在这里输入新名字

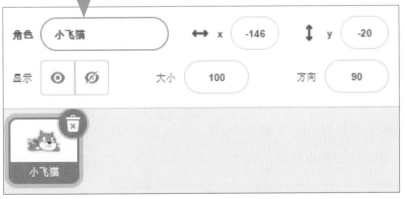

在创作作品时为角色添加易懂的名字是编程的基本技巧哦！以后在添加新角色时，给它起一个有趣的名字吧！

下面我们要编写程序来控制小飞猫在游戏世界的移动方式。在"运动"组积木中选择"移到随机位置"积木，在这块积木的下拉列表中选择"鼠标指针"选项，然后把这块积木拖曳到编程区。这块积木的作用是可以让小飞猫跟着你的鼠标指针四处移动。

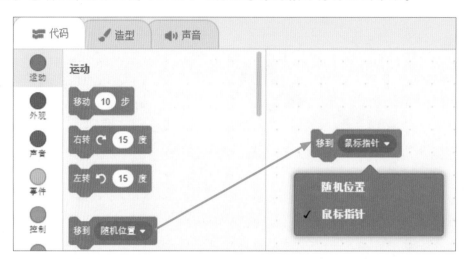

在"控制"组积木中找到"重复执行"积木，然后拖曳到编程区与"移到鼠标指针"积木拼接在一起。在"事件"组积木中选择"当▶被点击"积木拖曳到编程区与"重复执行"积木拼接在一起。想一想，这三块拼接在一起的积木可以做什么？

单击舞台区的▶按钮启动脚本程序，试试移动你的鼠标指针，看看小飞猫会有什么样的行为。

如果你正确地完成了这3块积木的拼接，小飞猫会跟随着你的鼠标指针在舞台区四处移动。如果你想停止程序的运行，单击●按钮停止程序就好。

单击"造型"选项卡，在这里可以对角色造型进行加工处理。在造型列表中，我们可以看到小飞猫有两种造型，默认造型名称分别是cat flying-a和cat flying-b。在编写程序时，我

们可以根据小飞猫捕捉蝴蝶的动作来设计不同的造型。造型界面有许多功能不同的工具，包括画笔、橡皮擦等绘制工具，我们也可以使用这些工具对角色的造型进行一些改造。

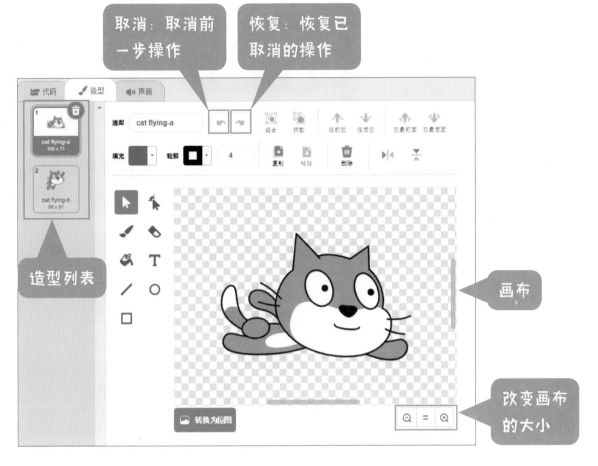

取消：取消前一步操作

恢复：恢复已取消的操作

造型列表

画布

改变画布的大小

接下来我们试试通过编程改变小飞猫在舞台区的造型吧！保留之前移动小猫的代码积木，在原来积木的下方添加改变造型的代码积木，这两个脚本程序需要同时运行才可以。在"控制"组积木中选择"如果……那么……否则……"积木拖曳到编程区的"重复执行"积木中。

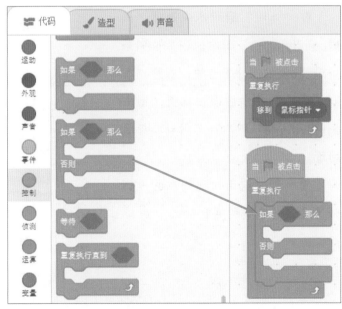

设计小飞猫在距离地面一定高度时改变它的飞行姿势。在"运算"组积木中选择"……>50"积木，拖曳到"如果……那么……否则……"积木的条件区域中。距离地面的高度可以修改，这里先使用默认的数值50。

Scratch中水平方向使用x坐标表示，垂直方向使用y坐标表示。关于坐标的用法将在后面详细讲解。我们可以使用y坐标来表示小飞猫的飞行高度。当y坐标大于某一个数值时，小飞猫会改变它的造型。

在"运动"组积木中选择"y坐标"积木，拖曳到"……>50"积木中的第一个白色小框中。

如果y坐标大于某一个高度值，小飞猫的造型会换成cat flying-b，否则会换成cat flying-a造型。

在"外观"组积木中选择"换成cat flying-a"积木，在下拉列表中选择cat flying-b选项，然后拖曳到"那么"指令后面。拖曳"换成cat flying-a"积木到"否则"指令后面。

想一想，这组代码积木的运行效果会是什么样的呢？

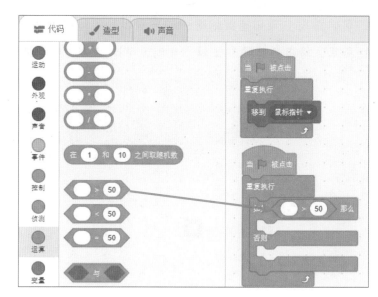

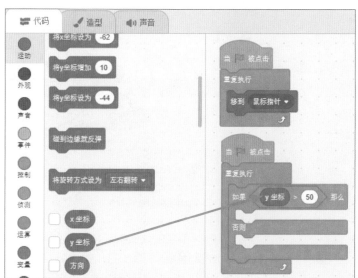

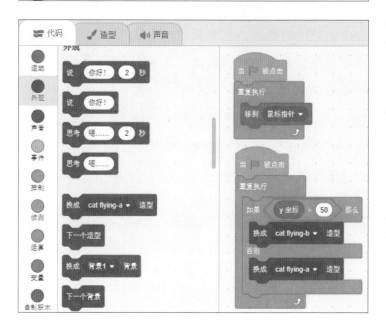

运行程序后，试着移动鼠标调整小飞猫的高度吧，看看有什么变化。当小飞猫的y坐标超过设定的50时，小飞猫的造型会改变。

了解更多

"如果……那么……否则……"积木

"如果……那么……否则……"积木比"如果……那么……"积木多了一个选择项。"如果……那么……否则……"积木有两个指令选项，若满足"如果"中的条件，会执行第一个指令选项，不满足则会执行第二个指令选项。

 添加背景

我们现在看到的舞台背景是一片白色，如果想要丰富舞台效果就需要添加背景图片，创造合适的氛围。在背景区中单击●按钮，进入Scratch背景库，选择适合我们这个游戏的背景图片。我们可以想象一下小飞猫捉蝴蝶的情景，为了符合游戏，选择Blue Sky作为背景图片。背景图片会充满整个舞台区。

添加一个合适的背景图片可以为游戏增添许多乐趣哦！

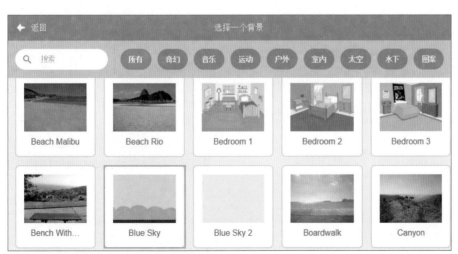

设计障碍物：云朵

一款游戏中往往会存在阻碍玩家的障碍物，相当于玩家的敌人。在游戏中加入障碍物也会让我们的游戏变得更加有趣。在这个游戏中，我们加入云朵作为障碍物来阻碍小飞猫捉蝴蝶。

扫码看视频

 添加障碍物云朵

在角色区单击 按钮，进入Scratch角色库，选择Clouds角色作为游戏的障碍物。云朵会随机出现在舞台区的任意位置阻碍玩家。

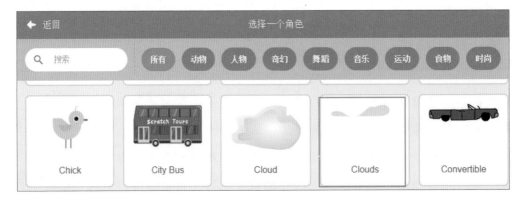

新添加的角色会出现在角色列表中，将Clouds的名称修改为"云朵"。在舞台区，我们可以看到云朵飘荡在天空中。在自己的电脑上试试看实现的效果吧！

一个角色对应一个编程区。在编写云朵的脚本程序时，需要在角色区选中"云朵"这个角色，然后才可以在编程区开始编写云朵的代码。

云朵的随机移动

作为游戏中的障碍物，云朵需要随时出现在游戏中的任何位置来增加游戏的难度。在"运动"组积木中选择"移到随机位置"积木，拖曳到"重复执行"积木的上面。这时，每运行一次脚本程序，云朵就会随机出现在舞台区的任意位置。为了实现云朵的动态效果，我们还需要继续完善代码。

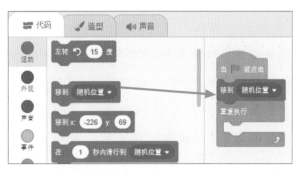

在"运动"组积木中拖曳"移动10步"积木到"重复执行"积木中。"移动10步"积木中的数字10可以改变，修改这个数字可以调整云朵的移动速度，数字越大移动速度越快。运行程序时注意观察云朵的移动方式，我们会发现云朵在移动到舞台边缘后便停止了运动。想一想如何改进这一点？

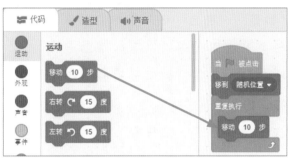

同样，在"运动"组积木中将"碰到边缘就反弹"积木与"移动10步"积木拼接在一起，这块积木可以使云朵在碰到舞台边缘时反弹回去。接着把"将旋转方式设为左右翻转"积木与"碰到边缘就反弹"积木拼接在一起，这块积木可以设置云朵的旋转方式为左右翻转。加上这两块积木后，再次运行程序，看看云朵的变化吧！

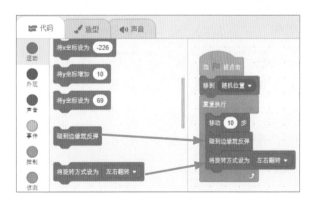

碰撞设置

到目前为止，小飞猫和云朵碰在一起时不会发生任何变化。接下来我们需要添加几块积木，使它们碰撞在一起时停止运行脚本程序。

在"控制"组积木中拖曳"如果……那么……"积木与"将旋转方式设为左右翻转"积木拼接在一起。"如果……那么……"积木的作用是只有满足条件语句时，才会执行"那么"后的语句，否则不会执行。

在"侦测"组积木中选择"碰到鼠标指针？"积木，在下拉列表中选择"小飞猫"选项，然后拖曳到"如果……那么……"积木的条件语句中。这段代码积木可以帮助云朵侦测到小飞猫。如果云朵碰到小飞猫，将会执行"那么"后面的程序。这里思考一下，应该在"如果……那么……"积木中拼接什么功能的积木呢？

在"控制"组积木中将"停止全部脚本"积木放到"如果……那么……"积木中。当云朵与小飞猫发生碰撞时，会停止全部的脚本程序，结束这个游戏。

试试运行程序吧！

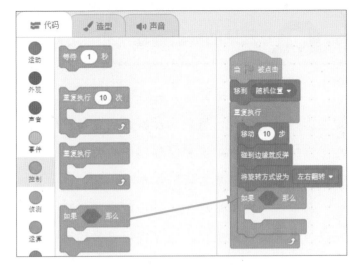

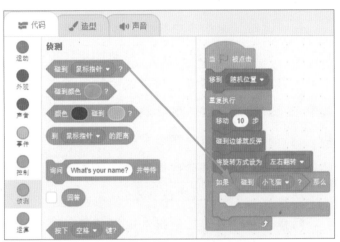

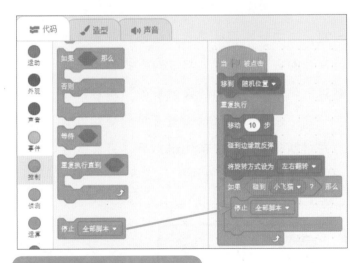

现在我们已经完成了云朵的程序，接下来思考一下蝴蝶的控制程序应该如何编写吧。

添加蝴蝶

在游戏世界中，玩家需要收集有价值的东西获取高分。在这个游戏中，小飞猫必须通过捕捉蝴蝶来获得更高的分数。

扫码看视频

 **添加蝴蝶**

在角色区单击 按钮，进入Scratch角色库，选择Butterfly 2角色作为这个游戏中有价值的物品。

在角色区选中新添加的Butterfly 2，将它的名字修改为"蝴蝶"。这时我们可以在舞台区看到一只蝴蝶，这就是小飞猫要捕捉的对象。

蝴蝶可以在天空和云朵间自由飞翔，小飞猫需要捕捉随机出现在舞台区的蝴蝶，同时避免与云朵接触。成功捕捉一次蝴蝶得分就会加1。

在角色区的角色列表中选择"蝴蝶"，开始在编程区编写有关蝴蝶的脚本程序吧！

设置蝴蝶与小飞猫

分别将"当▶被点击"积木、"重复执行"积木和"如果……那么……"积木拼接在一起。在"侦测"组积木中选择"碰到鼠标指针?"积木，在下拉列表中选择"小飞猫"选项，然后拖曳到"如果……那么……"积木中的条件语句中。

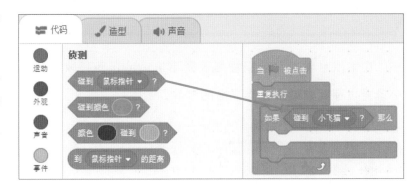

 变量设置

小飞猫成功捕捉一次蝴蝶游戏得分会加1，我们将这种会变化的数字称为变量。接下来我们需要新建一个变量来记录小飞猫得分的情况。

在"变量"组积木中单击"建立一个变量"按钮，开始新建变量。单击"建立一个变量"按钮后，在弹出的"新建变量"对话框中输入新变量名"得分"，勾选"适用于所有角色"

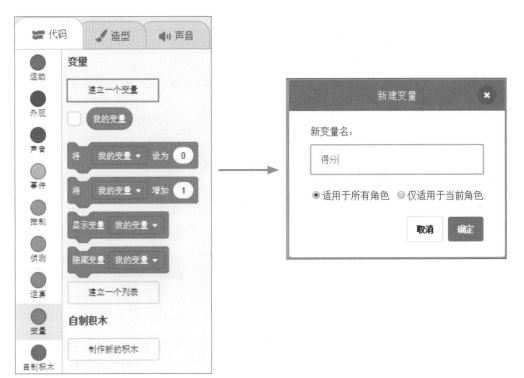

单选按钮，这个选项可以使游戏中所有的角色都可以使用"得分"变量。然后单击"确定"按钮，一个新的变量就创建成功了。成功建立"得分"变量后，在"变量"组积木中可以看到有关"得分"变量的积木块。

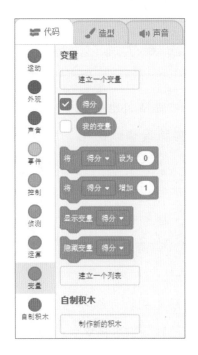

记录得分

在"变量"组积木中勾选"得分"变量前的复选框，注意观察舞台区有什么变化，是不是"得分"变量出现在舞台区了？

拖曳"将得分增加1"积木到"如果……那么……"积木中，添加这个积木会让小飞猫捉住蝴蝶时得分加1。

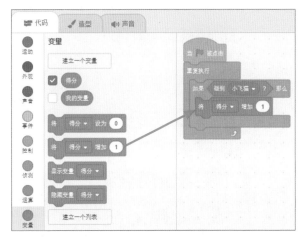

坐标介绍

之前我们在设置小飞猫的飞行高度时对y坐标已经有所了解。Scratch中的坐标可以让舞台上的角色定位更加精确,以便我们可以更好地设计它们的行动路线。水平方向使用X表示，它的范围是-240~240；垂直方向使用Y表示，它的范围是-180~180。

在新建一个Scratch时，默认角色会在坐标系的中心位置，即(0,0)。

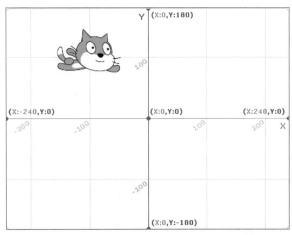

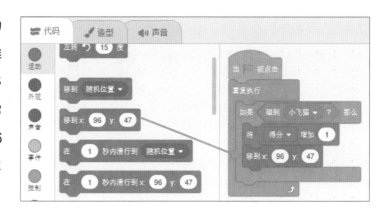

我们需要设计蝴蝶随机出现的位置，增加小飞猫捕捉蝴蝶的难度。在"运动"组积木中，将"移动x:96 y:47"积木与"将得分增加1"积木拼接在一起。"移动x:96 y:47"积木中的x和y的值可以在取值范围内任意修改。

在"运算"组积木中，分别将"在1和10之间取随机数"积木拖曳到x和y的取值框中。设置x的范围为−220~220，设置y的取值范围为−120~150。蝴蝶会在设置的范围内随机出现在舞台区的任意位置。

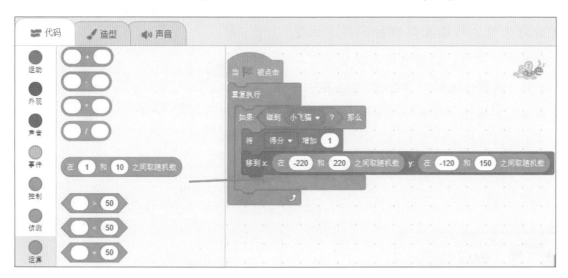

游戏中还存在一些漏洞，想一想，应该如何修改程序，让游戏更加完美呢？

完善设计

你已经制作了一个Scratch作品，是不是发现游戏中存在需要修改的地方或者让你不满意的地方？接下来我们将会对这个游戏进行完善，让游戏变得更加有趣，快来试试吧！

扫码看视频

完善得分

在角色区选中"小飞猫"角色，完善它的代码。在每一次游戏重新开始时，需要让得分从0开始计数。在"变量"组积木中，拖曳"将得分设为0"积木到"当▶被点击"积木下面。当程序重新运行时得分会从0开始，上一轮的得分会被清空。

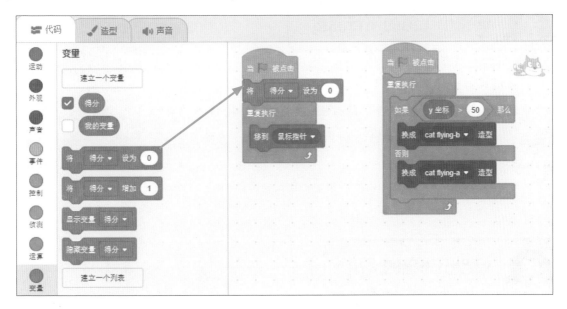

为小飞猫添加声音

如果小飞猫捉住蝴蝶就会发出"喵"的声音，是不是就更加完美了？现在我们给小飞猫添加一个"喵"的声音吧！

在角色区选中"小飞猫"角色，由"代码"选项卡切换到"声音"选项卡，单击按钮进入Scratch声音库，选择"动物"分类，选择Meow声音。

回到小飞猫的代码区，在"重复执行"积木中拼接"如果……那么……"积木和"碰到蝴蝶?"积木。在"声音"组积木中选择"播放声音Pop"积木，在下拉列表中选择Meow选项，拖曳这块积木到"如果……那么……"积木中。这段代码的功能是如果小猫捉住蝴蝶就会发出"喵"的声音。

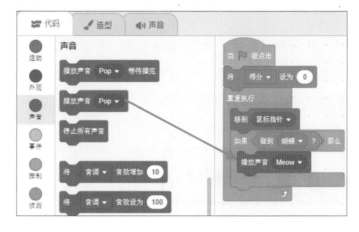

调整小飞猫的飞行高度

我们之前设置小飞猫造型的高度为50。现在我们可以结合背景图片来调整小飞猫的飞行高度，修改成y坐标大于-60时小飞猫改变造型。当小飞猫飞行到大概与树木高度一致时，将换成cat flying-b的造型继续捕捉蝴蝶。

修改小飞猫的大小

如果你觉得小飞猫在游戏中显得过大，我们也可以修改它的大小，使它更贴合游戏环境。在角色区中选择"小飞猫"角色，将它的大小由默认的100修改为85。将角色变大或变小可以更好地优化游戏，增加乐趣。

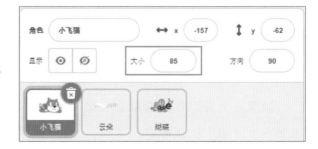

调整云朵的延时时间

在角色区选择"云朵"角色，开始完善云朵的设计吧！

在"控制"组积木中将"等待1秒"积木拖曳到"移到随机位置"积木的下面，修改等待时间为0.5秒。试试运行这个程序，看看云朵的变化吧！当程序开始运行时，云朵会延迟0.5秒才开始移动。

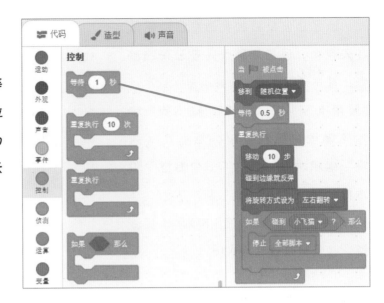

添加游戏结束声音

我们已经为小飞猫添加了"喵"的声音，现在也为云朵添加游戏结束时的音效吧！当小飞猫碰到云朵时，如果发出游戏结束的提示音，会使游戏更加生动。

在Scratch的声音库中选择Oops声音作为游戏结束的提示音吧！

在"声音"组积木中选择"播放声音Pop等待播完"积木，在下拉列表中选择Oops选项，拖曳这块积木到"停止全部脚本"积木的前面。

当小飞猫与云朵发生碰撞时，会播放游戏结束提示音，然后结束全部的脚本程序，游戏结束。

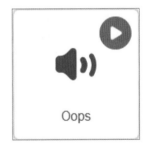

Oops

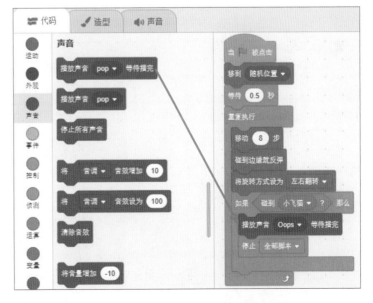

完善云朵的造型

为了让云朵更加灵动自然地飘荡在天空中，还需要继续完善云朵的造型。首先分别将"当▶被点击"积木、"重复执行"积木和"等待0.5秒"积木正确地拼接在一起，然后在"外观"组积木中选择"下一个造型"积木拖曳到"等待0.5秒"积木下面。当程序运行时，云朵会在0.5秒后改变造型，并重复执行这段代码。

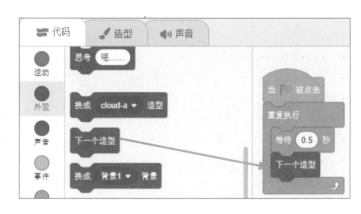

完善蝴蝶的造型

在角色区选择"蝴蝶"角色，完善蝴蝶的代码吧！蝴蝶扇动翅膀飞行会让游戏变得更加灵动有趣。

在"外观"组积木中选择"下一个造型"积木与"当▶被点击"积木和"重复执行"积木拼接在一起。运行程序看看蝴蝶扇动翅膀的样子吧！

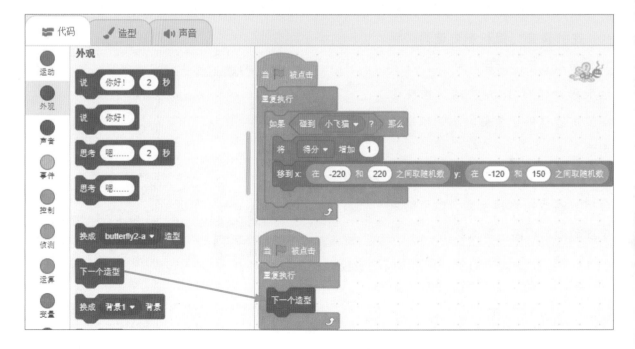

运行程序后会发现蝴蝶扇动翅膀的频率过于频繁，这时我们需要添加延时时间。在"控制"组积木中选择"等待1秒"积木，将时间修改为0.3秒，然后拖曳到"下一个造型"积木的下面。现在再次运行程序，观察一下蝴蝶的飞行情况吧！

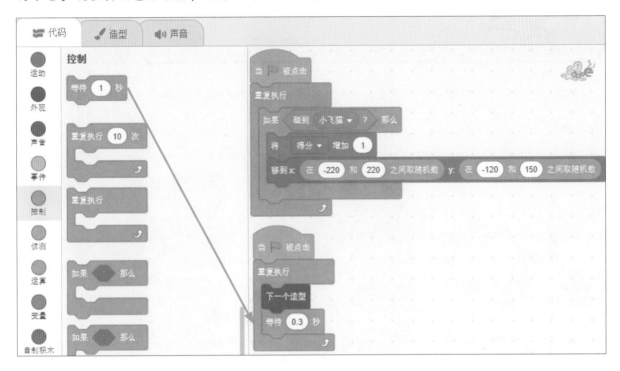

角色的控制程序都已经编写好了，赶快运行一下程序，试试效果如何吧！

完成游戏

你已经完成了一个属于自己的Scratch作品了，感觉怎么样？试试运行程序，看看整体的设计效果吧！

玩家

马上就要完成啦！

障碍物

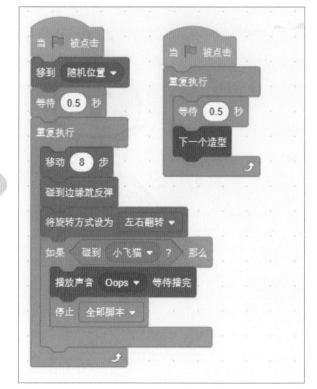

蝴蝶

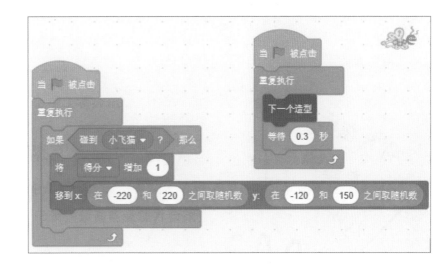

好了，赶紧试试吧！

运行程序，使用鼠标指针控制小飞猫的移动位置，避开云朵，成功捉住一次蝴蝶后，得分会加1。然后，蝴蝶会再次随机出现在游戏界面的任意位置。你还可以通过调整云朵的移动速度来改变游戏的难度。快来享受制作游戏带来的乐趣吧！

使用 Scratch 制作游戏的感觉怎么样？下次尝试挑战更难的游戏吧！

在第一章中，

你已经熟悉了制作 Scratch 游戏的基本流程，

现在我们可以制作一个新的 Scratch 游戏加强对 Scratch 的了解。

快来和我一起制作迷宫游戏吧！

第二章

迷宫游戏

游戏的构成

在制作了第一个Scratch游戏之后，你对游戏的构成有了哪些认识？你喜欢玩游戏吗？平时你是通过什么方式玩游戏？总之，不管是通过在线玩还是将游戏下载到智能设备中，一款广受欢迎的游戏包含了各种各样的元素。

游戏世界由角色、规则、等级等元素组成。我们通过游戏中的角色进入游戏的世界，角色可以是一只小鸟、一条小金鱼、一位公主等。每一款游戏都有自己的规则，我们需要按照游戏指定的规则行动。

同时游戏软件也记录了游戏的图像数据、声音数据以及程序文件等。图像数据记录了游戏中的角色和背景图片等元素；声音数据记录了游戏中的效果音和提示音等元素；程序文件会发出各种指令，游戏中的各种元素按照指令行动，完成复杂的任务。

浏览 Scratch 官方网站

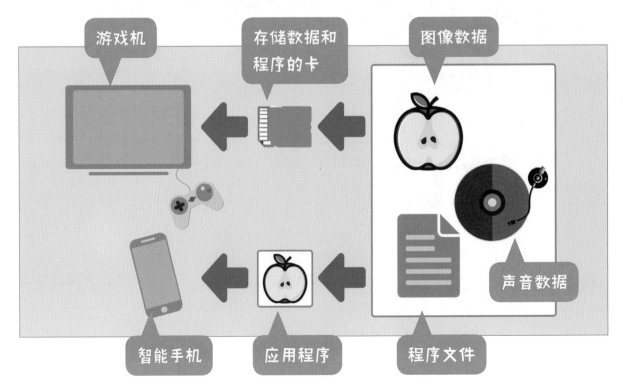

在游戏软件中，角色按照程序指令完成各自的任务，例如小猫四处走动以及发出"喵喵"的声音。根据游戏机、电脑和智能手机等智能设备种类的不同，即使是同一个游戏，用于操作游戏的方式也会有所不同。我们可以通过键盘、鼠标以及游戏手柄等操控工具来控制游戏中的角色。

在第一章中编写捕捉游戏时，游戏中的小飞猫、云朵和蝴蝶都是游戏角色，只不过小飞猫是游戏中的自己，云朵是我们在游戏中的敌人，蝴蝶相当于奖励。我们在编写小飞猫捉蝴蝶的游戏时也制定了游戏规则，使用鼠标控制游戏中的自己去躲避敌人，捕捉蝴蝶获得奖励。第一章中蓝天白云的背景图片就是游戏的图像数据；小飞猫捕捉到蝴蝶时所发出的"喵呜"（Meow）声和游戏结束音乐都是游戏的声音数据；编程区的代码积木就是游戏的程序，游戏中的角色都是按照我们在编程区编写的程序行动的。

现在你已经对制作游戏有了一个基本的认识。接下来快和我一起制作有趣的迷宫游戏吧！

了解更多

一款游戏的参与人员

一款大受欢迎的游戏软件背后，有很多人的共同努力。游戏中的图像数据是由擅长绘画的设计师来画的；声音数据是由专门制作音乐的设计者制作的；游戏的程序部分是由游戏程序员编译完成的；游戏中的程序错误是由多次检测游戏的测试人员检测出来的。除此之外，还有考虑游戏的企划、管理团队的制片人等。正是有了这些人的努力，才有了吸引我们玩下去的游戏。

迷宫游戏

在熟悉了Scratch游戏的编写流程之后，我们再来编写一个全新的游戏——迷宫游戏。你玩过迷宫类型的游戏吗？想不想自己动手制作一个这样的游戏呢？在第二章中，我们将会学习如何制作一个迷宫游戏。

扫码看视频

游戏的设计思路

在第一章中，我们已经知道了制作游戏之前需要先思考游戏的设计思路。只有思路清晰了，整体的设计方向才会更加明确。

在第二章中制作的这款迷宫游戏涉及了多个角色之间的联系，角色的数量比第一章中多一些。这个游戏是通过上下左右键控制小猫的移动方向，小猫吃到小鱼干，小猫的能量值就会增加，最高能量值是50。如果小猫碰到随时会出现的蝙蝠，那么游戏失败。如果小猫成功到达迷宫出口的绿旗处，那么游戏成功。

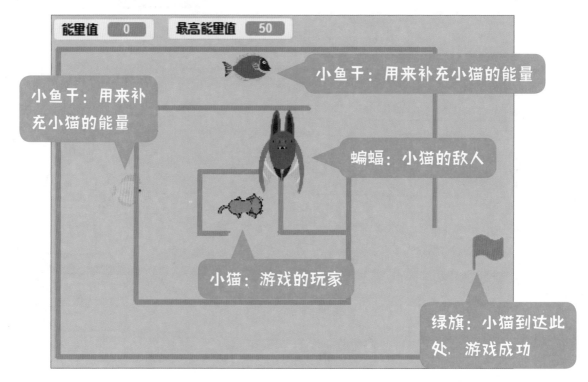

登场角色介绍

迷宫游戏的制作顺序与第一章中游戏的制作顺序相同，同样需要考虑游戏中角色的登场顺序。当我们制作一款游戏时，按角色顺序编写程序，会让游戏的制作思路更加流畅。

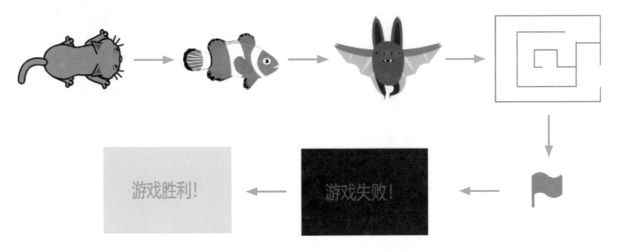

在这些角色当中，迷宫、游戏失败和游戏胜利三个角色都是需要我们自己来绘制的。在制作迷宫游戏的过程中，你将会掌握如何绘制一个角色。

 设置小猫的移动方向

你还记得在第一章中我们是如何控制小飞猫的移动方向吗？是的，通过"移到鼠标指针"积木。

现在，我们将学习一种新的方法来控制小猫的移动方向。通过"侦测"组积木中的"按下空格键？"积木，可以选择不同的按键控制角色的移动。在下拉列表中可以选择不同的按键操控游戏角色。在迷宫游戏中，我们将会使用上下左右4个键控制角色的移动方向。

启动Scratch，删除默认的小猫角色，添加新的角色。单击角色区中的 按钮，在Scratch角色库中选择名为Cat 2的小猫角色，然后为这个角色重命名为"小猫"。切换到代码区，为小猫编写控制程序。

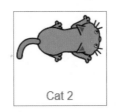

Cat 2

使用这四个键

将右图中的程序积木添加到小猫角色中。当按下"↑"键时，小猫面向上方并向上移动4步。"面向0方向"积木可以让小猫面向上方。当按下"↓"键时，小猫面向下方并向下移动4步。"面向180方向"积木可以让小猫面向下方。当按下"←"键时，小猫面向左方并向左移动4步。"面向-90方向"积木可以让小猫面向左方。当按下"→"键时，小猫面向右方并向右移动4步。"面向90方向"积木可以让小猫面向右方。

在设置按键和方向时，要确保你设置的每一个方向键和方向数值保持一致。现在你可以单击舞台区的 ▶ 按钮运行程序，试一试你是否可以正常使用这4个按键控制小猫的移动方向。

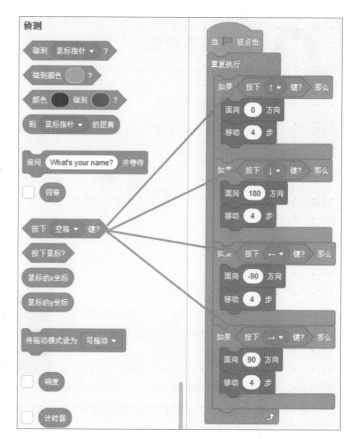

添加角色"小鱼干"

小猫在迷宫行走时可以获取迷宫中的小鱼干来补充自己的能量值。每吃掉一条小鱼干，能量值会增加5。在角色区单击 ⬜ 按钮，在Scratch角色库中选择名为Fish的角色并重命名为"小鱼干1号"。

Fish

既然小鱼干是为小猫提供能量值而存在的，那么我们还需要新建一个变量"能量值"。还记得如何新建一个变量吗？在"变量"组积木中单击"建立一个变量"按钮，在弹出的"新建变量"对话框中输入变量的名称"能量值"，默认选择"适用于所有角色"，然后单击"确定"按钮。

现在我们来为小鱼干编写程序，让它可以随机出现在迷宫中的任何位置。将能量值的初始值设置为0，在小猫吃掉这个小鱼干之前，它不会消失。如果小猫到达小鱼干出现的位置并吃掉了它，那么小猫的能量值会增

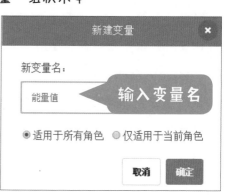

加5，小鱼干会随机出现在下一个位置，然后改变造型。

"等待"积木在"控制"组积木中，它可以让小鱼干在被吃掉之前一直停留在原地。

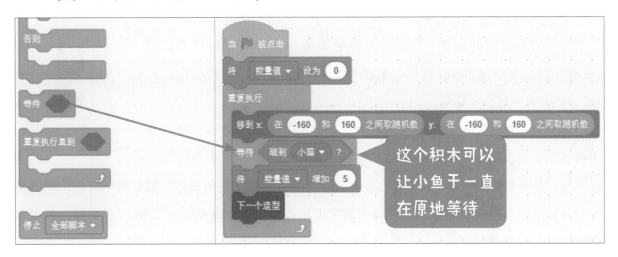

现在我们已经编写了一个小鱼干的控制程序，接下来我们再添加另一个小鱼干的控制程序，让小猫有机会获得更多的能量值。如何快速地添加一个相同的角色和程序呢？是的，通过复制功能。鼠标右击"小鱼干1号"选择"复制"命令，成功复制了一个新的小鱼干，脚本也会一起被复制。

第一个小鱼干一直等待小猫的到达，下面我们来修改第二个小鱼干的程序，让它等待小猫3秒。如果小猫在3秒之内没有吃掉这个小鱼干，那么这个小鱼干就会消失并随机出现在迷宫的下一个位置。

在"重复执行"积木中添加一个"等待3秒"的积木，小鱼干2号会随机出现在迷宫中并等待3秒钟。如果被小猫吃掉了，那么小猫的能量值将会增加，然后小鱼干2号切换造型。

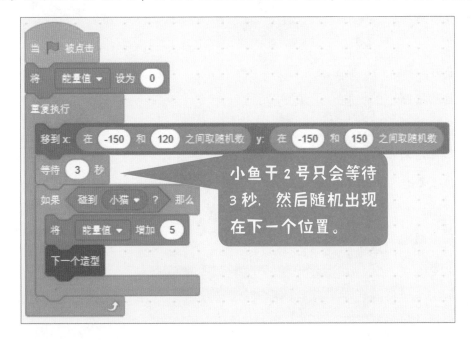

为了增加游戏的难度，还需要在迷宫里添加一个小猫的敌人。在 Scratch角色库中选择Bat作为小猫在迷宫中的敌人吧！添加敌人角色后，将Bat重命名为"蝙蝠"。

Bat（蝙蝠）

在游戏开始时，先将蝙蝠隐藏起来。到了指定的时间之后，它就会随机出现并追击小猫。一旦蝙蝠碰到小猫，游戏就会结束。"面向小猫"积木和"移动1步"积木可以让蝙蝠在出现的时候，直接飞向小猫的位置。"移动1步"积木可以控制蝙蝠的移动速度，你可以通过调整数值修改蝙蝠向小猫移动的速度。"将旋转方式设为左右翻转"积木可以避免蝙蝠头朝下飞行的情况。现在我们还需要为蝙蝠编写一段程序，控制它的出现时机。蝙蝠在隐藏状态等待5到10秒的时间，然后随机出现在迷宫中2到4秒的时间。你可以通过修改蝙蝠等待的时间来调整游戏的难度。

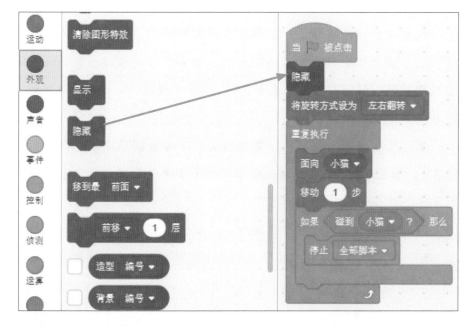

运行程序后，你会发现蝙蝠虽然按照指令执行了，但是它的动作并不灵动。为了让蝙蝠的动作看起来更加灵动自然，我们来编写一下控制蝙蝠造型的程序吧！

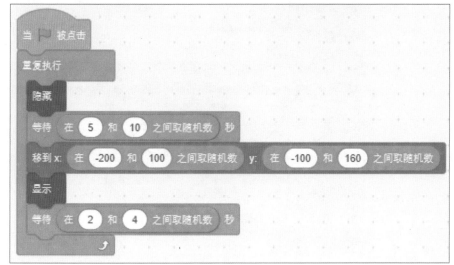

这个蝙蝠角色有4个造型，这里我们需要用到其中的3个造型。将这3个造型重复执行切换指令，每0.3秒切换一种造型。

为蝙蝠改变不同的造型时，要注意等待时间的设置哦！

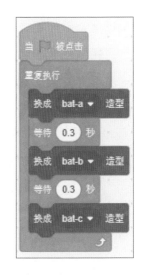

绘制迷宫

接下来我们需要绘制一个迷宫来阻碍小猫在舞台区的自由移动。这里我们绘制的迷宫是作为一个角色而不是背景。在角色区单击"绘制"按钮新增一个角色，并重命名为"迷宫"。在造型区可以自由绘制迷宫。注意在绘制迷宫之前，需要切换到位图模式。

在绘制迷宫之前需要选定迷宫的颜色，绘制迷宫时选择"线段"绘制工具，这样可以保证我们绘制的迷宫是完全水平和垂直的。在绘制的过程中可以随时使用"橡皮擦"工具消除不满意的地方。绘制完成后别忘记为小猫留一个出口哦！注意绘制迷宫的时候，迷宫通道不

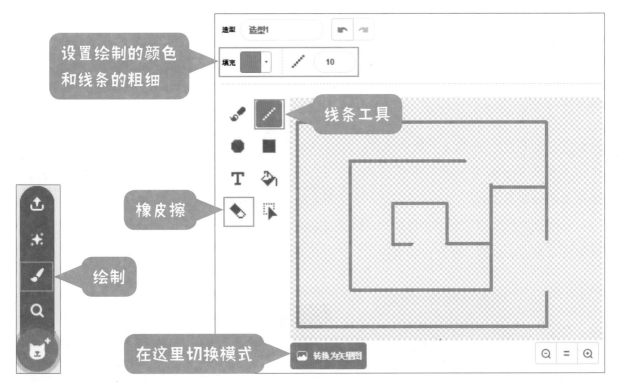

设置绘制的颜色和线条的粗细

线条工具

橡皮擦

绘制

在这里切换模式

要过窄，要保留适当的宽度，让小猫可以顺利通过。

完成迷宫的绘制之后，我们还需要为它编写一段程序，让迷宫一直显示在舞台区。"移到x:0 y:0"积木可以让迷宫一直显示在舞台中心的位置。

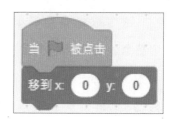

设置角色的大小

虽然迷宫出现在舞台的中心位置了，但是其他角色太大了，我们还需要根据迷宫通道的宽度调整小猫和其他角色的大小。将小猫的大小修改为30，两个小鱼干的大小为40，蝙蝠的大小为45。你也可以修改成其他数值，只要保证数值的合理性就可以。

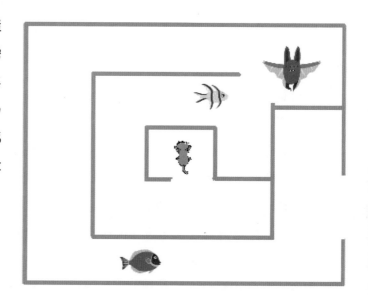

绘制背景

为了让整个游戏画面更加鲜活，我们可以为舞台区绘制一个新的背景。在背景区选择"绘制"按钮会切换到背景区的绘制界面。

单击填充右侧的下拉三角按钮可以选择绘制背景的颜色、饱和度和亮度。

在这里可以设置背景的填充颜色

吸管工具

绘制

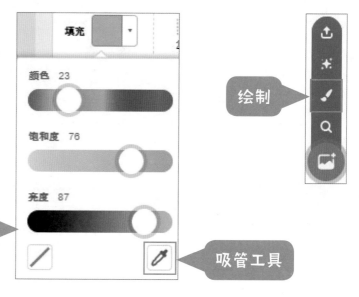

选择好颜色之后，我们可以使用填充工具将选定的颜色涂满整个舞台区。你可以根据迷宫的颜色来搭配不同的背景色，试一试不同颜色的搭配吧！

选择填充工具后，直接单击绘图区域。

绘制完成后，你可以在舞台区看到整个背景都充满了我们填充的颜色。

看，舞台区充满了填充的颜色！

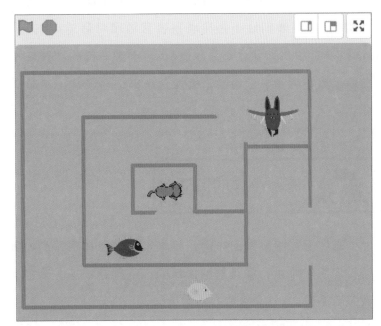

完善迷宫设计

现在迷宫游戏的雏形已经基本设置完毕，但是还存在很多漏洞。接下来我们将完善这个游戏的控制程序。

扫码看视频

扫码看视频

禁止小猫穿过迷宫

虽然我们已经添加了迷宫，但是运行程序之后，你会发现小猫可以随意穿过迷宫，这显然不符合我们的要求。小猫的初始位置需要根据迷宫的形状来设计，添加"移到x:-40 y:-10"积木可以让小猫固定在迷宫的最里层。这样每次游戏开始的时候，小猫都会从迷宫的最里面开始出发。游戏开始的时候，小猫会发出"游戏开始啦！"的提示。

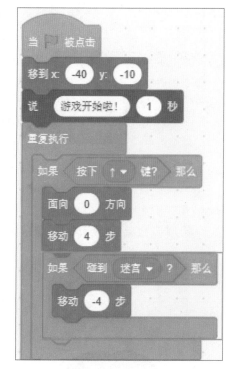

为了让小猫沿着迷宫通道正常移动，小猫需要在撞到墙壁时返回去。之前我们设置的是小猫面向不同的方向会移动4步，现在我们让小猫在碰到迷宫边缘时后退4步。"移动-4步"积木可以让小猫后退4步。小猫向前的步数正好抵消了后退的步数，看起来就像是小猫保持了静止不动的姿势。

修改小猫的造型

小猫在迷宫中移动的时候，如果它的尾巴在拐弯的时候碰到了迷宫，那么小猫就会停止不动，固定在原位，像是被粘住似的。这种情况下，我们可以通过缩短小猫的尾巴来修复这个程序的漏洞。

在角色列表中选择小猫，然后切换到造型区。记得在修改之前需要单击"转换为位图"按钮转换到位图模式。使用"橡皮擦"工具把小猫的尾巴适当地缩短一些，然后选择"画笔"工具把小猫的尾部修复一下。如果要填充小猫尾部的颜色，可以通过"填充"里的"吸管"工具吸取小猫身上的颜色填充到小猫的尾部。

"画笔"工具

适当地缩短小猫的尾部

 ## 添加"游戏结束"广播消息

Green Flag（绿旗）

当小猫顺利到达迷宫出口处时，游戏胜利。在迷宫出口处放置一面旗帜，当小猫到达旗帜处时，标志着游戏胜利。在Scratch角色库中选择Green Flag角色，然后重命名为"绿旗"，将绿旗放在迷宫出口的位置。

当小猫到达绿旗处时，绿旗会给小猫发送一个游戏结束的消息，小猫接收到这个消息后会停止所有脚本。

人与人之间可以相互传递消息，角色与角色之间也可以通过程序传递消息。在"事件"组积木中选择"广播消息1"积木，单击下拉列表选择"新消息"选项创建一个新的消息。在"新消息"对话框中输入消息的名称"游戏结束"，然后单击"确定"按钮。

在这里我们可以创建两个消息，当游戏胜利时传递"游戏结束"的消息，当游戏失败时传递"游戏失败"的消息。

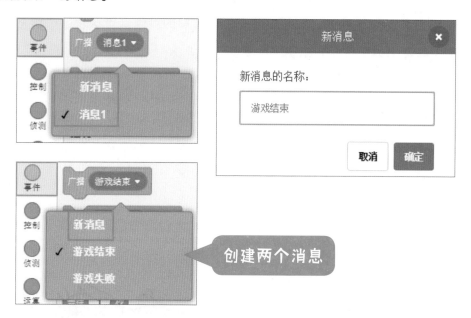

在角色区选择绿旗，为它编写控制程序。当绿旗接触到小猫时，会发送"游戏结束"的消息。

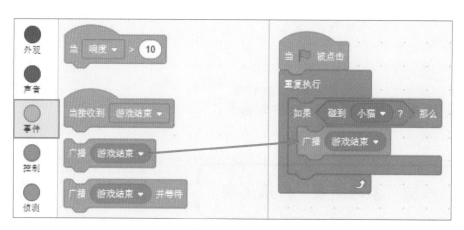

在角色区的角色列表中选择小猫，为它编写接收消息的程序。当小猫接收到绿旗发送的"游戏结束"消息时，会停止全部脚本。

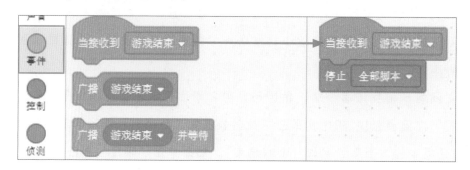

在游戏中设置一个最高纪录可以有效地激励玩家去打破这个纪录，所以我们也在迷宫游戏中设置一个最高能量值吧！

我们之前已经新建了一个变量"能量值"，现在使用同样的方法再次新建一个变量"最高能量值"。在"变量"组积木中单击"将最高能量值设为50"积木，舞台区的最高能量值将会显示50，直到玩家打破这个纪录，最高能量值才会改变。你也可以设置其他数值为最高能量值。

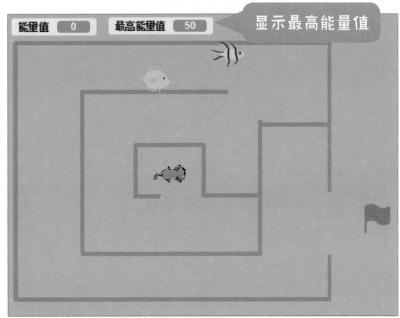

现在我们需要在两个小鱼干中分别添加几个积木程序。如果玩家的能量值大于最高能量值，那么最高能量值显示的数字会设置为玩家的能量值，直到下一次玩家打破这个最高纪录。

小鱼干 2 号
新增程序

小鱼干 2 号的程序

添加游戏胜利的标志

当小猫顺利通过迷宫到达出口处的绿旗位置时，如果可以弹出一个游戏胜利的标志，会增添游戏的趣味性。在角色区单击"绘制"按钮绘制一个新的角色，绘制之前切换到位图模式。在绘制区域画一个矩形，填充一种你喜欢的颜色。然后切换到矢量模式，选择一种不同于矩形的颜色，使用"文本"工具输入"游戏胜利!"。把文字放大，调整到适合矩形大小的状态。

这个角色绘制完成后，重命名为"游戏胜利"。在游戏胜利之前，这个角色是不允许被显示的，所以

我们需要先将这个角色隐藏起来，等到小猫移动到绿旗处时，这个角色才会被允许显示出来。

在角色区的角色列表中选择我们绘制的"游戏胜利"这个角色，为它编写控制程序。

当游戏开始时，首先隐藏这个角色，等到这个角色接收到绿旗发送的"游戏结束"消息时，才会显示在舞台区中央。"移到最前面"积木可以让"游戏胜利"这个角色显示在其他角色的最上层。

运行程序，当小猫到达绿旗处时，会弹出"游戏胜利！"的标志。

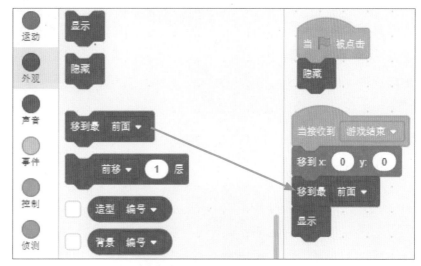

这是游戏胜利时出现的标志。游戏失败时的设置程序也不难哦！快来试一试吧！

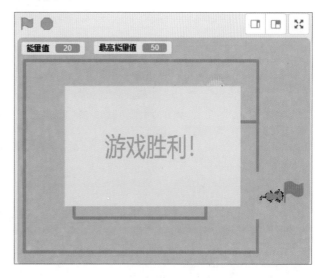

添加游戏失败的标志

使用同样的方法绘制一个名为"游戏失败"的角色，当小猫碰到蝙蝠时，会立即结束游戏，弹出"游戏失败！"的标志。

当蝙蝠碰到小猫后，会发出"游戏失败"的消息，并且立即停止游戏。然后"游戏失败"这个角色接收到蝙蝠发送的"游戏失败"消息后，会显示在舞台区的中心位置，并显示在所有角色的最上层。

蝙蝠的新增程序

角色"游戏失败"的程序

运行程序，当小猫碰到蝙蝠时，会弹出"游戏失败！"的标志。

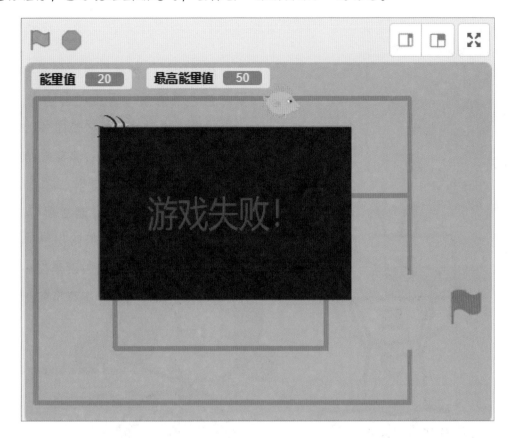

你已经成功地完成迷宫游戏的制作了哦！真是太厉害啦！接下来你可以尝试修改一下迷宫游戏的程序，让它变得更加有趣！

在生活中你有没有听说过 AR（增强现实）？

对 AR 的了解有多少？

你有没有想过和你最喜欢的动画人物或游戏人物一起玩耍？

AR 可以将虚拟的东西显示在真实的环境中。

接下来我们将会学习如何使用 AR 技术制作一款可以演奏的 AR 乐器。

快来和我一起行动吧！

第三章

认识 AR

AR 是什么？

AR（Augmented Reality，增强现实）是一种将虚拟与现实结合的技术，可以让我们所在的现实世界和虚拟世界相互融合，丰富我们所在的现实世界，是不是很神奇呀？

我们可以使用AR技术和游戏中的人物或任何东西进行互动。AR不仅仅应用在游戏中，还可以应用到旅游、医疗、家居、建筑、交通等各个方面。

在买家具时，一般都会考虑家具在房间里如何摆放吧，比如沙发应该买什么颜色的，买这个尺寸的衣柜合不合适。这些之前困扰我们的问题，现在都可以使用AR技术来解决。

将AR与家居应用结合在一起，可以让我们在购买家具前对这个家具在家中的实际摆放效果有一个初步判断。这样的话，我们就可以提前知道适合房间大小的家具型号和房间整体的设计风格了。

AR 应用在家居中的体验效果

现在导航软件已经成为我们生活中不可缺少的东西了，使用导航软件导航时，利用AR技术可以显示实景路况。在实际的道路中会有虚拟的标识箭头为我们指引方向，这种方式可以让我们很直观地感知当前路面的交通状况。这样，我们可以看到一幅"活地图"。

其实，现在已经有各种各样的 AR 软件啦！

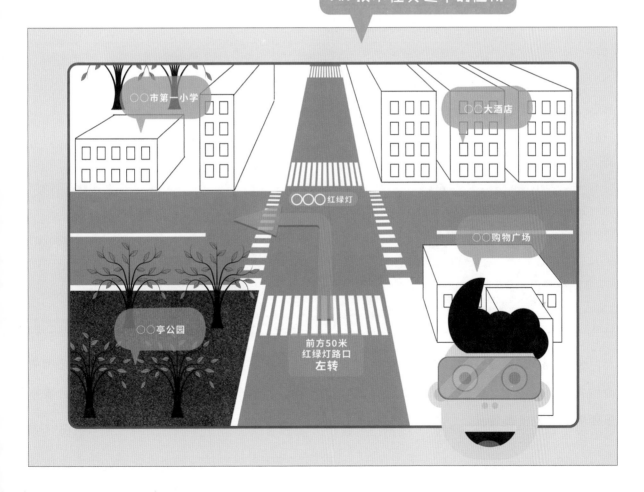

AR 是如何实现的呢?

　　AR技术是一种全新的人机交互技术, 它利用摄像头等设备将真实的环境和虚拟的物体实时叠加到同一个画面或空间中。你可以想象一下, 如果你最喜欢的动画片人物或者游戏人物在你的房间里是什么感觉。

　　为了在现实世界里叠加虚拟的物品, 需要捕捉位置信息。一般决定位置的方法有两种, 一种是使用定位系统, 现在很多智能设备都有定位功能, 从卫星导航信息中就可以查到某一部智能手机在地球的具体位置, 甚至可以具体到经度和纬度。

　　另外一种方法是使用相机捕捉位置, 这种方法分为标记型和无标记型。标记型就是通过一个记号的位置作为基准显示实时信息。无标记型就是通过自动识别照相机上的标记判断位置信息。之前介绍的使用AR试用家具的应用程序就属于无标记型。

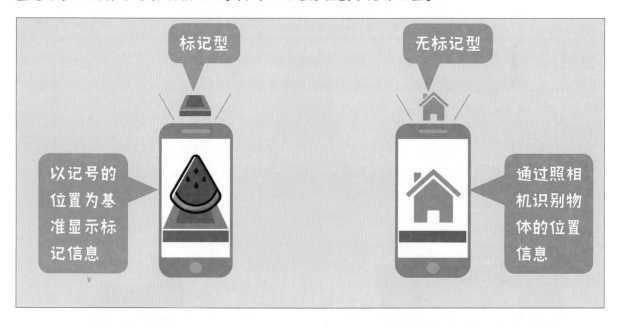

　　我们将学习使用视频侦测功能制作AR乐器。利用摄像头捕捉视频中的动作, 判断照相机中物体的运动幅度。视频动作属于无标记AR的一种。当侦测到视频动作后, 我们制作的虚拟乐器就会开始演奏音乐。

AR 和 VR 知多少?

AR（Augmented Reality，增强现实）是基于现实环境叠加数字图像，通过AR设备看到的场景和人物有真有假。AR通过摄像头把现实中的实物和虚拟元素融合在一起带到了现实世界中，更加真实。

VR（Virtual Reality，虚拟现实）所呈现的是一种完全虚拟的场景，它是通过电脑制作出来的。通过VR设备看到的场景和元素全部都是假的。

戴上这个像护目镜似的眼镜可以透过智能手机的摄像头看到风景。

戴上这个不透明的眼镜看不到眼前的风景。

制作 AR 鼓

通过前面的介绍，你对AR有更多的了解了吗？接下来我们学习Scratch视频侦测功能，挑战制作一款虚拟乐器，体验一下AR的乐趣吧！

扫码看视频

 项目准备工作

首先需要你使用的电脑有照相功能，如果没有内置摄像头，也可以使用外置摄像头，然后确认摄像头是否可以正常工作。启动Scratch，新建一个Scratch作品文件。在代码区的左下角单击 按钮添加一个扩展项，选择"视频侦测"扩展功能。

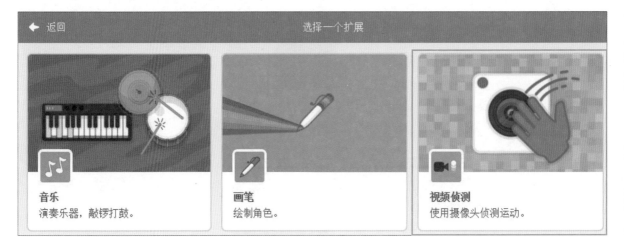

在代码区的左侧可以看到"视频侦测"组积木，包含4个代码积木。

"当视频运动>10"积木可以捕捉视频中的动作。

可以在"相对于角色的视频运动"积木的下拉列表中选择视频运动是相对于角色的还是舞台的，也可以选择视频运动或视频方向。

"开启摄像头"积木可以控制摄像头的打开和关闭。

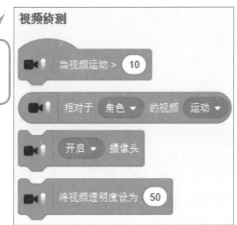

"将视频透明度设为50"积木可以调整视频显示的透明度，默认值为50，也可以自己调整视频的透明度。

摄像头在默认情况下是开启的，这时你可以在舞台区看到现实世界的场景和Scratch中的角色重叠显示。可以让小猫显示在你的手掌上，通过调整摄像头的角度，可以让小猫显示在房间的任何地方。快来试试吧！

如果你想关闭视频，可以在"开启摄像头"积木的下拉列表中选择"关闭"选项。

舞台区显示的叠加影像

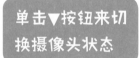

单击▼按钮来切换摄像头状态

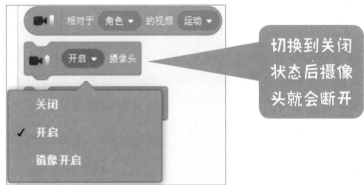

切换到关闭状态后摄像头就会断开

这次我们不使用小猫作为游戏中的角色，所以可以删除小猫。关于角色的删除方法在第一章中有说明，你可以直接单击"删除"按钮①，也可以鼠标右击，选择"删除"命令②。

添加一款乐器

在角色区单击 ⊕ 按钮，进入Scratch角色库，选择一款乐器。角色库中有很多分类，我们选择"音乐"分类列出Scratch角色库中所有的乐器。这次我们需要制作一款AR鼓，选择Drum Kit。

选择"音乐"分类

← 返回　　　　　　　　　　选择一个角色

🔍 搜索　　　　所有　动物　人物　奇幻　舞蹈　音乐　运动　食物　时尚

选择 Drum Kit

Bell　　　　　　Drum Kit　　　Drum-cymbal　　Drum-highhat

完成乐器的添加工作后，我们还需要添加一个扩展功能。在代码区的左下角单击 ⊟ 按钮，选择"音乐"扩展。

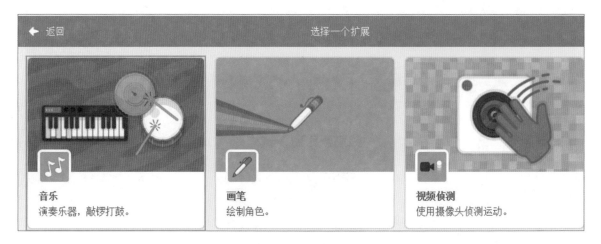

← 返回　　　　　　　　　　选择一个扩展

音乐
演奏乐器，敲锣打鼓。

画笔
绘制角色。

视频侦测
使用摄像头侦测运动。

在代码区可以看到有关"音乐"组的积木，在正式编写脚本程序之前，你需要确保你的电脑可以发出声音。

你可以单击"击打(1)小军鼓0.25拍"积木听一听电脑是不是发出了小军鼓的声音，也可以在下拉列表中选择不同的乐器以及设置不同的节拍。

单击这块积木进行测试

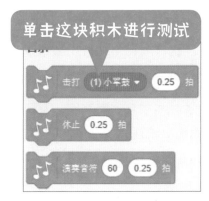

🎵 击打 (1)小军鼓 ▾ 0.25 拍

🎵 休止 0.25 拍

🎵 演奏音符 60 0.25 拍

开启摄像头

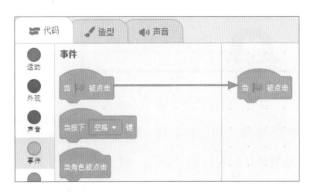

这里使用▶控制摄像头的开启，在"事件"组积木中选择"当▶被点击"积木拖曳到编程区。在"视频侦测"组积木中选择"关闭摄像头"积木，在下拉列表中选择"开启"选项，拖曳到"当▶被点击"积木的下面。

当单击▶按钮运行程序时，摄像头会由关闭状态转换为开启状态。注意观察舞台区的变化，看一看摄像头是不是可以正常转换。

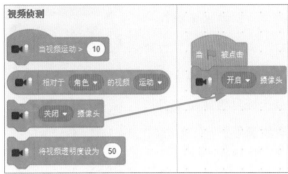

循环脚本

在捕捉视频动作之前还需要提前拼接一下循环脚本，分别将"当▶被点击"积木、"重复执行"积木和"如果……那么……否则……"积木拼接在一起。

相信这3个积木的作用，在学习第一章时已经有些了解了吧。

继续将"运算"组积木中的"……>50"积木与"如果……那么……否则……"积木拼接在一起吧。在"视频侦测"组积木中将"相对于角色的视频运动"积木拖曳到"……>50"积木的第一个白色小框中，用于捕捉视频中的动作。

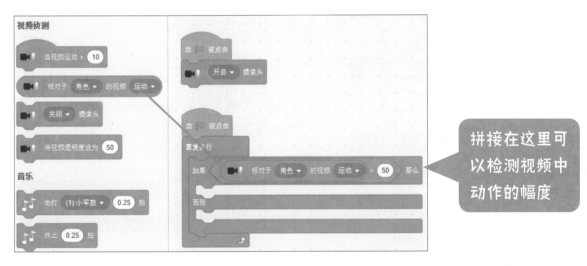

拼接在这里可以检测视频中动作的幅度

选择演奏乐器

在"音乐"组积木中选择"击打(14)康加鼓0.25拍"积木与"如果……那么……否则……"积木拼接在一起，我们可以在下拉列表中选择不同的乐器。每一种乐器前面都有指定的编号。

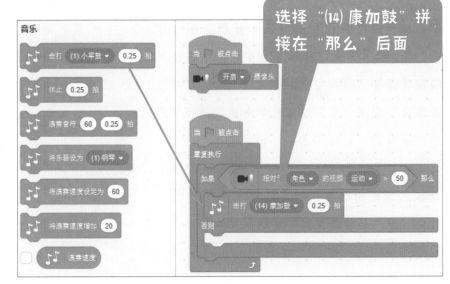

选择"(14)康加鼓"拼接在"那么"后面

变换造型

为了让AR鼓在击打时有动态效果，我们可以变换鼓的造型。在"外观"组积木中选择"换成drum-kit造型"积木，在下拉列表中选择drum-kit-b选项，将这块积木拖曳到"击打(14)康加鼓0.25拍"积木的后面。将"换成drum-kit造型"积木拼接在"如果……那么……否则……"积木中的"否则"后面。

当拍打AR鼓时，drum-kit-b造型看起来更有动态效果。如果在视频中停止拍打动作，就会换成看起来静止的drum-kit造型。

关于角色造型的变换在第一章中已经操作过了，想一想当时做了什么吧！

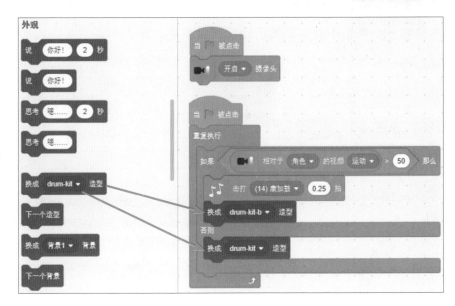

演奏 AR 鼓

发出声音的时候造型会变化哦！

脚本编写完成后，试试运行程序吧！单击 🚩 启动程序，在舞台区挥动手掌拍打AR鼓，会发出鼓声。如果手掌静止不动，即使手掌与AR鼓重叠，也不会发出鼓声。赶快试试你制作的AR鼓吧！

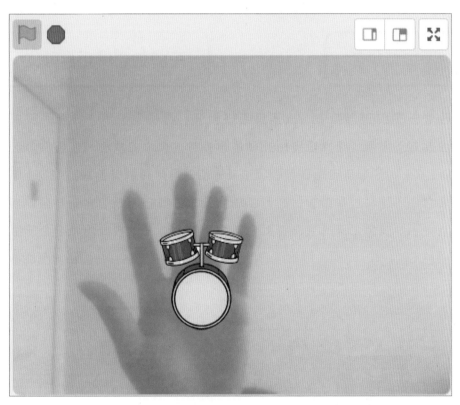

其实像这样的脚本制作答案不是唯一的，你可以发挥你的想象力和聪明才智制作各种各样有趣的 AR 脚本。有时候情况不同，可能会遇到稍微困难的情况。不过我相信，你一定可以的！

制作 AR 星星钢琴

我们已经制作了一款AR鼓了，可以击打出不同节奏的鼓点声，接下来还可以在AR鼓的基础上再添加一款星星钢琴。试着制作能演奏不同音符和节拍的星星钢琴吧！

扫码看视频

添加新角色

在角色区单击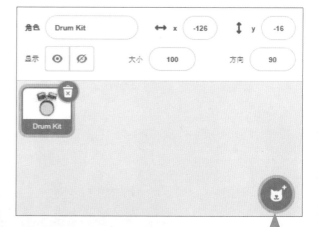按钮，进入Scratch角色库，选择一个角色，这里我们选择Star作为新的演奏乐器。

追加 Star（星星）角色

单击这个按钮进入角色库吧！

编写脚本代码

在角色区选中Star，为它编写代码。在"视频侦测"组积木中选择"当视频运动>10"积木，拖曳到编程区，修改视频运动的数值为20。

在"音乐"组积木中选择"演奏音符60 0.25拍"积木，修改音符节拍为0.5，拖曳到"当视频运动>20"积木下面。

当小星星在舞台区捕捉到运动幅度大于20时，就会发出钢琴的音符声。快来试试吧！

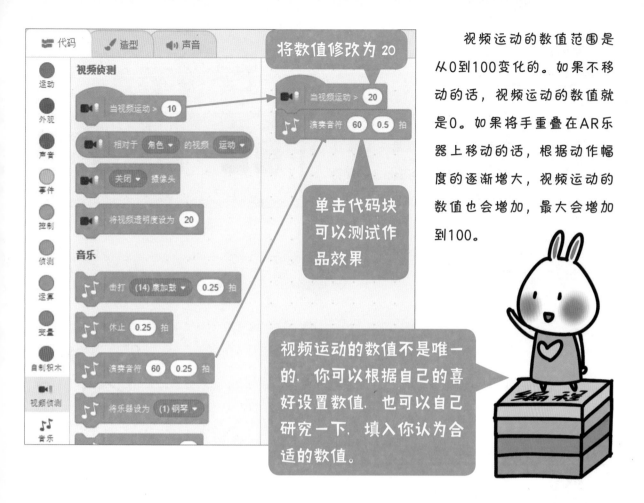

将数值修改为 20

单击代码块可以测试作品效果

视频运动的数值范围是从0到100变化的。如果不移动的话，视频运动的数值就是0。如果将手重叠在AR乐器上移动的话，根据动作幅度的逐渐增大，视频运动的数值也会增加，最大会增加到100。

视频运动的数值不是唯一的，你可以根据自己的喜好设置数值，也可以自己研究一下，填入你认为合适的数值。

复制角色

我们已经成功制作了一个小星星的脚本，现在还需要制作两个星星脚本。这时最便捷的方式就是复制功能。鼠标右击Star选择"复制"命令，成功复制了一个新的Star2，脚本也会一起被复制。使用相同的方式再复制一个Star3吧！

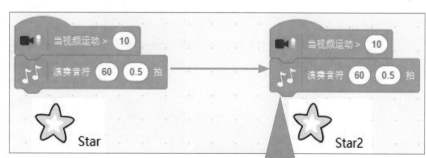

脚本代码也会一起复制

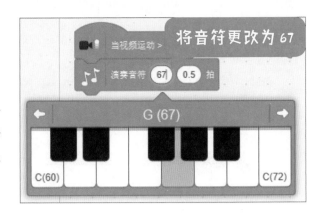

你可以在白色文本框中选中音符数字直接修改，也可以在弹出的钢琴键盘中直接修改。将Star2的音符修改为67，将Star3的音符修改为69，3颗星星的音符节拍都是0.5。

音符 60

Star

音符 67

Star2

音符 69

Star3

修改 AR 鼓的视频动作数值

将捕捉视频运动幅度的数值修改为20，这样可以更加灵敏地捕捉到视频中的动作变化。

合奏

为了演奏效果变得更好，我们可以让星星分散在舞台区的上方，鼓在舞台区的下方。这样，我们就可以一边演奏星星钢琴一边拍打AR鼓来伴奏。

运行程序，伸出双手，一只手拍打星星，一只手拍打鼓。如果同时拍打星星和鼓，会同时发出钢琴声和鼓声。一只手静止不动，另一只手拍打星星，会发出钢琴声。3颗星星发出的声音不一样，试试分别拍打3颗星星吧！

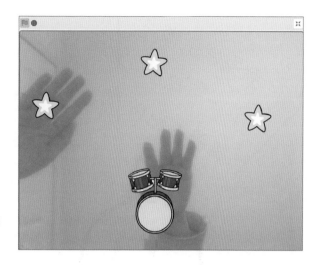

继续增加乐器

完成作品后，为项目修改一个形象易懂的名字吧！为作品起一个好名字，会方便我们以后管理自己创作的作品。

这次使用小星星作为演奏钢琴的音符，你也可以换成别的物品。发挥你的想象力，制作出更美妙的音符吧！一开始我们使用鼓来制作打击乐器的音色，也可以使用不同类型的打击乐器演奏不同的音色。

修改作品的名称

文件　编辑　💡 教程　　AR乐器

使用Scratch编写AR脚本的感觉怎么样？如果有兴趣的话，你可以试着改造第一章中的游戏，看看最终会有什么效果。

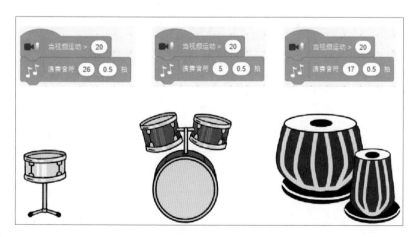

你喜欢机器人吗?
你有没有想过自己动手开发一个机器人呢?
在第四章中,我们会制作一个将不同模块和电子零部件
组装起来的小车型机器人。
快来试试吧!

开发机器人

机器人的构造

　　说到机器人，你对它的了解有多少？你会想到什么呢？其实机器人已经在我们的日常生活中扮演着重要的角色了，比如扫地机器人、迎宾机器人、早教机器人等。在家里打扫卫生时，扫地机器人可以代替扫帚或者吸尘器自动在房间里帮我们完成地板的清扫和吸尘等工作。

　　你可以观察一下家里的扫地机器人，看看它是怎么工作的。扫地机器人可以自动完成清扫工作，它可以根据周围情况侦测障碍物。如果碰到墙壁或者其他障碍物，扫地机器人可以自动变换方向转弯，也可以规划不同的路线，判断清扫区域。

　　其实并不是所有机器人的外形都像人，它可以被设计成各种形状。设计一个机器人需要综合考虑的因素很多，要根据机器人的应用场合来设计不同的外形。

　　你想不想知道扫地机器人是如何自动完成工作的？接下来将以扫地机器人为例介绍它是如何自动完成清扫工作的。

想知道扫地机器人是怎么工作的吗？下一页将会为你解答疑惑哦！

扫地机器人的工作原理

扫地机器人在清扫房间时，如果碰到墙壁和桌椅等障碍物可以自动改变方向继续移动。扫地机器人可以根据房间面积的大小，自动清扫每一个角落。你是不是很好奇扫地机器人是怎么做到的呢？接下来将介绍它的工作原理。

传感器

扫地机器人上安装了许多传感器，防止它撞到墙壁或者从台阶上跌落。那么传感器又是什么呢？传感器是一种检测设备，能感受到被测量的数据信息，它可以将这些数据信息按照一定规律输出。扫地机器人中的传感器有很多种类，比如可以检测障碍物的防撞传感器。

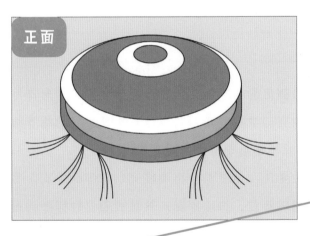

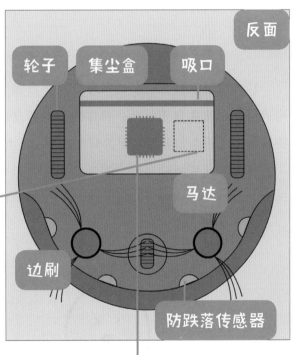

执行器

它可以带动吸口、边刷等部件工作，根据工作情况反馈给蜂鸣器、LED灯（LED指发光二极管）等设备，将电能转化为机械运动来执行工作。

微型控制器

相当于一种微型计算机。与普通的电脑、智能手机不同，微型控制器是一种既没有显示屏也没有键盘的简单电脑，是十分重要的一部分。

机器人和编程

扫地机器人可以根据周围环境判断清扫区域，规划清扫路线。机器人拥有这些功能，主要依靠传感器、微型控制器和执行器这3个零部件。一起来看看这些零件是如何让机器人工作的吧！

扫码看视频

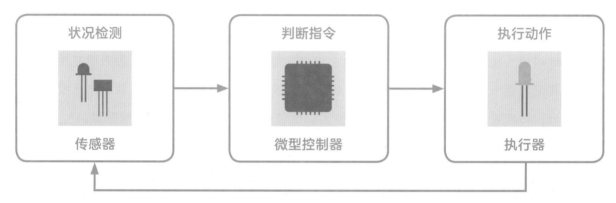

状况检测	判断指令	执行动作
传感器	微型控制器	执行器

扫地机器人开始清扫工作时，传感器会先检测周围的环境。传感器将检测到的信息作为电信号发送给微型控制器。微型控制器根据接收到的数据信息判断应该发送什么样的指令给执行器。执行器接收到微型控制器发送的指令，并根据指令执行指定动作。

当机器人开始移动时，周围的环境如果发生变化，传感器会再次检测它周围的状况，微型控制器会再次判断发送的指令……如此不断循环重复。扫地机器人就是按照这种程序的设计顺序自动执行清扫工作的。

怎么样？扫地机器人的工作原理是不是很有意思呀！

扫地机器人中的吸尘清扫部分由清洁所需的传感器、执行器和微型控制器中清扫的部分程序组成。机器人的其他行为指令都有对应的传感器和执行程序，它们只能完成各自负责的部分工作。为了使机器人的各个部分分工协作，在设计程序的时候，会根据不同的目的组合传感器和执行器，然后将控制程序写入微型控制器。

我们也可以自己编写程序制作机器人。快来和我一起挑战制作机器人吧！

了解更多

机器人可以做什么？

如果让你设计一个机器人，你想让机器人做什么？试着想一想吧！按照上面介绍的传感器、微型控制器和执行器这3个零部件的功能，考虑将它们组装起来设计一个机器人。

比如为家里的宠物设计一个机器人玩具，当宠物靠近机器人时，机器人的尾巴就会开始自动摇晃。首先安装用于检测宠物靠近的传感器和摇晃机器人尾巴的马达，等宠物靠近时开始执行指定的指令动作。如果由你来设计机器人玩具，你会怎么设计它的动作呢？

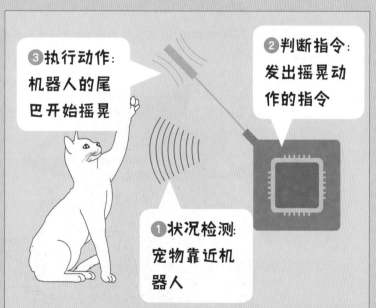

❸执行动作：机器人的尾巴开始摇晃

❷判断指令：发出摇晃动作的指令

❶状况检测：宠物靠近机器人

必要的器材和编程环境

刚开始学习机器人编程时，使用机器人组合套装会很方便。这里使用的是cBot教育机器人套件进行机器人编程。

 准备机器人套装

入手的机器人套件中有循迹传感器、超声波传感器、减速电机、蓝牙模块等各种零件。根据入手的机器人组合套件，可以按照指定的安装步骤来组装传感器、模块等各种零件。将机器人组装完成后可以编写控制机器人行为动作的程序。

 机器人套装的购买方法

配套的机器人套装（cBot教育机器人）可以在网站上的电商平台购买。你可以和家长一起访问网上商城，挑选购买心仪的产品。

认识机器人的各种零件

在正式开始机器人编程之前，我们还需要了解机器人的各种零件及其作用。机器人程序设计的应用软件是以Scratch为基础的，所以关于程序编写方面不用担心。接下来我们一起来认识一下套装里的各种零件吧！

cBot 主控板

❶ cMcc主板

cMcc主板相当于一个简单易操作的微型控制器。主板上有各种接口和控制开关，它可以连接各种传感器和模块等零件。机器人上的零件都是基于这个主板进行安装的。我们通过主板上的接口将编写的程序导入进去。

传感器和蓝牙模块

机器人套件中的传感器包括超声波传感器和循迹传感器。超声波传感器用于检测机器人前方是否有障碍物。循迹传感器可以使机器人按照指定的路线移动。蓝牙模块可以通过蓝牙传输数据信息，连接机器人和编程软件。

❷ 超声波传感器

❸ 循迹传感器

❹ 蓝牙模块

电机和遥控器

　　机器人的减速电机需要分别安装在小车底部的左右两侧，实现电能的转化。红外遥控器用来控制红外发射和接收。

⑤ 直流减速电机

⑥ 红外遥控器

电源和连接线

　　USB连接线用于连接机器人和编程软件。RJ25电子连接线用于连接超声波传感器和循迹传感器。

⑦ 电池

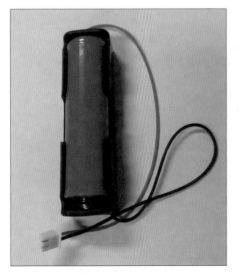

⑧ 方形USB连接线

⑨ RJ25电子连接线

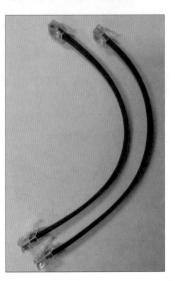

车轮

橡胶轮子固定在小车型机器人的两侧。万向轮与循迹模块安装在一起，可以使小车转动。

⑩ 橡胶轮子

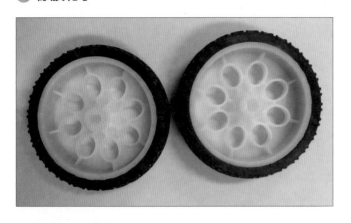

⑪ 万向轮

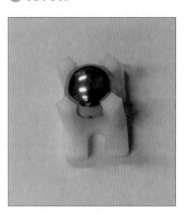

车架和安装工具

铝型车架用于固定和支撑小车型机器人的车身。机器人套件中提供了安装工具，有不同型号的螺丝，用于固定机器人零件和车架、主板之间的连接。

⑫ cBot铝型车架

⑬ 保护板

⑭ 安装工具

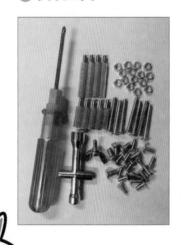

> 将这些机器人的零件组装起来，然后通过专用的编程软件来制作控制程序，就可以让小车型机器人动起来啦！

认识编程环境

在cBot教育机器人套件中有配套的编程软件，cBlock软件是基于Scratch开发的一款编程软件。cBlock软件在Scratch的基础上新增了机器人模块，可以对机器人进行离线编程。

cBlock软件安装程序在机器人套件的光盘中，你可以将光盘中的软件安装程序复制到电脑中。编程软件是以压缩包的形式提供的，需要解压缩后才可以进行安装。解压缩后直接双击软件的安装程序，根据提示完成安装步骤。

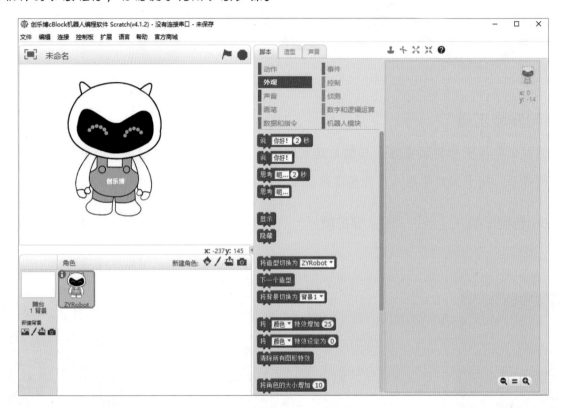

安装成功后的cBlock机器人编程软件界面与我们之前使用的Scratch软件有些相似之处。cBlock软件包含各种脚本模块，这与Scratch软件中的代码积木基本相同。

新增的机器人模块中包含了开发机器人的各种代码积木，我们可以使用机器人模块中的这些功能进行机器人开发。

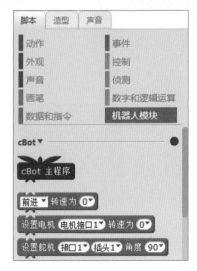

组装小车型机器人

　　我们已经认识了机器人的各种零件和开发环境，接下来我们就要开始组装小车型机器人啦，一起来动手组装机器人吧！

安装电机和橡胶轮子

　　现在将机器人的各个零件准备好，开始组装机器人。我们组装的是一个小车型的机器人，所以需要提前组装好小车的车身。首先准备好cBot铝型车架、两个直流减速电机、两个橡胶轮子、四个M3*25螺丝和螺母以及辅助安装工具螺丝刀和万用套筒。

　　两个直流减速电机需要分别安装在车架底部的两侧，电机通过螺丝固定在车架上。电机的连接线需要朝向小车的前方，一个电机需要两个螺丝固定。两个橡胶轮子通过电机连接口分别固定在小车的两端。

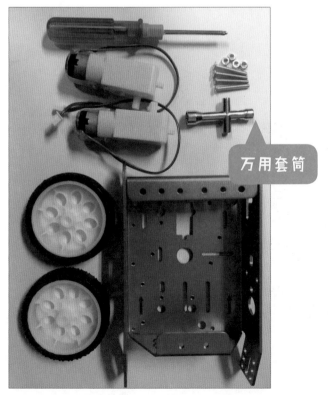

万用套筒

小车前端

螺丝从外向里固定电机

安装循迹传感器和万向轮

　　将电机和车轮固定在车架上后，接下来我们需要安装循迹传感器和万向轮。首先准备好循迹传感器、万向轮、一根RJ25电子连接线、两个M4*8螺丝以及安装工具螺丝刀。

　　虽然小车两侧已经安装了橡胶轮子，但是我们还需要在小车前端的底部安装一个万向轮用来控制小车移动的方向。万向轮需要和循迹传感器一起固定在小车前端的底部。

　　我们现在看到的是小车底部的安装情况，循迹传感器的指示灯需要朝向小车底部。通过螺丝将循迹传感器和万向轮固定在小车底部前端的中间位置。

　　固定完成后，将RJ25电子连接线插入循迹传感器的接口中，然后将连接线穿过车架底部的孔，方便组装完成之后进行连线。

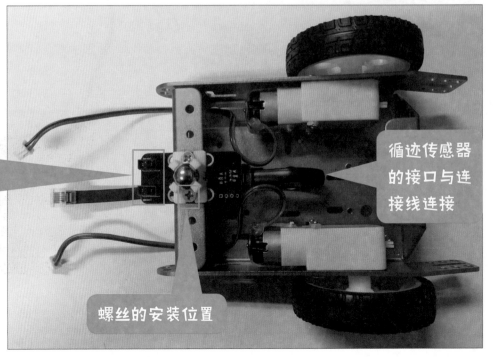

循迹传感器的指示灯

循迹传感器的接口与连接线连接

螺丝的安装位置

安装支撑铜柱和超声波传感器

接下来我们需要安装超声波传感器和用来支撑主板的铜柱。需要准备好超声波传感器、四个M3*25+6的铜柱、一根RJ25电子连接线、两个M4*8螺丝以及安装工具螺丝刀。

将小车摆正，然后将准备好的超声波传感器通过螺丝固定在小车的前端。注意观察小车的前端，就会发现小车前端有好几个小孔。我们只需要将超声波传感器通过两个螺丝固定在小车前端的中间部分就可以了。

注意观察超声波传感器，就会发现它也有一个接口，你知道这个接口是连接哪一根线吗？

将我们准备好的另外一根RJ25电子连接线的一端插入超声波传感器的接口。我们已经使用两根连接线分别连接了两个传感器，那么，想一想这两根线的另一端又要连接到哪里。

固定好超声波传感器之后，我们接着安装支撑铜柱，将四个支撑铜柱按照对应的小孔分别安装到指定位置。

四个支撑铜柱的小孔位置

现在我们需要把小车型机器人的电池安装到小车的车架上。需要准备好电池、电池盒、M3羊角螺丝、一个M3*8螺丝和螺母，以及安装工具螺丝刀和万用套筒。

我们入手的机器人套件中的电池和电池盒是固定在一起的，我们需要先将电池从电池盒中分离出来，才可以将电池盒固定在车架上。

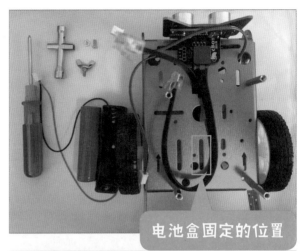

电池盒固定的位置

如果感觉分离电池和电池盒比较费力，可以请求老师或者家长帮助。成功分离电池盒后，你会发现电池盒底部有一个小孔，我们需要使用螺丝穿过小孔将电池盒固定在小车的车架上。固定好电池盒后，再将电池安装进去就可以了。

然后我们将M3羊角螺丝安装在小车尾部的中间小孔中就可以了。

安装主板和蓝牙模块

接下来我们就要开始安装主板啦！在安装主板的过程中注意力度的掌控，不要因为过于用力而损坏主板。你需要准备好主板、蓝牙模块、四个M3*15+6铜柱、四个M3*8螺丝、保护板以及安装工具螺丝刀和万用套筒。

在之前的步骤中，我们已经完成了小车支撑铜柱的安装。支撑铜柱上面是用来放置主板的地方。主板是机器人的核心部件，在安装过程中一定要注意保护主板的完整性。将4根支撑铜柱分别对应主板上指定的小孔，对应小孔的位置已经在图中注明。

主板上有插入蓝牙模块的接口，注意蓝牙模块上的五个引脚需要与主板上的接口对应。将有引脚的一端朝向数字3和4的一侧，没有引脚的一端朝向数字1和2的一侧。将蓝牙模块插入带有五个引脚接口的模块中。

完成主板的安装后，还需要在主板上安装四根M3*15+6铜柱。这四根铜柱的位置分别对应主板上标注的小孔位置。主板上的这四根铜柱是用来支撑保护主板的。

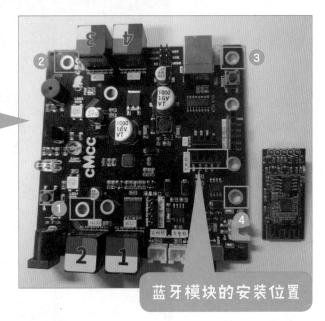

主板前端

蓝牙模块的安装位置

完成蓝牙模块的安装

为了方便后面我们连接机器人的各种连接线，这里先不安装保护板了。关于保护板的安装，我们在完成连接线部分后再详细说明。

连接线的安装

在组装完机器人的零件后，我们就要开始组装连接线了。

将循迹传感器连接线的另外一端插入2号端口，超声波传感器连接线的另外一端插入3号端口。

左右电机的插入端口在端口1和2的旁边。分别将左右电机的两个插头接入对应电机端口中。

电池插头的接口在蓝牙模块的旁边，将电池连接线的插头插入到电池接口中就可以了。最后是保护板的安装，将保护板的保护膜去掉，你会发现这是一块透明的板子，将带有箭头的一端朝向小车前方安装，对准小孔后使用螺丝固定就可以了。

太棒了！你已经完成机器人的组装啦！是不是想让机器人动起来呀？接下来和我一起完成机器人的编程部分吧！

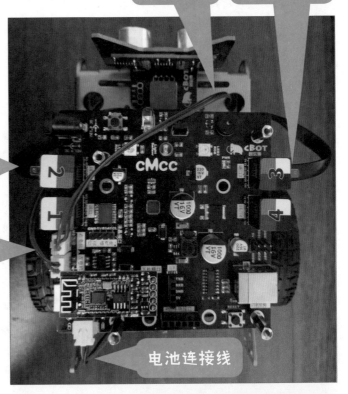

右侧电机连接线

超声波传感器连接线

循迹传感器连接线

左侧电机连接线

电池连接线

保护板的安装方向

机器人编程

完成机器人的组装后，就可以开始为机器人编写程序啦！你想要这个小车型机器人有什么样的行为呢？接下来一起编写程序，让机器人可以躲避障碍物然后继续移动。

 ## 连接方形 USB 连接线

拼接好机器人后，怎样才能让电脑中的程序控制机器人的行为呢？这里就需要用到机器人套件里的方形USB连接线了。

将方形USB连接线的方形接口的一端与小车型机器人程序下载端口连接在一起，另外一端与电脑主机的USB端口连接在一起。通过这根线，我们在电脑中编写的控制程序就可以上传到机器人的主板中，然后控制机器人的行为。

当连接好方形USB连接线后，你会发现小车上有一个红灯亮起，这是正在充电的标志。如果充电完成，红灯会熄灭，绿灯亮起。其实，这根方形USB连接线不仅可以传输程序，还可以对机器人进行充电。

由于我们这次编写的程序不涉及蓝牙模块，所以在编写程序之前需要先把蓝牙模块拔掉。如果不拔掉的话，会影响程序上传。

打开编程软件cBlock，单击"连接"选项卡，选择"安装Arduino驱动"选项安装驱动，方便我们进行离线编程。根据提示就可

方形 USB 连接线的一端连接机器人程序下载端口

指示灯亮起

另一端插入电脑主机的 USB 端口

以完成Arduino驱动的安装了。

当我们编写好程序后就可以选择Arduino模式进行离线编程了。离线模式就是在没有这根方形USB连接线连接的情况下，小车依然可以按照指令执行程序。

添加 cBot 主程序

在开始编程之前，需要新建项目文件来保存我们编写的程序。在"文件"选项卡中选择"新建项目"选项。

在进行机器人编程时，我们需要用到"机器人模块"组的代码积木。在脚本区选择"机器人模块"组中的"cBot主程序"来替代"事件"组积木中的"当 ▉ 被点击"积木。

将"cBot主程序"积木拖曳到编程区开始我们的机器人编程。

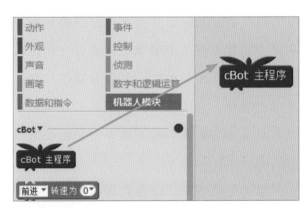

新建变量

我们设定小车型机器人的行为是：当小车检测到前方有障碍物时会掉转方向继续前进，如果前方没有障碍物就会一直保持前进状态。这里我们就需要用到两个变量，一个是小车到障碍物的距离，一个是小车前进时的运行速度。

在第一章中，我们已经对新建变量有所了解了吧！在cBlock软件中，"新建变量"在"数据和指令"组积木中。在脚本区单击"数据和指令"组积木，你会看到"新建变量"按钮。想一想这与Scratch中的新建变量有什么不同之处。

单击"新建变量"按钮，在打开的"新建变量"对话框中输入变量名speed（速度），新建一个表示小车速度的变量。默认勾选"适用于所有角色"单选按钮，单击"确定"按钮完成speed变量的创建。使用同样的方法再次新建用来表示小车与障碍物距离的变量distance（距离）。

完成这两个变量的创建后，在"数据和指令"组积木中可以看到我们刚才新建的两个变量speed和distance。当需要设定speed变量时，在积木块的下拉列表中选择speed选项就可以了。

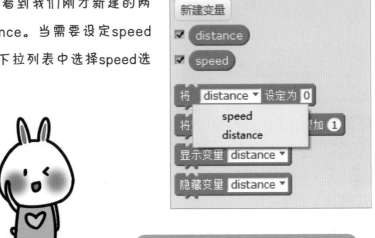

你已经新建两个变量了哦！这是个不错的开始！继续下面的编程吧！

在"数据和指令"组积木中把"将distance设定为0"积木拖曳到编程区，在下拉列表中选择speed选项，设定小车前进速度为100。小车在没有遇到障碍物时，将会保持我们为它设定的前进速度100。当然，你也可以设定其他的数值。

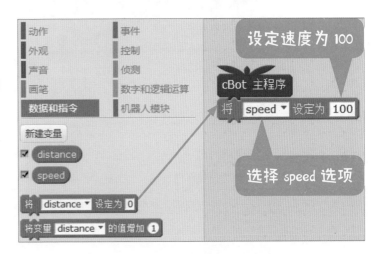

我们已经为小车设定好前进的速度了，接下来要设定小车和障碍物的距离。安装在小车车头部分的超声波传感器就是用来检测障碍物是否存在的设备。我们需要小车不断重复地检测前方是否存在障碍物，所以需要拼接"重复执行"积木。

在"控制"组积木中将"重复执行"积木拖曳到"将speed设定为100"积木下面。在"数据和指令"组积木中把"将distance设定为0"积木拖曳到"重复执行"积木中。在"机器人模块"组积木中将"超声波传感器接口3距离"积木拖曳到"将distance设定为0"积木的距离数值框中。超声波传感器在主板上的连接端口是接口3，所以这里选择接口3。

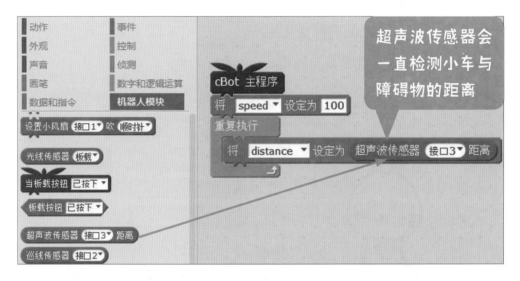

解决了检测障碍物的问题后，我们需要设定当小车距离障碍物多远时会改变方向，这个距离是以毫米（mm）为单位计算的。当小车检测到距离前方障碍物太近时，会掉转方向，否则就会

继续前进。这里我们就需要使用"如果……那么……否则……"积木来判断距离障碍物的远近。

在"控制"组积木中将"如果……那么……否则……"积木拼接到"将distance设定为超声波传感器接口3距离"积木的下面。在"数字和逻辑运算"组积木中选择"……<……"积木拖曳到"如果……那么……否则……"积木的条件框中。我们需要设定当距离小于一定的数值时，小车开始躲避障碍物，所以将"数据和指令"组积木中的distance积木拖曳到"……<……"积木中的第一个数值框中，这样，我们就将小车躲避障碍物的距离设置为35。

设置后退距离

当小车型机器人距离障碍物更近时，我们需要它后退一些距离并掉转方向。在"控制"组积木中选择"如果……那么……"积木拖曳到"如果……那么……否则……"积木的"那么"后面。

然后在"数字和逻辑运算"组积木中选择"……<……"积木拖曳到"如果……那么……"积木中的条件框中，将"数据和指令"组积木中的distance积木拖曳到"……<……"积木中的第一个数值框中，将距离设置为20。

如果小车与障碍物的距离小于20mm，那么小车会后退并掉转方向。在"机器人模块"组积木中选择"前进转速为0"积木，在下拉列表中选择"后退"选项，拖曳到"如果distance<20那么"积木中。在"数据和指令"组积木中将speed积木拖曳到"后退转速为0"积木的数值框中。

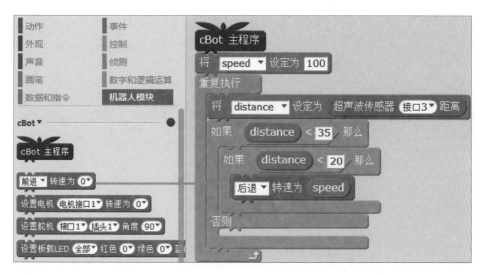

这组积木程序可以让小车及时躲避障碍物。当小车检测到距离前方障碍物太近时，就会掉转方向。想一想，我们如何控制小车掉转方向呢？怎么让小车向左转或者向右转呢？

设定小车掉转的方向

　　我们可以设定数值让小车向左转或者向右转都会有50%的可能性。在"如果distance<20那么后退转速为speed"积木后面添加一个"如果……那么……否则……"积木作为判断小车向左转或者向右转的语句。

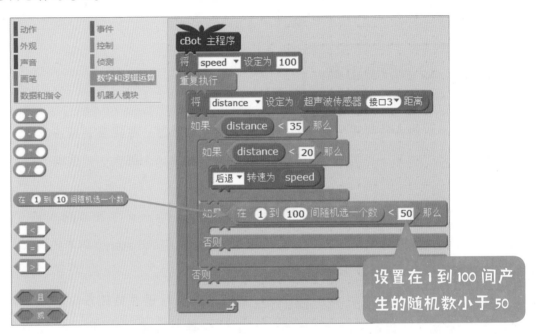

设置在1到100间产生的随机数小于50

　　首先需要设定向左转或者向右转而产生的50%的可能性，在"数字和逻辑运算"组积木中选择"……<……"积木并拖曳到"如果……那么……否则……"积木的条件框中。然后将"在1到100间随机选一个数"积木拖曳到"……<……"积木的第一个数值框中，将第二个数值框中的数值设定为50。这样小车就会有50%的可能性是向左转，50%的可能性是向右转。

设置掉转方向的速度和指示灯

　　我们设定了小车向左或者向右掉转方向的可能性，接下来编写小车左转或者右转时的速度和提示灯的颜色。在"机器人模块"组积木中选择"前进转速为0"积木，在下拉列表中选择"左转"选项，然后拖曳到"如果在1到100间随机选一个数<50那么…否则…"积木的"那么"后面，然后将小车左转的速度设定为speed。

　　这里设置小车左转时主板上的LED会显示红色，同样还是在"机器人模块"组积木中，选择"设置板载LED全部红色0绿色0蓝色0"积木，在第一个下拉列表中选择"左"，在第二

个下拉列表中选择
"150"。当小车向左
转时，主板左侧的
LED会显示红色，提
示向左转。

我们已经设置了
小车向左转时主板左
侧的LED灯会显示红
色，接下来我们继续
设置小车右转时主板
右侧的LED灯显示红
色。你已经学会设置
小车左转的情况了，
试一试设置小车右转
时的情况吧！

在"机器人模
块"组中选择"前进
转速为0"积木，在
下拉列表中选择"右
转"选项，然后将
积木拖曳到"如果在
1到100间随机选一
个数<50那么……否
则……"积木的"否
则"后面，转速设定
为speed。选择"设
置板载LED全部红色

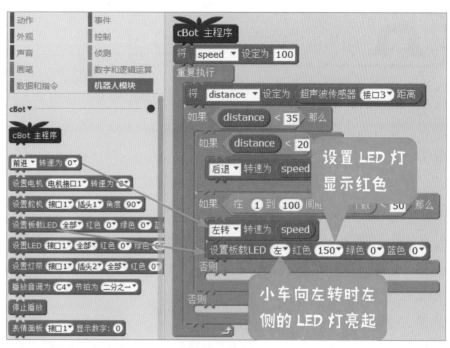

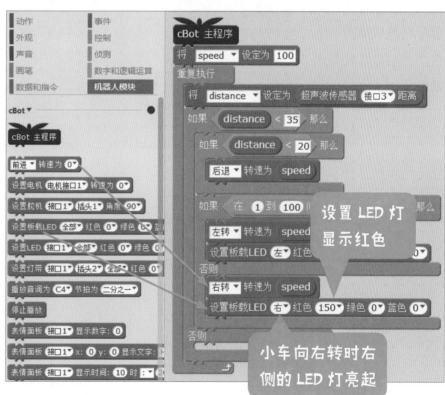

0绿色0蓝色0"积木，在第一个下拉列表中选择"右"，在第二个下拉列表中选择"150"。当
小车向右转时，小车型机器人主板上右侧的LED灯显示为红色。

现在我们已经设置了小车左转或者右转的情况，接下来继续设置小车前进时的速度和
LED灯的提示吧！

小车前进的速度和 LED 灯

　　小车保持前进状态就表示前方是没有障碍物的情况。当小车上的超声波传感器没有检测到障碍物时，小车速度保持初始值speed 100，主板上的LED灯全部显示为绿色，表示一路畅通。

　　在"机器人模块"组积木中选择"前进转速为0"积木拖曳到"如果distance<35那么……否则……"积木的"否则"后面，将前进速度设置为speed。选择"设置板载LED全部红色0绿色0蓝色0"积木，拖曳到"前进转速为speed"积木后面，设置LED颜色为绿色150。这样小车在保持前进时，主板上的LED灯会显示绿色。

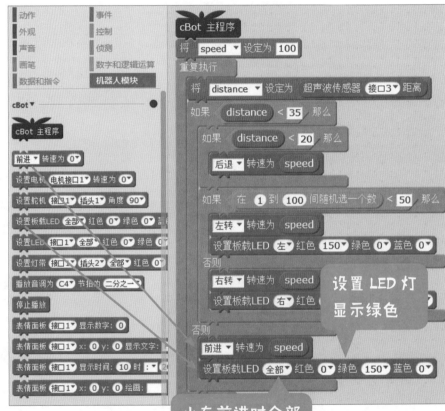

设置 LED 灯显示绿色

小车前进时全部 LED 灯亮起

这里使用了多个判断语句的嵌套，一定要理清它们之间的关系哦！

嵌套了一个"如果……那么……"条件判断语句

嵌套了一个"如果……那么……否则……"条件判断语句

设置等待时间

小车躲避障碍物的行为在"重复执行"语句中，我们还需要添加一个等待时间，让程序更加完善一些。

在"控制"组积木中选择"等待1秒"积木拖曳到"如果distance<35那么……否则……"积木后面，然后设置等待时间为0.5秒。

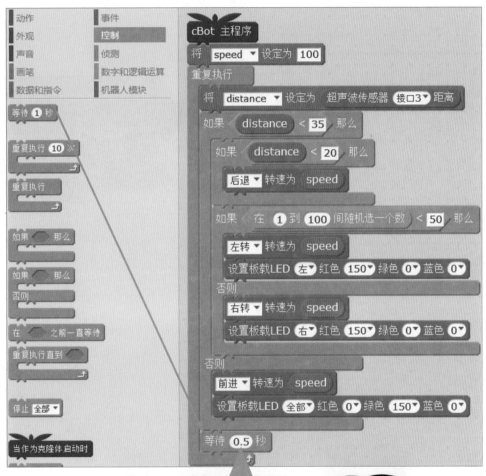

设置等待时间为 0.5 秒

终于完成啦！别忘记保存项目文件哦！好期待机器人程序运行的效果！

上传程序

程序编写完成后，感觉怎么样呢？接下来我们就可以开始将程序上传到机器人主板中。上传之前，确保方形USB连接线的两端接口接入状况良好。

扫码看视频

 打开小车开关

在连接方形USB连接线的情况下，打开小车主板上的开关，这时小车会处于默认模式的运行状态。我们上传自己编写的程序后，小车会按照上传的程序开始执行。

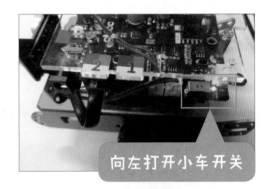

向左打开小车开关

 打开 Arduino 模式

在cBlock软件中，单击"编辑"选项卡选择Arduino模式，方便我们离线编写程序。这样即使在不接入方形USB连接线的情况下，我们的小车型机器人也可以运行上传的程序。

每一次开始上传程序时，都要打开Arduino模式哦！

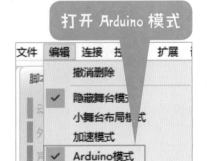

打开 Arduino 模式

 连接串口

打开小车型机器人的开关并进入Arduino模式后，还需要连接串口。在"连接"选项卡中选择"串口"选项，在右侧的串口列表中选择COM3串口。要确保串口连接的正确性，以便我们成功上传程序。

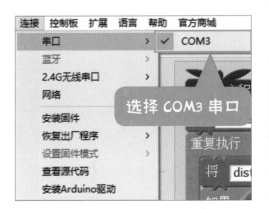

选择 COM3 串口

上传程序

在打开Arduino模式后，单击编程区右侧的"上传到Arduino"按钮，开始自动上传代码。

上传程序时会出现上传提示，表示程序代码正在上传。第一次上传代码时，时间可能会长一些，你需要耐心等待一下。当上传成功后会出现上传完成的提示，单击"关闭"按钮就可以了。

运行结果

上传完成后，就可以拔掉方形USB连接线了。这时小车会自动按照我们编写的程序执行。

当小车向前移动时，主板上的两个LED灯会亮起绿色。当小车检测到前方有障碍物时，小车向左转，主板左侧的LED灯亮起红色。

两个 LED 灯亮起绿色

左侧 LED 灯亮起红色

完成啦！更多有趣的机器人编程设定等着你去发现哦！快去试试吧！

在如今网络发达的时代，我们可以通过电脑、
手机等设备浏览世界上各个地方的信息。
你想不想试着自己制作一个网站？
在第五章中，我们将会在了解网站结构的基础上，
制作一个自己的网站！

第五章

制作自己的网站

网站的工作原理

　　我们在网络上访问的各种各样的信息都是以网页的形式呈现出来的，而网站就是由许多网页组成的。不同的网站呈现的信息各不相同，有的网站内容是新闻，有的是游戏。我们只需要在浏览器中输入关键字或者网址，就可以找到对应的网站浏览信息了。

　　那么网站是如何将这些信息快速呈现给我们的呢？下面，我们以浏览北京交通大学网站为例，了解网站的基本构成。

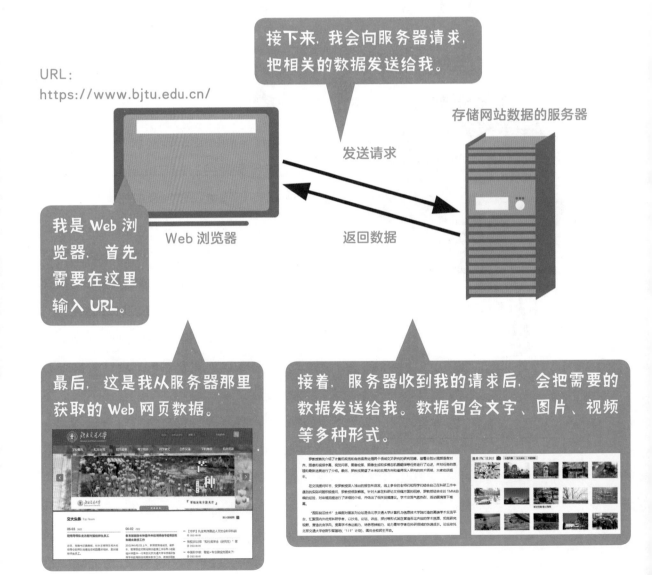

URL:
https://www.bjtu.edu.cn/

接下来，我会向服务器请求，把相关的数据发送给我。

存储网站数据的服务器

发送请求

Web 浏览器

返回数据

我是 Web 浏览器，首先需要在这里输入 URL。

最后，这是我从服务器那里获取的 Web 网页数据。

接着，服务器收到我的请求后，会把需要的数据发送给我。数据包含文字、图片、视频等多种形式。

浏览器是专门用来访问和浏览网站数据的软件，比如Microsoft Edge、Firefox、Chrome等，这些都是Web浏览器。在浏览器中输入的URL（Uniform Resource Locator，统一资源定位系统）就像是网站数据在互联网上的存储地址一样，通过这个地址可以在浏览器中访问指定的网站信息。

在浏览器的地址栏中输入 URL 后，会发送请求给服务器。

服务器中存储了大量数据，配置很高。在收到请求后会返回指定的网站收集数据，包括 Web 网站上的图片、文字等，满足浏览器的请求。

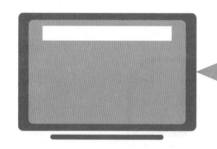

浏览器在接收到服务器返回的网站数据后，会解析返回的内容，然后呈现给我们。

我们在网站中看到的图片、文字、视频等内容，都是用一种叫HTML（Hyper Text Markup Language，超文本标记语言）的标记语言编写出来的。HTML是一种用于创建网页的标记语言。HTML在浏览器上运行，通过浏览器进行解析。

下面将带你了解如何使用 HTML 制作网页。

如何使用 HTML 制作网页？

制作网页并没有我们想象中那么困难，这里就可以使用HTML制作一些简单的网页。我们在前几个章节中分别制作了不同类型的游戏，这里将以之前制作的游戏为主题制作游戏简介网页。

游戏简介网页的制作流程大致为：首先制作网页的首页，其次通过网页的首页分别访问两个不同的游戏简介页面，最后从游戏简介页面重新回到网页的首页。

根据这个思路，我们需要制作3个网页。网页的首页和2个游戏简介网页（game1、game2）之间有链接关系，2个游戏简介网页之间没有链接关系。

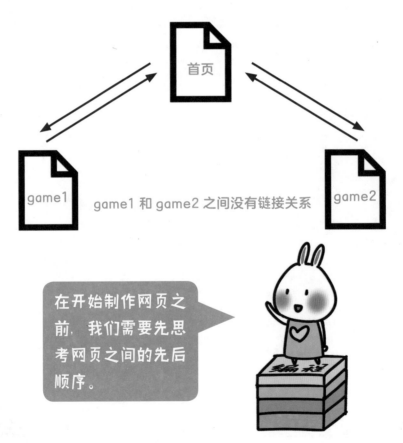

HTML与其他编程语言不同，它是一种标记语言。在HTML中会使用很多标签来标记需要显示的内容，比如你在网页中浏览的一段话，就是通过<p>标签标记并显示出来的。

HTML其实是一种文本，它需要通过浏览器进行解释。超文本标记语言的文档制作不会很复杂，但是功能非常强大，可以嵌入不同数据格式的文件。

　　但是，HTML也有必须要遵守的规则。HTML中的标签需要使用"<"和">"两个符号括起来，例如<html>。标签一般是成对出现的，比如<html>和</html>。浏览器通过这种标记，会读取显示内容的大小、位置等信息，然后呈现给我们。

　　我们先来看一下首页通过HTML实现的效果。

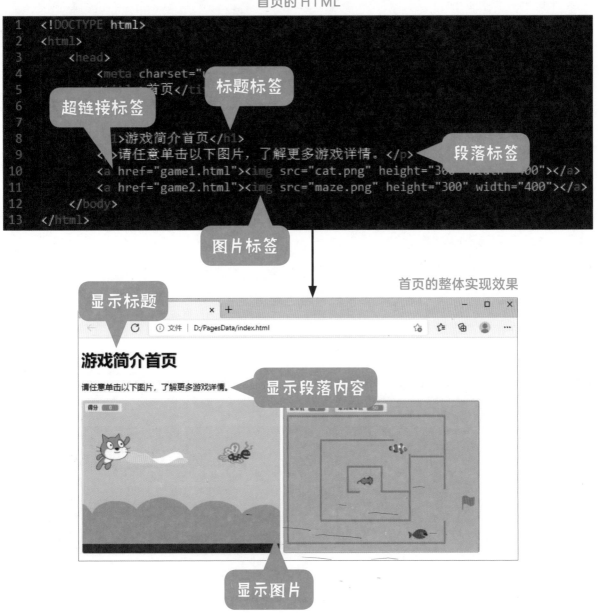

首页的 HTML

超链接标签
标题标签
段落标签
图片标签

首页的整体实现效果

显示标题
显示段落内容
显示图片

　　如果我们将想要显示的内容按照规则使用HTML标签括起来，然后准备好文本和图片等数据，就可以自己制作网页了。首页中显示的2张图片都可以通过单击跳转到对应的页面，这就是超链接功能。超链接在HTML中是一个非常重要的标签，很多网页之间的联系都需要靠它来完成。

<a>标签不仅可以让图片具有超链接功能，还可以让按钮、文字等具有超链接功能。一般我们会在首页放置<a>标签，从而通过超链接访问其他网页，比如这里第一张图片链接的网页就是game1.html。由于使用的浏览器不同，网页文件显示的图标也会不同，这里使用的是Microsoft Edge浏览器。

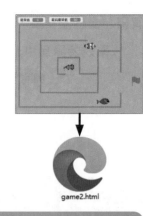

game1.html

game2.html

如果你想在网络上公开自己的网站，还需要另外准备服务器，这个有点难。所以我们可以先尝试在自己的电脑上浏览制作网站，快来试试吧！

了解更多

网页背后的 HTML

当你使用Windows系统默认的浏览器访问某个网站时，在网页中鼠标右击选择"查看页面源代码"命令，就可以看到服务器发送来的数据源代码，也可以在"开发人员工具"中查看（快捷键F12）。

关于HTML的写法规则在后面将会详细介绍，这里不需要详细理解这些源代码的含义，只需要对HTML的整体风格有一个简单的印象就可以了。

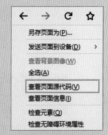

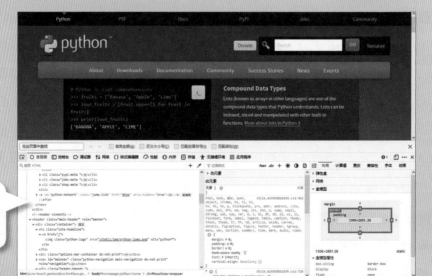

这里显示网页的源代码

HTML 初体验

相信通过前面的介绍你已经对HTML有了初步了解，从这里开始就要学习如何编写HTML。我们会先从简单的HTML开始编写，试着制作一个属于你自己的网站！

扫码看视频

打开记事本

按照下面①~③的顺序启动系统中的记事本。首先单击Windows系统桌面左下角的开始图标，然后找到"Windows附件"，在"Windows附件"下拉列表中就可以找到"记事本"了。

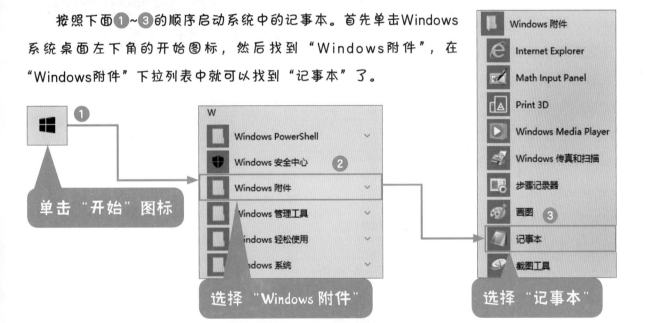

尝试输入 HTML

启动"记事本"之后，把下图中的HTML直接输入到记事本中。输入这些HTML标签时，输入法要切换到半角英文状态。自己亲手输入一个完整的HTML，才会体会到HTML的编写规则和容易忽略的细节，比如是否成对输入了标签。

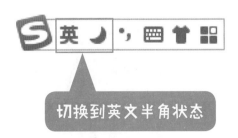
切换到英文半角状态

大家不要担心看不懂这些内容，请先尝试输入这些 HTML，稍后会对这些内容和输入的注意事项进行说明。快来体验一下吧！

这是一个标准缩进格式的HTML，请在记事本中输入下图中的HTML。注意，右图左侧的数字编号是软件自动生成的行号，不需要输入到记事本中。刚开始先在记事本中输入HTML，之后会介绍如何使用软件编写HTML。

将记事本中的HTML保存，并以".html"为后缀，命名为test.html。通过浏览器打开这个文件后，可以看到网页的实时效果。保存和打开文件的方法在后面会进行介绍。

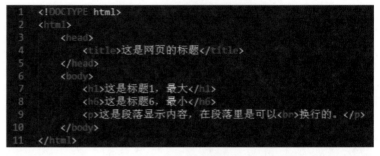

```
1   <!DOCTYPE html>
2   <html>
3       <head>
4           <title>这是网页的标题</title>
5       </head>
6       <body>
7           <h1>这是标题1，最大</h1>
8           <h6>这是标题6，最小</h6>
9           <p>这是段落显示内容，在段落里是可以<br>换行的。</p>
10      </body>
11  </html>
```

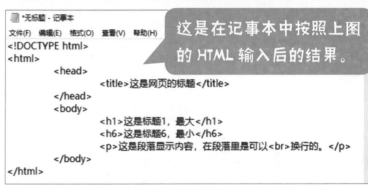

这是在记事本中按照上图的 HTML 输入后的结果。

这是在浏览器中显示的网页效果

不知道该怎么输入的时候，可以先看看后面的介绍。后面详细介绍了如何保存和查看运行效果的方法。

HTML 的输入规则

　　首先要说明的是HTML中的缩进。在记事本中输入HTML内容时，需要用到Tab键进行缩进。比如<head>前面的空白就是通过Tab键实现的，而不是按空格键。

　　让HTML标签按照不同的缩进程度进行缩进，主要是为了提高可读性，使我们更加容易理解HTML的结构，对网页呈现的效果并没有影响。在HTML中输入的符号需要转换成英文半角状态。下面表格中汇总了一些符号的输入方法。

符　号	按　键
<	Shift + < ,
!	Shift + ! 1
>	Shift + > .
/	? /
缩进	Tab
大写英文字母	Caps

请一定要记住，在输入 HTML 标签和符号时需要切换到英文半角状态。为了更加方便地输入空格，一般我们使用 Tab 键进行缩进。

 指定存储位置

　　我们在编程过程中需要养成一个好习惯，就是单独建立一个文件夹用于存放制作的网页文件。文件夹可放在D盘、E盘等合适的位置。另外，文件夹尽量使用英文字母来命名。因为如果输入中文，网页在显示时有可能会出现问题。下面在Windows系统的D盘创建一个文件夹用于存放网页。

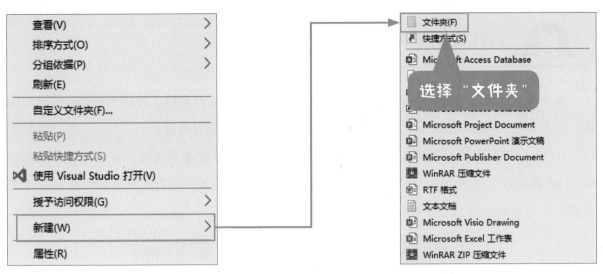

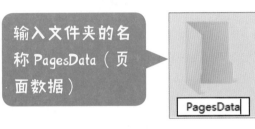

选择"文件夹"

在D盘鼠标右击选择"新建"命令，在弹出的列表中单击"文件夹"选项，新建一个文件夹。默认新建的文件夹名字是"新建文件夹"，我们需要重新为它起一个名字，这里就命名为PagesData（页面数据）。在为文件或文件夹命名时，它们的名字应该是有意义的，而不是随意取的名字。

输入文件夹的名称 PagesData（页面数据）

保存 HTML 文件

这里教你如何将记事本默认的文本文件保存为网页文件。

单击"文件"选项卡，选择"另存为"选项❶。"另存为"可

选择"另存为"

以指定文件的存储位置和名称。我们把这个记事本文件保存在新建的PagesData文件夹中。

在"另存为"对话框中，单击左侧的"本地磁盘(D:)"❷选项，右侧面板中会出现我们之前新建的文件夹PagesData❸，这就是文件要保存的地方。

找到PagesData文件夹后，双击此文件夹。我们这里编写的是一个用于测试的网页，网页文件的后缀为".html"或者".htm"，所以这里将文件命名为test.html。文件的默认编码是UTF-8，保持不变，然后单击"保存"按钮。

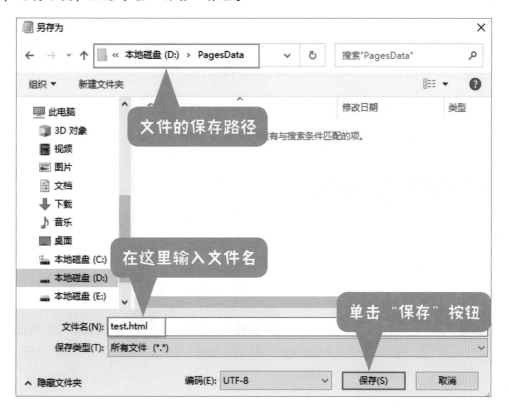

保存之后，你可以在当前路径（D:\PagesData）中看到test.html。这个网页文件的显示画面取决于电脑系统中的默认浏览器，这里使用的是Microsoft Edge浏览器。

如果你使用的是其他浏览器，那么网页文件会显示对应浏览器图标的样子。

浏览制作的网页

想要在浏览器中显示自己制作的网页，你可以双击test.html网页文件或者选中这个文件后鼠标右击选择"打开"命令来浏览，这时网页文件就会在浏览器中显示出来。注意，不同的浏览器显示的画面会稍有差别。

test.html

在 Microsoft Edge 浏览器中显示的网页内容

在 Firefox 浏览器中显示的网页内容

终于可以看到网页的效果啦！你的效果实现了吗？

认识 HTML 的标签

你之前一定对编写HTML有很多疑问吧！接下来将介绍HTML中的标签含义，解答你的疑惑。现在一边检查你编写的HTML，一边阅读HTML说明吧！

扫码看视频

HTML 的基本构成

```
<!DOCTYPE html>
<html>
    <head>
        <title></title>
    </head>
    <body>

    </body>
</html>
```

在编写HTML的过程中，你注意观察过<html></html>标签中的内容了吗？这是HTML的基本结构，我们来逐一进行分析。

首先我们看到的是<!DOCTYPE html>这一行，这是一个声明，并不是HTML标签。它是用来指示浏览器使用哪一个版本的HTML进行编写的指令。<!DOCTYPE>声明没有结束标签，它必须在HTML文档的第一行。<!DOCTYPE html>是HTML5标准网页的声明，它告诉浏览器这个网页是用HTML编写的。

接下来说明<html></html>标签。它用来限定HTML文档的开始位置和结束位置，告诉浏览器这是一个HTML文档。网页的具体内容定义在<html></html>标签中。在<html></html>标签中大致分为两个部分：第一个部分是<head></head>标签包围的内容，第二个部分是<body></body>标签包围的内容。

接着是<head></head>标签和<body></body>标签。<head></head>标签用来定义HTML文档的头部，它里面包含了文档的各种属性和信息，包括文档的标题<title></title>。细心一点你就会发现，<head></head>标签紧跟在<html>标签的后面，处于<body>标签之前。

<body></body>标签用来定义HTML文档的主体部分，它包含了文档的所有内容，包括文本、超链接、图

> 使用 <!DOCTYPE> 声明，浏览器才可以正确呈现网页内容。注意，<!DOCTYPE> 声明不包含在 <html></html> 中哦！

像、表格等。

在了解了HTML的基本结构之后，我们再来看一下这张图片。现在你明白每一行代表的含义了吧！

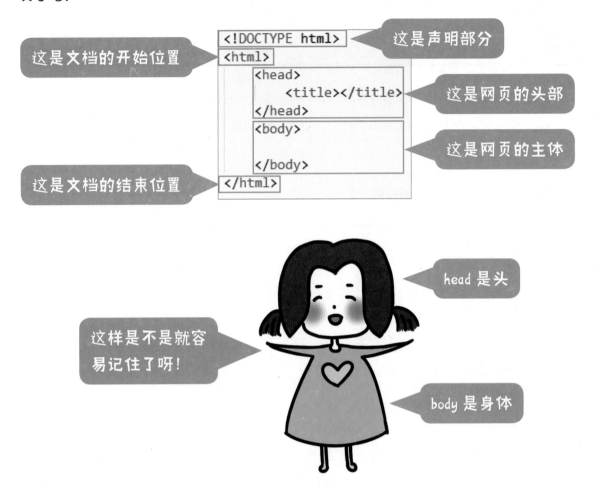

这是文档的开始位置

这是声明部分

这是网页的头部

这是网页的主体

这是文档的结束位置

head 是头

这样是不是就容易记住了呀！

body 是身体

 <head></head> 标签中的内容

可能你在网页的呈现效果中并没有发现<head></head>标签定义的信息，下面就为你解释<head></head>标签中的内容的具体含义。

一般情况下，<head></head>标签中有两行内容：第一行是<meta>标签标记的内容，第二行是<title></title>标签定义的内容。之前在输入HTML时，并没有<meta>标签，在这里将对此进行说明。

<meta>标签一定要放在<head></head>标签中，且不包含任何内容。<meta>标签的属性定义了与HTML文档的相关信息，比如charset="utf-8"指定了文档的字符编码方式。charset是<meta>标签的一个属性，utf-8是一种字符编码方式，它们代表了世界通用的一种字符编码。

<meta charset="utf-8">用来告诉浏览器网页使用的字符编码方式，方便浏览器做好"翻译"工作，呈现给我们可阅读的内容，防止出现乱码的现象。

<title></title>标签用来定义HTML文档的标题，它必须定义在<head></head>标签中。浏览器会以特殊的方式使用标题标签，通常会把它放在浏览器窗口的标题栏或者状态栏上。

你发现编写的标题显示在网页的哪一个部分了吧？

你找到网页中标题的位置了吗？

指定字符的编码方式

```
<head>
    <meta charset="utf-8">
    <title>这是网页的标题</title>
</head>
```

网页标题显示的位置

这是网页的标题

← → C ① 文件 | D:/PagesData/test.html

这是标题1，最大

这是标题6，最小

这是段落显示内容，在段落里是可以
换行的。

<body></body> 标签中的内容

对HTML的其他部分有所了解之后，接下来我们看看<body></body>标签中的内容。<h1></h1>是定义HTML标题的标签，HTML中有六个不同的标题标签，<h1></h1>可以定义最大的标题，<h6></h6>用来定义最小的标题。

<p></p>是段落标签，在这个标签体中的内容是以段落形式存在的。标签中可以嵌套标签，这里在<p></p>标签中嵌套的是
标签，它是一个换行标签，可以在一个段落中换行。

如果我们需要显示多个段落的内容，分别使用<p></p>标签将对应的段落内容括起来就可以了。

细心的你可能已经注意到了，有的是HTML标签成对出现的，有的是单独出现的。比如HTML标签中的<h1></h1>、<p></p>。HTML标签是HTML中最基本的单位，也是最重要的组成部分。标签不区分大小写，但是更推荐使用小写的方式。标签通常情况下是成对出现的，分别叫作开始标签和结束标签，比如开头有一个<h1>，那么在结束时就会有一个</h1>。你可能也注意到了，结束标签比开始标签多了一个"/"，这也是成对标签的一个特点。

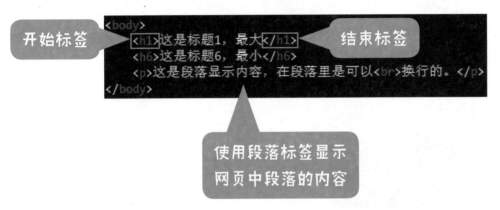

开始标签和结束标签之间的部分叫作标签体，你可以在里面输入文本内容或其他标签。当然，由于标签不同，也存在没有结束标签的情况，比如<meta>标签和
标签。

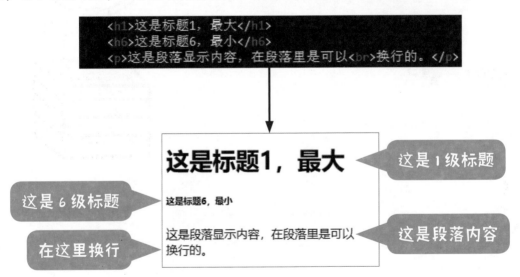

HTML标签有很多，我们不需要全部记住，只需要了解常用标签的含义和用法就可以了，必要的时候可以查阅相关的文档资料。如果你还想要了解更多关于HTML标签的知识，可以上网浏览相关的编程网站。

制作网站

在自己动手制作了一个测试网页之后，对制作自己的网站有没有信心呢？下面将围绕之前章节中的3个游戏制作不同的游戏简介网页。当然，如果你想做其他内容，想要自由发挥也是可以的。在正式开始之前别忘了先简单整理一下制作思路，列出需要策划的网页内容，这样可以更好地制作出想要的网页效果。

扫码看视频

网站首页在前面已经介绍过了，这里主要针对两个游戏简介页面进行说明。这两个页面的整体框架是相同的，不同的是里面显示的具体内容，比如游戏介绍、图片等。

我们可以在网页中向大家介绍游戏的规则、功能、玩家特点等。

这个思路不错，可以尝试按照这种想法设计网页。这次我们会使用一款新的编写 HTML 的软件，快来体验一下吧。

 启动 Sublime Text3

虽然HTML可以在记事本中编写，但是在正式制作网页的时候，还是使用专业的制作软件比较好。这次编写网页使用的软件是Sublime Text3。这款软件需要从网络上下载并安装到自己的电脑中。

你可以在浏览器中输入关键字Sublime Text3或者输入网址https://sublimetextcn.com/下载安装包。下载完成后，双击启动安装程序，根据提示步骤完成安装就可以了。安装步骤非常简单，相信你可以成功。

安装完成后，启动Sublime Text3。如果桌面有Sublime Text3的快捷启动图标，那么直接双击即可启动。如果没有图标，那么就单击Windows系统的"开始"按钮①，在Windows应用软件列表中找到Sublime Text3②即可启动。

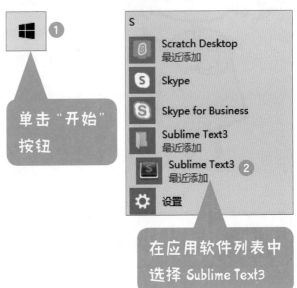

单击"开始"按钮

在应用软件列表中选择 Sublime Text3

启动Sublime Text3软件之后，使用这个软件打开我们之前新建的文件夹PagesData，在"文件"选项卡中选择"打开文件夹"选项③。

还记得你这个文件夹保存在哪里了吗？找到文件夹所在的位置④，单击"选择文件夹"按钮，就可以在Sublime Text3软件中打开这个文件夹中的所有文件。

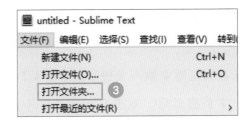

在Sublime Text3左侧的文件列表中会列出PagesData文件夹中所有的文件。

选择index.html文件⑤，文件中的内容将会在右侧显示出来。

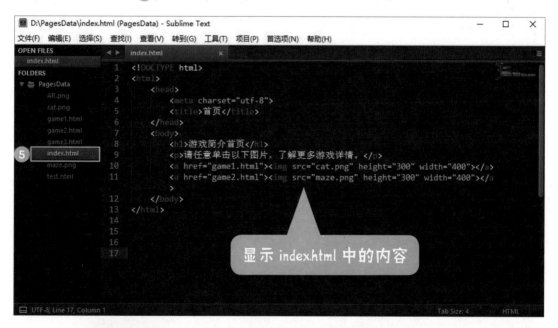

显示 index.html 中的内容

我们现在使用的是一个新的软件。这就是 Sublime Text3 软件的默认主题界面。你可以在"首选项"中设置其他的主题风格，软件界面的颜色也会随之改变哦。

新建网页文件

我们这次需要3个网页文件，除了index.html首页文件外，还需要有两个游戏页面game1.html和game2.html。下面演示如何在Sublime Text3中新建一个网页文件。

单击"文件"选项卡，选择"新建文件"选项①，新建的文件默认名为untitled。我们需要将这个文件重命名，然后保存在PagesData文件夹中。

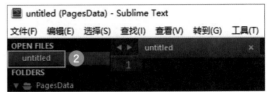

选择untitled文件②，单击"文件"选项卡，选择"保存"选项③。找到PagesData文件夹的路径并选择该文件夹，在文件名中输入新建网页文件的名字④，比如game1.html。

在输入网页文件名时，一定要加上".html"这个文件名后缀。这是网页文件的后缀名。

取好名字后，单击"保存"按钮就完成一个网页的新建流程了。按照以上步骤，你可以尝试新建game2.html网页文件。

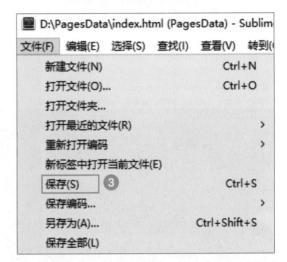

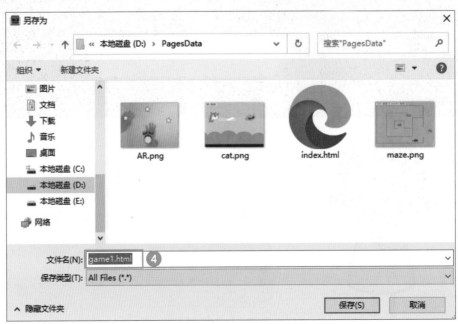

这时你会在Sublime Text3软件界面的左侧看到PagesData文件夹下已经存在我们新建的网页文件啦！如果你想切换到index.html文件中，直接单击这个网页文件就可以了。

PagesData 文件夹列表中的网页文件和图片

编写首页的 HTML

现在你已经完成了新建网页的步骤，接下来开始编写3个网页文件中的HTML。我们先来编写index.html网页文件。在输入HTML标签时一定要仔细耐心，相信你肯定可以正确地完成这次网页编写。

在输入的时候，如果遇到了不认识的HTML标签，可以先输入再查看后面的介绍，然后对比网页的效果，看看这些标签在浏览器中呈现的实际效果是什么样的。

在<head></head>标签中的<title></title>中定义网页的标题，这里输入的是"首页"。<body></body>标签中的就是首页的主要内容了。

首先在<h1></h1>标签中定义一级标题，然后使用<p></p>标签定义一段话。接着定义两个超链接标签<a></a>，并在其中嵌入图片标签<img>，这就是首页的整体结构。

```html
1  <!DOCTYPE html>
2  <html>
3      <head>
4          <meta charset="utf-8">
5          <title>首页</title>
6      </head>
7      <body>
8          <h1>游戏简介首页</h1>
9          <p>请任意单击以下图片，了解更多游戏详情。</p>
10         <a href="game1.html"><img src="cat.png" height="300" width="400"></a>
11         <a href="game2.html"><img src="maze.png" height="300" width="400"></a>
12     </body>
13 </html>
```

超链接标签<a>中的href属性定义了需要链接到的网页路径。由于index.html和game1.html、game2.html在同一文件路径下，所以这里直接指定网页文件名就可以了。如果网页文件不在同一路径下，则需要输入完整的网页存储路径，也就是文件的绝对路径。

<img>是用于显示图片的标签，src属性用于指定图片的路径。这里图片和index.html网页文件存储在同一路径中，所以可以直接指定图片名称。当需要调整图片大小时，可以使用height和width属性指定图片的长和宽。

把图片标签嵌入超链接标签后，这个图片就具有了超链接功能，它可以链接到指定的网页文件中。在没有实际运行文件的情况下，你可以想象一下网页文件在浏览器中呈现的效果。

如果有兴趣，你还可以在首页中加入其他标签，并查看呈现出的网页效果。

> HTML 有各种各样的标签，这些标签可以组成许多新奇又有趣的网页。你可以自己尝试输入这些标签，看看最终呈现在网页上是什么效果。

编写游戏简介页面

在完成首页内容之后，下面开始编写两个游戏简介页面，先从game1.html页面开始，然后是game2.html。

在<title></title>标签中定义了game1.html的网页标题为"小猫捉蝴蝶"。<body></body>标签中的内容是该网页的主要部分。首先使用<h3></h3>标签设置一个三级标题，然后使用<img>图片标签为网页添加游戏图片，设置图片大小为height="200"，width="300"（图片大小可以自定义）。

接着通过<h5></h5>和<p></p>标签为网页设置提问和回答，这里设置了3个问题和对应的回答段落。大家可以自由增添游戏简介页面的内容，比如多添加几个按钮和链接，或者给出不同的问题和回答。最后在<a></a>标签中指定需要链接的网页index.html，并嵌套按钮标签<button></button>，设置返回到首页的链接功能。

```
                            game1.html                    ×
1   <!DOCTYPE html>
2   <html>
3       <head>
4           <meta charset="utf-8">
5           <title>小猫捉蝴蝶</title>
6       </head>
7       <body>
8           <h3>小猫捉蝴蝶游戏简介页面</h3>
9           <img src="cat.png" height="200" width="300">
10          <h5>1.这是一款什么样的游戏？</h5>
11          <p>"小猫捉蝴蝶"是一款捕捉类的游戏，通过小飞猫捕捉蝴蝶累计得分。
            </p>
12          <h5>2.这款游戏有什么样的规则？</h5>
13          <p>通过鼠标指针控制小飞猫的移动位置，避开飘浮的云朵成功捉住一次
            蝴蝶后，得分会加1。蝴蝶会随机出现在游戏界面的任意位置。</p>
14          <h5>3.角色功能介绍</h5>
15          <p>游戏玩家：小飞猫。<br>障碍物：飘浮的云朵。<br>
            奖励：成功捕捉蝴蝶得分。</p>
16          <a href="index.html"><button>回到首页</button></a>
17      </body>
18  </html>
```

> game1.html 网页内容

从game1.html的HTML中可以看出游戏简介网页的主要结构如右图所示。

下面根据game1.html网页的结构，编写game2.html网页。根据迷宫游戏的设定，设置了3个问题和对应的回答。在最后一个\<p\>\</p\>标签中又嵌入了换行标签\<br\>。

```
<body>
    <h3></h3>
    <img src="">
    <h5></h5>
    <p></p>
    <h5></h5>
    <p></p>
    <h5></h5>
    <p></p>
    <a href="index.html"><button>回到首页</button></a>
</body>
```

game1.html 网页结构

```
game2.html

1   <!DOCTYPE html>
2   <html>
3       <head>
4           <meta charset="utf-8">
5           <title>走出迷宫</title>
6       </head>
7       <body>
8           <h3>走出迷宫游戏简介页面</h3>
9           <img src="maze.png" height="200" width="300">
10          <h5>1.这是一款什么样的游戏？</h5>
11          <p>"走出迷宫"游戏中涉及了多个角色。小猫顺利走出迷宫，则玩家赢得
            游戏，碰到蝙蝠，则游戏失败。</p>
12          <h5>2.这款游戏有什么样的规则？</h5>
13          <p>通过上下左右键控制小猫在迷宫中的移动方向。在移动的过程中成功
            吃到小鱼干，小猫的能量值会增加。如果小猫碰到随时会出现的蝙蝠，
            则游戏失败。如果小猫成功到达迷宫出口的绿旗处，则游戏成功。</p>
14          <h5>3.角色功能介绍</h5>
15          <p>游戏玩家：小猫<br>敌人：蝙蝠<br>奖励：小鱼干</p>
16          <a href="index.html"><button>回到首页</button></a>
17      </body>
18  </html>
```

game2.html 网页内容

编写完这3个网页之后，大家可以回顾一下它们之间的链接关系。

 网站效果

我们已经完成了3个网页的制作，现在使用浏览器打开网页查看实际效果。由于可以从首页链接到另外2个网页，所以这里只需要通过浏览器打开首页index.html即可。

使用Microsoft Edge浏览器打开index.html网页，可以看到如下页图片的内容，其中首页的2张图片具有超链接功能。

单击首页中的第一张图片，可以成功链接到game1.html页面。在这个页面中可以看到不同级别的标题所呈现出的差别。网页最后有一个"回到首页"按钮，单击这个按钮就可以回到首页。

在首页中单击第二张图片，可以成功链接到game2.html页面。同样单击底部的按钮可以重新回到首页。

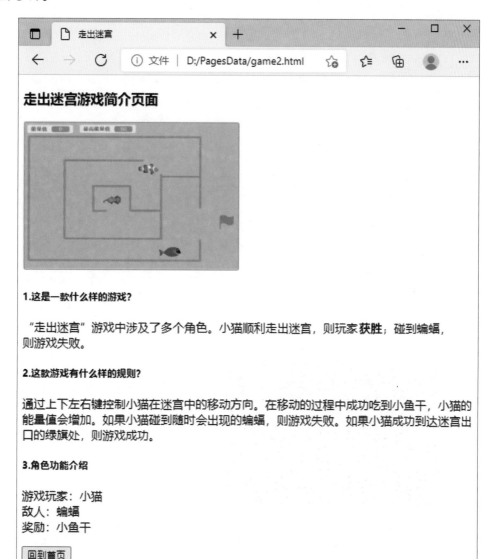

高效率地输入 HTML 标签

在熟悉了HTML的基本结构后，你会发现每一次编写新的网页时，都会有<!DOCTYPE html>、<html></html>、<head></head>等这些基本的HTML标签。其实Sublime Text3软件有更便捷的方式来输入这些基本的HTML标签。当你完成新建网页后，在第一行输入"!"（惊叹号），然后按Tab键，HTML的基本结构就会自动显示出来。

当你在输入一个HTML标签时，先输入一个"<"符号，然后输

输入 "！"，然后按 Tab 键，会自动追加 HTML 标签的基本结构。

```
1  <!DOCTYPE html>
2  <html lang="en">
3  <head>
4      <meta charset="UTF-8">
5      <title>Document</title>
6  </head>
7  <body>
8
9  </body>
10 </html>
```

入标签的第一个首字母，之后会显示以这个字母为开头的所有HTML标签，在列表中通过↑或↓键选择你需要的标签，然后按Enter键就可以了。Sublime Text3软件会自动追加补充完整这个标签的开始标签和结束标签，这样可以更有效率地完成网页制作。

```
1  <!DOCTYPE html>
2  <html lang="en">
3  <head>
4      <meta charset="UTF-8">
5      <title>Document</title>
6  </head>
7  <body>
8      <h
9          html          html
10         head          Tag
11         header        Tag
12 </bo    h1            Tag
13 </ht    h2            Tag
14         h3            Tag
15         h4            Tag
           h5            Tag
```

例如在输入<h3></h3>标签时，先输入"<h"，然后在自动弹出的下拉列表中选择h3，软件会自动追加完整的<h3></h3>标签。

在列表中选择 h3

缩进功能

在前面我们已经对缩进功能进行了简单的介绍，接下来将会详细介绍缩进功能在HTML中的具体体现。在实际的代码中，使用缩进和没有使用缩进是两种完全不同的效果。在Python编程语言中，缩进就是一种语法规则。缩进关系出现错误，就会导致程序运行出现错误。

```
1  <!DOCTYPE html>
2  <html lang="en">
3      <head>
4          <meta charset="UTF-8">
5          <title>Document</title>
6      </head>
7      <body>
8          <h3>缩进的作用</h3>
9          <p>缩进功能在HTML中的体现。</p>
10     </body>
11 </html>
```

这是使用缩进功能的 HTML 效果

使用缩进和不使用缩进的效果是不是很明显？在输入HTML标签时加上缩进，会让HTML结构整体显得更加清晰，更加容易理解。

当我们使用Tab键自己添加缩进的时候，你会发现一个Tab键的空间相当于四个半角空格。例如<head>标签前面有一个Tab键的缩进，<meta>标签前面有两个Tab键的缩进。

```
1  <!DOCTYPE html>
2  <html lang="en">
3  <head>
4  <meta charset="UTF-8">
5  <title>Document</title>
6  </head>
7  <body>
8  <h3>缩进的作用</h3>
9  <p>缩进功能在HTML中的体现。</p>
```

这是没有使用缩进的 HTML 效果

当在适当的缩进位置换行时，光标会自动添加缩进空间。例如在<body></body>标签中再添加一个段落，将光标定位在第一个<p></p>标签之后，然后按Enter键换行，你会发现光标定位在了两个Tab键缩进的位置。这时在光标所在的位置开始输入新的HTML标签，可以在正确的缩进状态下添加标签。

不同程度的缩进空间

```
1  <!DOCTYPE html>
2  <html lang="en">
3  ├──┤<head>
4  ├──┤├──┤<meta charset="UTF-8">
5  <title>Document</title>
6  </head>
7  <body>
8  <h3>缩进的作用</h3>
9  <p>缩进功能在HTML中的体现。</p>
10 </body>
11 </html>
```

```
1  <!DOCTYPE html>
2  <html lang="en">
3  <head>
4  <meta charset="UTF-8">
5  <title>Document</title>
6  </head>
7  <body>
8  <h3>缩进的作用</h3>
9  <p>缩进功能在HTML中的体现。</p>
10 <p
11 </bo            p              Tag
12 </html>         p
13                 p
14                 progress         Tag
```

变成自动缩进的状态

了解更多

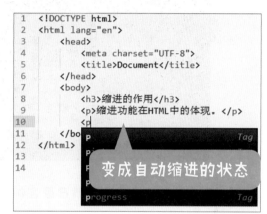

教你保存文件

　　一般情况下，我们在编写比较长的HTML网页时，可以中途保存文件。保存网页文件的快捷方式是按Ctrl+S组合键。网页文件在没有保存时，文件名窗口会有一个小圆点。在编写网页文件的过程中，我们要养成边写边保存的好习惯。

　　除了可以使用快捷键的方式保存文件之外，还可以在"文件"选项卡中选择"保存"选项来保存文件。文件保存后，文件名窗口的未保存状态标记就会消失。

未保存状态

```
   index.html
1  <!DOCTYPE html>
2  <html>
3  <head>
4  <meta charset="utf-8">
5  <title>我的网站首页</title>
6  </head>
7  <body>
8  <h1>我的第一个Web网页</h1>
9  <p>这是我的网页内容</p>
10 <p>我在学习编写HTML。</p>
11 </body>
12 </html>
```

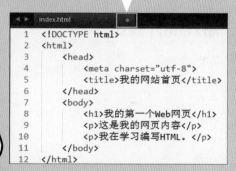

要养成随时保存文件的好习惯哦！

在实际编写网页的过程中,一般不能一次性完成所有网页的编写。我们可以在编写网页文件的过程中一边修改一边保存文件,并通过浏览器实时查看编写效果。一般在制作网页文件时,都会进行修改或者追加新的网页内容。那么在编写网页的中途,想要浏览网页的效果,应该如何快速、便捷地查看呢?

下面在index.html网页中新增一个<p></p>标签,然后保存文件。

```
index.html

1  <!DOCTYPE html>
2  <html>
3      <head>
4          <meta charset="utf-8">
5          <title>首页</title>
6      </head>
7      <body>
8          <h1>游戏简介首页</h1>
9          <p>这是网站的首页</p>            这是新添加的内容
10         <p>请任意单击以下图片,了解更多游戏详情。</p>
11         <a href="game1.html"><img src="cat.png" height="300" width="400"></a>
12         <a href="game2.html"><img src="maze.png" height="300" width="400"></a>
13     </body>
14 </html>
```

如果在修改网页内容之前已经在浏览器中打开了该网页,那么追加新内容并保存后,只需要在浏览器中刷新一下网页文件就可以了,并不需要重新使用浏览器打开网页文件。刷新网页之后,新追加的内容就会被显示出来。

标签的易错处

在编写HTML的时候，难免会有出错的地方。这里简单整理了一些新手容易出错的地方，大家在编写的过程中可以注意一下，以免出现同样的错误。

第一种常见的错误是结束标签输入错误或者忘记输入结束标签。

第二种常见的错误是半角输入错误。输入HTML标签时必须要在半角状态下输入。全角状态输入的话，HTML标签会直接显示在网页中。

我们已经完成了从页面构思到实现的全过程。使用 HTML 制作网页感觉怎么样？其实 HTML 还有很多有意思的标签，有兴趣的话可以上网查找一下哦！

看着手机里各种各样的应用软件，

你想不想试着自己制作一个呢？

在第五章中，我们已经了解了网站的基本制作过程。

现在，在第五章的基础上，

我们来制作一个在智能手机中操作的应用程序（App）吧！

第六章

制作应用程序

智能手机里的应用程序是如何制作的？

现在我们已经可以在Scratch上制作各种小游戏，也可以编写HTML制作网页，但是这些小游戏和网页并不能应用到我们的智能手机上。如果可以将自己制作的页面安装到手机上，就可以分享给更多的小伙伴。

每个人的手机上都会安装各种各样的App（应用程序），它们各自有着不同的功能。那么这些功能多样的App到底是怎么制作出来的呢？下面我们一起来了解一下这些应用程序的制作流程。

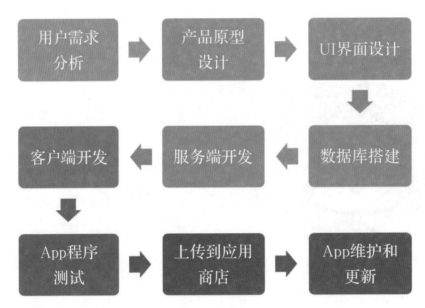

从制作流程可以看出，想要开发一款满足用户需求的应用程序是非常复杂的，期间需要很多人的共同参与。在开发客户端时，会针对iOS和Android两种手机客户端分别进行开发。根据智能手机的操作系统（Operating System，简称OS）不同，需要使用的开发语言也会不同。

我们并不需要通过这种复杂的流程制作一款 App，大家不用担心哦！

鉴于大家现在的知识储备，推荐使用HTML5 App框架开发模式。这种制作方式主要通过HTML、CSS、JavaScript构建页面制作应用程序，它不需要我们掌握多种开发语言，可以兼容多个平台，维护也会更容易。

　　想必大家对HTML已经有所了解，CSS（Cascading Style Sheets，层叠样式表）和JavaScript则相对陌生。CSS用于定义如何显示HTML元素。JavaScript是一种脚本语言，它可以控制页面的行为动作。这三者关系紧密，HTML就像一个人的骨骼，CSS就是人的皮肤，再加上JavaScript，这个人就可以对外界的刺激做出反应。对于一个网页，HTML定义了网页的结构，CSS描述了网页的样子，JavaScript设置了页面的行为。

　　在第六章中将会使用HTML和JavaScript制作简单的应用程序，至于如何美化应用程序，可以在熟悉操作之后再进行。

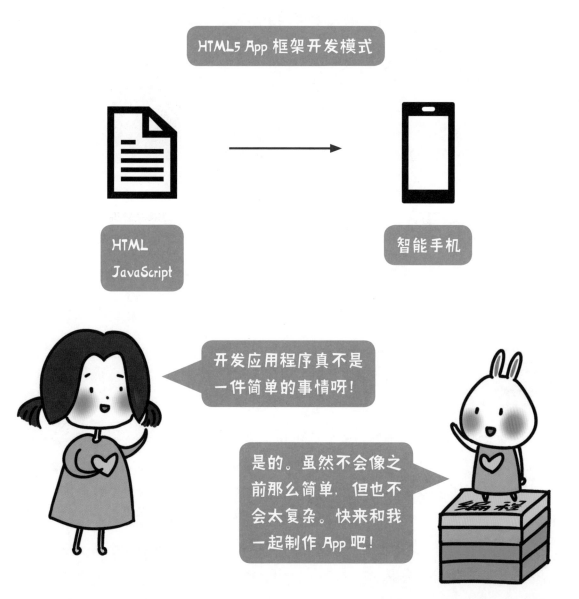

认识开发工具

虽然开发应用程序的工具有很多，不过在这里向大家推荐的是Monaca这款应用程序开发工具。它可以在浏览器中直接开发应用程序，操作简单，方便使用。Monaca的官方网址是https://monaca.io，在访问Monaca时，如果无法正常使用其中的开发工具，可以尝试使用Chrome浏览器再次访问。

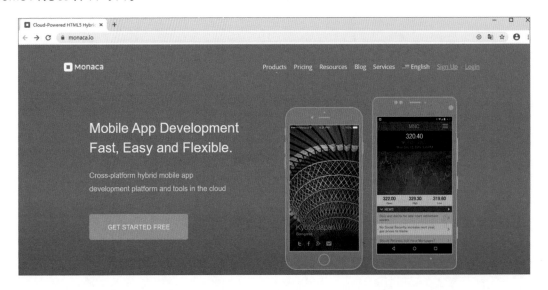

Monaca是一款快速、便捷、灵活的智能手机应用程序开发工具。在第六章中，我们将使用这款开发工具制作一个适用于智能手机的应用程序。

 注册 Monaca 账号

使用Monaca开发应用程序时，必须在Monaca官方网站上注册账号。单击网站首页右上角的Sign UP超链接进入用户注册界面。

注册Monaca账号时需要一个邮箱地址，输入邮箱地址和密码后，Monaca会发送一封验证邮件到你的邮箱地址中，根据验证提示完成Monaca账号的注册就可以了。

使用邮箱注册账号，我们在第一章中访问Scratch网站时就已经有所了解了吧！在这里注册Monaca账号的方法与注册Scratch账号的方法是相似的。

在Sign Up（注册）界面输入邮箱地址作为登录的账号，输入不少于7个字符的登录密码，然后单击Create Free Account（创建免费账号）按钮创建一个免费的Monaca账号。

登录 Monaca

登录Monaca网站时，单击右上角的Login（登陆）超链接进入用户登录界面。输入邮箱地址和密码，单击Login按钮就可以成功登录了。

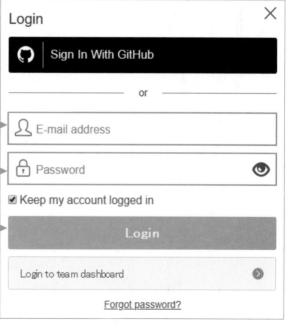

成功登录后，网站右上角会显示用户图标和Dashboard（仪表盘）。接下来我们单击Dashboard超链接，看看Dashboard里面包含的功能吧！

默认情况下，Monaca会自动创建一个初始的应用程序。之后如果我们新建了一个Monaca项目，就可以在这个应用程序列表中看到了。在创建项目的时候，如果选择的是Monaca的免费计划，那么每天只能免费创建3个应用程序的项目文件。

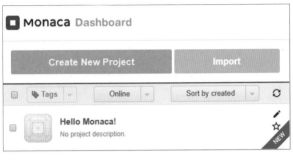

单击Hello Monaca项目可以在项目右侧看到这个项目的信息，单击Open in Cloud IDE（打开云IDE）按钮可以打开Monaca的云开发工具Cloud IDE。Cloud IDE是一个功能全面的在线集成开发环境，它具有编码、调试和创建项目的功能。

你成功打开Cloud IDE了吗？接下来我们将使用Cloud IDE来制作应用程序，你准备好了吗？

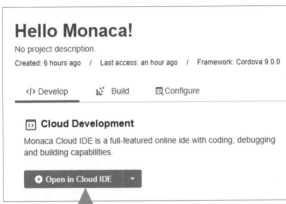

打开 Cloud IDE（云 IDE）

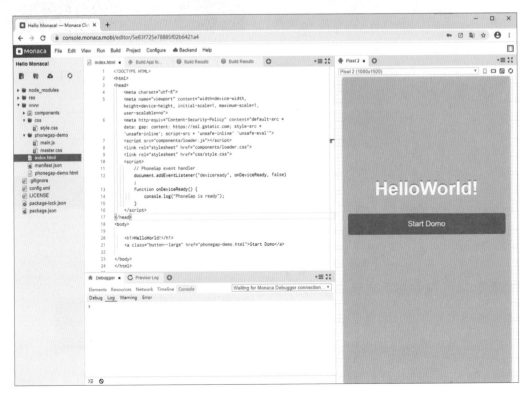

IDE（Integrated Development Environment，集成开发环境）具有多种功能，它不仅可以编写程序，还可以发现bug（程序漏洞），帮助我们调试程序以及将制作的应用程序转发到智能手机上。

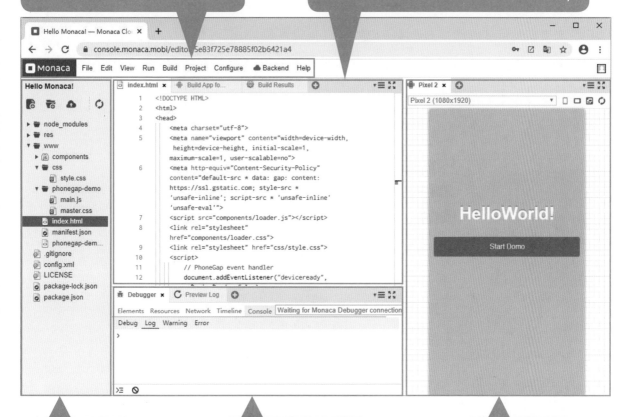

菜单栏：进行各种选项操作

代码编辑区：编辑 HTML 和 JavaScript

工程面板：显示工程文件

代码调试区：显示代码调试信息

预览区：显示制作的画面

Cloud IDE界面中间是代码编辑区域，我们可以在这里输入制作应用程序的HTML和JavaScript。代码编辑区的下方就是代码调试区，如果程序出现错误，可以在这里进行调试。

界面左侧显示的是应用程序使用的各种项目文件，在项目文件列表中双击HTML和JavaScript文件可以打开代码文件进行编辑。界面的右侧显示的是应用程序的预览画面，这样我们在编写代码后可以很方便地看到预览效果。

制作应用程序的各种项目文件都在这里

单击界面右上方的用户图标，可以选择Return to Dashboard（返回到仪表盘）选项返回到仪表盘界面，或者选择Logout（退出登入账号）选项退出登入账号。

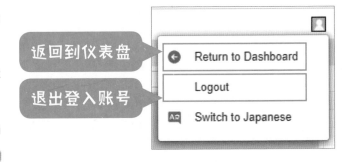

返回到仪表盘

退出登入账号

我们也可以通过浏览器安装Monaca IDE，单击Chrome浏览器右上角的 ⊕ 按钮会弹出"安装应用"对话框。如果你想把Monaca IDE安装到你的电脑中，直接单击"安装"按钮就可以了。安装完成后，你的电脑桌面会显示Monaca IDE的图标。

Monaca ID 图标

安装 Monaca IDE

现在你已经对 Monaca IDE 有一些了解了吧！接下来开始一起制作应用程序吧！

尝试制作简单的应用程序

下面通过一个简单的问候程序，一面学习Monaca的使用方法，一面完成应用程序的制作。准备好迎接你的第一个挑战了吗？

扫码看视频

 新建项目文件

与新建Scratch项目一样，在Monaca中，开始制作一个新的应用程序之前，需要新建项目文件。

在Monaca IDE中，单击Monaca回到Dashboard。在Dashboard面板中，单击Create New Project创建一个新的项目文件。

新建项目文件时有3个可供选择的项目类型。在Create New Project面板中选择Blank（空白）选项创建一个没有任何框架的完全空白的应用程序。

选择创建一个空白应用程序之后，需要输入项目文件的信息。在Project Name（项目名称）下面输入新建的项目文件的

单击 Monaca

创建新的项目文件

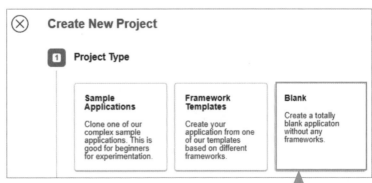

选择新建一个空白项目文件

名字，这里输入HelloPro作为项目文件名称。关于项目描述，你可以选择输入一些有关这个项目的信息，也可以不输入任何内容。完成输入后，单击Create Project（新建项目）按钮就可以成功创建一个项目文件了。

你已经成功新建了一个项目文件啦！这是一个不错的开始哦！

Create New Project

Project Type
Blank Application

2 **Project information**

Project Name
HelloPro — 输入项目名称

Description
问候程序 — 输入项目描述

新建项目 → Create Project

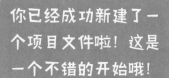

打开 Cloud IDE

新创建的项目可以在项目列表中看到。单击新创建的项目HelloPro，打开右侧的项目面板。在HelloPro项目面板中可以看到我们之前输入的项目名称和项目描述。

单击Open in Cloud IDE按钮打开云IDE，进入项目文件。

在预览区会显示默认的项目提示："This is a template for Monaca app."（这是Monaca应用程序的模板。）

Create New Project　　　**Import**

☐ 🏷 Tags ▾　　Online ▾　　Sort by created ▾　　🔄

☐ **HelloPro**
问候程序 — 这是新建的项目文件

☐ **Hello Monaca!**
No project description.

HelloPro

问候程序
Created: 2 minutes ago　/　Last access: a few seconds ago　/　Framework: Cordova 9.0.0

</> Develop　　🏗 Build　　🚚 Deploy　　🖳 Configure

⟨⟩ Cloud Development

Monaca Cloud IDE is a full-featured online ide with coding, debugging and building capabilities.

▶ Open in Cloud IDE ▾ — 打开云IDE（Cloud IDE）

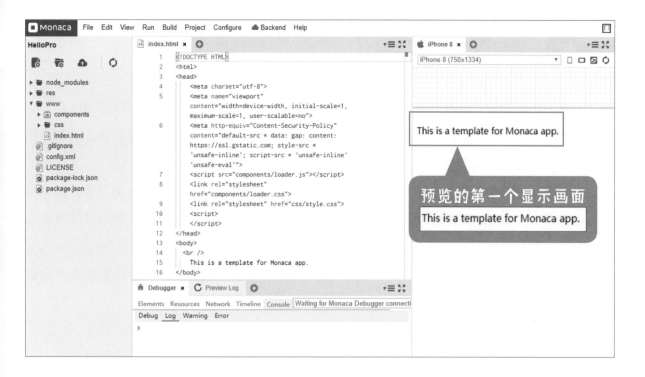

编辑项目文件

默认情况下，index.html文件会在代码编辑区中被打开。注意观察一下\<body>\</body>标签中的内容，查看标签的使用方式。

\
标签是一个简单的换行符，使用这个标签可以开始新的一行。注意\
\</br>这样的写法是错误的。试着将内容"This is a template for Monaca app."改成问候程序的标题吧！还记得最大标题的标签是什么吗？试着在代码编辑区写出来吧！

Monaca的代码编辑区也有标签的输入提示，这对于我们输入HTML标签很有帮助。当然你也可以自由发挥，在编写HTML时使用其他的标签。

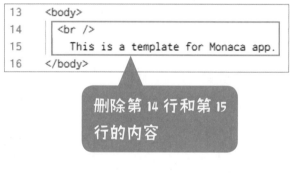

删除第 14 行和第 15 行的内容

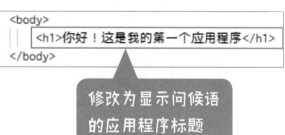

修改为显示问候语的应用程序标题

如果你已经完成了文件的修改，那么就需要保存修改的内容才可以看到预览效果。

你可以单击File（文件）选项卡选择Save（保存）选项，保存修改的文件内容。还有另外一种快捷的方式保存修改的文件，就是同时按Ctrl键和S键保存编辑的项目文件。

对于已经修改还没有保存的文件，在文件名的后面会有*的标记。当保存文件后，这个标记就会消失。有时候我们在编辑文件后会忘记保存，所以平时在编写项目文件时可以稍微注意文件的符号变化。

保存文件后，预览区会自动显示<h1></h1>标签中的内容。这是不是和第五章中编辑HTML标签很相似呢？

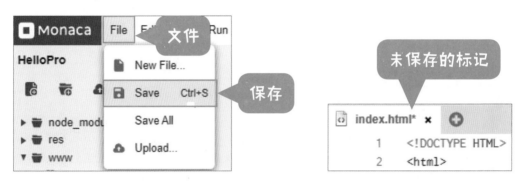

如果预览区没有自动显示我们编写的内容，可以单击更新按钮更新成最新编写内容。

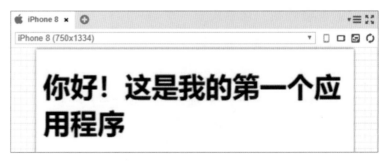

 编写 JavaScript

你已经完成HTML的编写了，现在试试编写JavaScript吧！

在 <script></script> 标签内编写 JavaScript 语言

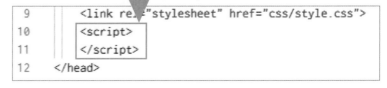

JavaScript是一门可以在Web浏览器上执行的编程语言。正因为使用JavaScript可以实现人机交互的效果，所以我们这次使用JavaScript编程语言不是创建网站，而是制作一款智能手机的应用程序。看到index.html文件中第10行和第11行的<script></script>标签了吗？我们将在这对标签里面编写JavaScript语言。

如果我们在<script></script>标签中输入JavaScript语言，保存文件后就会自动执行这个程序。想知道JavaScript语言的执行效果吗？快来和我一起试着编写JavaScript语言吧！

我们编写的这个应用程序是一个可以说"你好！"的程序。之前预览区的执行结果并没有和我们互动，下面我们就通过JavaScript语言编写一个可以和我们互动的程序。

第11行中的"alert()"可以弹出一个对话框，我们编写的问候语会在对话框中显示出来。第11行中除了"你好！"这3个字符之外其他都是半角英文输入。

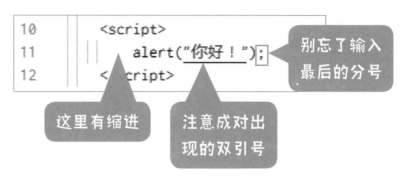

输入JavaScript语言后，别忘记保存哦！保存好文件后，会在当前的界面中弹出问候对话框，显示"你好！"，你可以单击"确定"按钮关闭这个对话框。如果没有弹出这个对话框，你需要检查自己编写的JavaScript语言是否正确。特别需要注意的就是半角输入问题，这是新手容易出错的地方。

安装 Monaca 调试器

在Monaca IDE中调试我们制作的应用程序后，还可以将这个应用程序导入到智能手机中。想象一下，你可以用手机操作自己制作的应用程序，是不是很酷？

为了把应用程序导入到我们的智能手机中，需要安装Monaca调试器。在Run（运行）选项卡中选择Setup Monaca Debugger（安装Monaca调试器）选项，进入安装Monaca调试器的步骤。

在Monaca调试器对话框中选择Android（安卓）图标，安装适合安卓版本的Monaca调试器。如果你的手机系统是iOS的话，那就选择iOS图标。

单击 Run（运行）选项卡

安装 Monaca 调试器

Monaca 调试器

选择 Android（安卓）图标

手机操作系统是 iOS 的小伙伴选择这个图标

选择Android图标后还需要选择获取Monaca调试器的方式。这里有两种获取方式：一种是Get it on Google Play（在谷歌商店上获取），另一种是Build and Install（生成并安装）。

这里我们选择第二种方式获取 Monaca调试器，也就是需要自己创建并安装调试器。

在Build for Debugging（创建并用于调试）中选择Custom Build Debugger（自定义创建调试器）选项，然后单击Start Build（开始安装）按钮创建 Monaca调试器。

选择 Build and Install（生成并安装）选项

自定义创建调试器

开始创建

成功创建调试器后有两种方式将Monaca调试器安装到自己的手机中。第一种方式是 Download to Local PC（下载到本地电脑中），就是先将Monaca调试器下载到自己的电脑中，然后通过手机数据线将Monaca调试器传输到手机中。第二种方式是Install via QR code（通过二维

选择"下载到本地电脑中"的方式

码安装），就是使用智能手机的"扫一扫"功能读取二维码信息进行安装。这里选择第一种方式安装调试器。

单击Chrome浏览器的 ⁝ 按钮❶，选择"下载内容"选项❷可以看到我们创建的Monaca调试器文件。单击"在文件夹中显示"按钮❸就可以打开调试器下载到本地电脑中的存储位置❹。

在电脑中找到调试器文件后，通过数据线或者其他方式将这个文件传输到智能手机中。

在手机中找到这个文件，然后单击这个文件，将其安装到手机中。成功安装后,手机桌面会显示这个调试器的图标，双击这

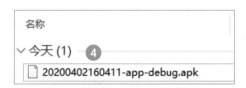

个图标就可以启动Monaca调试器了。登录Monaca调试器需要输入你的注册邮箱地址和密码。

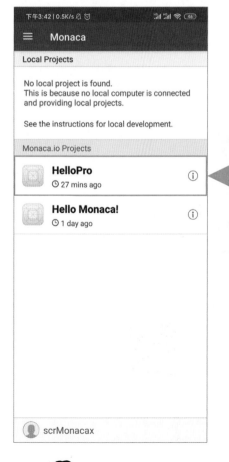

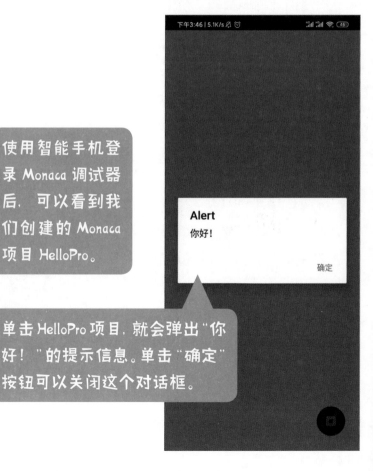

使用智能手机登录 Monaca 调试器后，可以看到我们创建的 Monaca 项目 HelloPro。

单击 HelloPro 项目,就会弹出"你好！"的提示信息。单击"确定"按钮可以关闭这个对话框。

你好！这是我的第一个
应用程序

应用程序的标题

截图功能

查看项目列表功能

刷新项目功能

查看应用程序的动作日志

画面的右下角显示的是调试按钮，单击这个调试按钮会弹出各种功能的按钮。

调试器在手机上的运行效果怎么样？是不是很有趣！接下来我们将在这个应用程序的基础上进行改造，快来一起行动！

完善应用程序

我们已经完成了一个简单应用程序，现在可以试着在之前的基础上完善这个程序。接下来我们通过单击按钮调用函数，修改HTML和JavaScript中的内容，为这个应用程序添加更多有趣的内容吧！下面就是一个整体的实现代码，具体细节将在后续步骤中逐一说明。

扫码看视频

```
1   <!DOCTYPE HTML>
2   <html>
3   <head>
4       <meta charset="utf-8">
5       <meta name="viewport" content="width=device-width, initial-scale=1,
        maximum-scale=1, user-scalable=no">
6       <meta http-equiv="Content-Security-Policy" content="default-src * data: gap:
        content: https://ssl.gstatic.com; style-src * 'unsafe-inline'; script-src *
        'unsafe-inline' 'unsafe-eval'">
7       <script src="components/loader.js"></script>
8       <link rel="stylesheet" href="components/loader.css">
9       <link rel="stylesheet" href="css/style.css">
10      <script>
11          function myPro(){
12              alert("你好！");
13          }
14      </script>
15  </head>
16  <body>
17      <h1>你好！这是我的第一个应用程序</h1>
18      <button onclick="myPro();">点击我会说你好</button>
19  </body>
20  </html>
```

通过创建函数
实现互动效果

添加按钮标签

调用函数

这些新添加的内容看不懂没关系，后面会为你详细介绍哦！

添加按钮功能

现在，我们要为这个应用程序添加按钮功能。当单击这个按钮时，会显示"你好！"的提示信息。按钮功能需要添加在<body></body>标签中，这个按钮的具体位置可以放在<h1></h1>标签后面。

| 17 | <h1>你好！这是我的第一个应用程序</h1> |
| 18 | <button>点击我会说你好</button> |

添加了一个按钮　　　**按钮上会显示的文字**

<button></button>标签表示添加一个按钮，按钮标签里的内容会显示在按钮中。完成添加按钮操作之后，别忘记保存index.html文件。Monaca IDE的预览窗口会显示我们刚才添加的按钮。试试刷新你手机里的Monaca调试器，也会显示这个按钮哦！

你好！这是我的第一个应用程序

点击我会说你好

按钮在 Monaca IDE 预览窗口的显示效果

按钮在 Monaca 调试器中的显示效果

现在我们有了按钮哦！快试试你的按钮功能吧！

虽然已经添加了按钮，但是单击按钮后并不会出现什么实际的效果。接下来将使用函数改善这个问题，试着和我一起学习创建函数吧！对于初学者来说，函数的概念可能会有些抽象。函数是指一段可以直接被另一段程序（或代码）引用的程序（或代码）。函数部分的内容要添加在<script></script>标签内，在定义函数时需要遵循一些规则。

定义函数时需要在函数名称前面加上关键字function，函数名称后面的"()"是在半角英文状态下输入的。函数中的执行语句叫作函数体，每一个语句后面都要加上"；"（分号）作为结束标记。函数体需要使用"{}"括起来，"{}"是成对出现的。注意函数名称也需要使用半角英文输入。

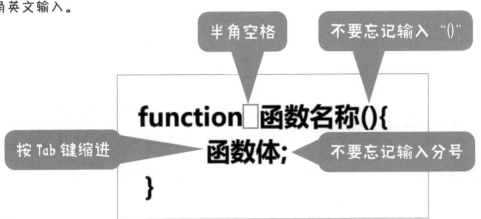

半角空格   不要忘记输入 "()"

按 Tab 键缩进

```
function□函数名称(){
    函数体;
}
```

不要忘记输入分号

还记得我们之前编写的alert("你好！")语句吗？下面我们要把这个语句放在定义的函数myPro()中，这样我们就实现了一个可以弹出对话框的效果。函数体中可以添加多条语句，你也可以根据实际情况进行调整。

```
<script>
    function myPro(){
        alert("你好！");
    }
</script>
```

函数创建好之后，即使保存了文件也不会执行问候程序。你知道这是怎么回事吗？因为函数创建好之后，还需要调用这个函数来实现函数的功能。那么如何调用函数呢？调用函数也需要遵循规则，不过相比创建函数，调用函数要简单一些。在进行函数调用时容易忽略后面的分号，请注意。

```
函数名称();
```

在这个程序中，我们把函数调用的相关代码写在了<button>中。在按钮的开始标签<button>中执行函数的调用，onclick事件会在按钮被点击时发生。onclick事件的格式是onclick=""，函数调用定义在onclick事件的""中。下图表示的是在<button>中调用了myPro()函数。

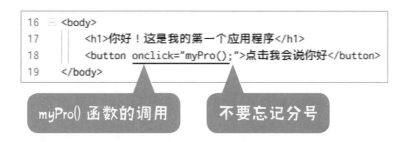

```
16  ☐ <body>
17        <h1>你好！这是我的第一个应用程序</h1>
18        <button onclick="myPro();">点击我会说你好</button>
19  </body>
```

myPro() 函数的调用

不要忘记分号

在<button>标签中，button和onclick中间有一个半角空格。在指定函数名时不要忘记"()"和";"。

 确认按钮的执行效果

保存index.html后，单击预览区的"点击我会说你好"按钮，会弹出问候语句的对话框。你的应用程序弹出的是什么呢？

弹出"你好！"

我们已经确认了预览区的效果，接下来确认一下Monaca调试器中的效果吧！在Monaca调试器中同样单击这个按钮，也会弹出问候语的对话框。

单击这个按钮

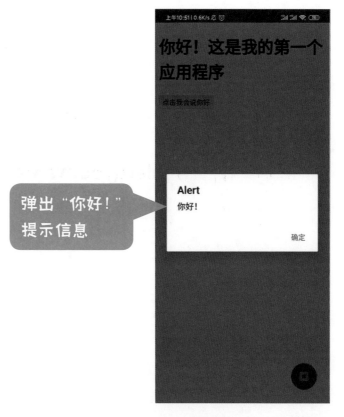

弹出"你好！"
提示信息

前面提到过在函数体中可以添加多个语句，下面我们可以尝试添加变量。这里将输入的名字作为变量，你可以输入自己的名字，然后名字会和问候语句一起显示出来。

在函数myPro()中修改函数体中的语句，在函数体中定义一个变量yourName用于存储输入的名字。JavaScript中的变量需要使用var关键字来修饰，var后面是变量的名字。

```
10        <script>
11            function myPro(){
12                var yourName=prompt("你的名字叫什么？")
13                alert(yourName+"你好！");
14            }
15        </script>
```

prompt()可以弹出一个输入框，可以在这个输入框中输入你的名字，然后alert语句会将输入的名字和问候语一起显示出来。

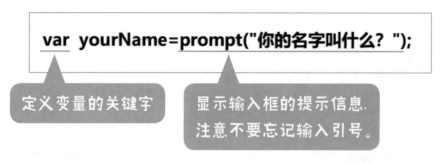

前面 **var** **yourName=prompt("你的名字叫什么？");**

定义变量的关键字

显示输入框的提示信息，注意不要忘记输入引号。

prompt()和变量yourName之间的"="是赋值符号，它可以把输入的内容赋值给变量，这里并不是等号。在alert语句中，变量和字符串之间通过"+"进行连接。

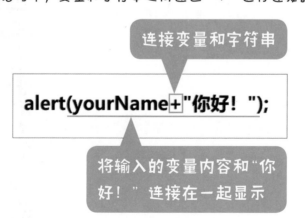

连接变量和字符串

alert(yourName+"你好！");

将输入的变量内容和"你好！"连接在一起显示

在函数myPro()中完成修改后，不要忘记保存文件index.html。打开智能手机中的Monaca调试器，选择项目HelloPro，单击"点击我会说你好"按钮会弹出一个"你的名字叫什么？"的输入框，在输入框中输入你的名字，然后单击"确定"按钮。这时就会执行alert语句中的内容，弹出带有名字的问候窗口。

现在我们已经制作完成一个简单应用程序了，想征服更高难度的挑战，就继续往下看吧！

更多好玩的操作等着和你一起解锁哦！

制作知识竞答应用程序

在熟悉了简单的应用程序的制作过程后，接下来我们试着制作一个有趣的知识竞答应用程序。这次就不止创建一个网页文件那么简单了，快来和我一起挑战吧！

扫码看视频

知识竞答应用程序的网页设计思路

在正式开始制作这款应用程序之前，我们需要思考一下整体的设计思路。就像之前创建网站时那样，需要提前设计好整体的框架。比如这款应用程序需要几个页面，每个页面如何布局。

这里的设想是，当启动知识竞答应用程序后，会有3个问题需要你回答：第一个是需要单击按钮来回答问题；第二个是需要选择图片回答问题；第三个则需要输入文字回答问题。解答完这3种不同类型的题目之后，会生成一个显示正确答案和分数的页面。

从整体的设计思路来看，在设计第一题时，需要添加按钮标签，第二题需要添加图片标签，第三题需要定义函数以及调用函数，最后的结果页可以根据实际情况自由发挥。

你可以选择任何一个你喜欢的话题作为这次制作的主题哦！

创建项目文件

每一次制作新项目时，都需要在Monaca的仪表盘界面单击Create New Project按钮①创建一个新的项目文件。

这次新建的项目类型依然选择Blank类型②。

输入新项目的项目名称③和项目描述④，我们这次制作的是一个知识竞答类的应用程序，所以这里取名为"知识竞答"。输入后单击Create Project按钮⑤完成新项目的创建。在项目列表中可以看到我们新建的"知识竞答"项目⑥。

因为我们已经想好了应用程序的设计思路，所以这里还需要新建3个网页文件来设计不同类型的题目和最终结果。默认的网页文件index.html用来编写第一种类型的题目。最快捷的新建网页文件的方法就是使用复制功能。

鼠标右击网页文件index.html⑦，选择Copy File命令⑧可以快速复制一个index.html网页文件的副本。

在File Name文本框中输入新建网页文件的名字type2.html⑨，然后单击OK按钮⑩就成功新建了一个网页文件。我们将在type2.html网页文件中编写图片选择题。

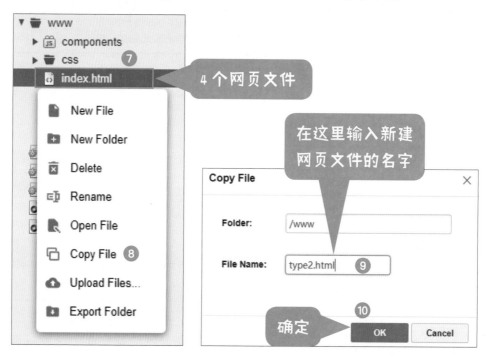

现在我们已经有了2个网页文件index.html和type2.html，按照上面的方法依次创建网页文件type3.html和result.html。网页文件type3.html用于编写文本输入类型的题目，result.html网页文件用于存放最终的正确答案和分数。

编写 index.html 页面

在已有的4个网页文件中，我们需要从index.html网页文件开始编写。在<body></body>标签中编写的内容如右图所示。

index.html网页文件用于编写知识竞答的第一题，这里用最大号的标题标签来标记第一题。当然，你也可以换成其他级别的标题，比如<h3></h3>。<p></p>标签中标记的是第一题的题目。这里使用了3个<button></button>标签来标记选项。这几个标签我们之前已经学习过了，相信你已经可以正确地使用它们了。

你可能会发现在<button></button>标签的后面有" "的标记，这是HTML中空格

的语法格式。注意空格" "的最后有分号，它是由6个字符组成的。

我们想要实现的效果是：当单击正确答案的按钮时，可以判断出这是正确的答案并且总分加01；当单击错误答案的按钮时，可以判断出这是错误的答案并且总分不增加。

在<script></script>中创建两个函数，isCorrect()函数用来判断题目的正确答案，isWrong()用来判断题目的错误答案。

分别在这两个函数中添加可以获取得分的存储对象window.sessionStorage，使用这个存储对象可以在之后的3个页面统一获取总分。totalScore表示这次知识竞答的得分，将window.sessionStorage.totalScore设为0表示总分的初始值为0。只有在答对题目的情况下，总分才会加01。

编写第一题

```
<body>
    <h1>知识竞答之第一题</h1>
    <p>在本书中我们学到的按哪一个键可以缩进代码？</p>
    <button>Tab键</button>  
    <button>Ctrl键</button>  
    <button>Shift键</button>
</body>
```

总分增加1

```
<script>
    function isCorrect(){
        window.sessionStorage.totalScore=1;
    }
    function isWrong(){
        window.sessionStorage.totalScore=0;
    }
</script>
```

总分的初始值

函数编写完成之后，我们需要做什么呢？我们还需要在<button>标签中调用这两个函数。在正确答案的按钮中调用isCorrect()函数，在两个错误答案的按钮中调用isWrong()函数。

```
<body>
    <h1>知识竞答之第一题</h1>
    <p>在本书中我们学到的按哪一个键可以缩进代码？</p>
    <button onclick="isCorrect();">Tab键</button>  
    <button onclick="isWrong();">Ctrl键</button>  
    <button onclick="isWrong();">Shift键</button>
</body>
```

函数的调用

编写完成后，别忘记保存index.html网页文件哦！刷新预览区就可以看到我们编写的网页效果了。你可以正确地看到预览效果吗？

在预览区看到执行效果后，也看看Monaca调试器中的效果吧！打开智能手机中的Monaca调试器，进入"知识竞答"项目。在调试器中可以看到知识竞答第一题的画面。

知识竞答之第一题

在本书中我们学到的按哪一个键可以缩进代码？

| Tab键 | Ctrl键 | Shift键 |

第一题的预览效果

实现页面跳转功能

完成知识竞答的第一题后，需要继续作答第二题。这种情况就涉及了页面的跳转，想一想，如何实现从index.html页面跳转到type2.html页面？

接下来分别在函数isCorrect()和isWrong()中追加跳转语句。两个函数体中的window.loaction.href="type2.html"语句表示可以从当前页面跳转到type2.html页面。

保存文件，刷新预览区。在答题界面单击按钮完成答题后，预览区的界面会显示"This is a template for Monaca app."。这是type2.html页面的默认显示内容，说明我们已经实现了页面跳转的效果。

如果你想回到index.html页面，只需要单击预览区的"刷新"按钮刷新一下当前页面就可以返回了。

页面跳转语句

```
<script>
    function isCorrect(){
        window.sessionStorage.totalScore=1;
        window.location.href="type2.html";
    }
    function isWrong(){
        window.sessionStorage.totalScore=0;
        window.location.href="type2.html";
    }
</script>
```

页面跳转语句

单击"刷新"按钮可以返回到 index.html 页面

知识竞答之第一题

在本书中我们学到的按哪一个键可以缩进代码？

[Tab键] [Ctrl键] [Shift键]

Pixel 2 (1080x1920)

This is a template for Monaca app.

单击"Tab键"按钮

跳转到 type2.html 页面

太棒了！你已经学会了页面之间的跳转操作。快来试试 Monaca 调试器中的跳转效果吧！

在预览区中我们已经看到想要实现的效果了，下面我们还需要在智能手机中的Monaca调试器中查看一下实现效果。

在"知识竞答"项目中单击"刷新"按钮之后再执行答题操作，同样会看到跳转到type2.html页面的效果。

This is a template for Monaca app.

成功跳转到 type2.html 页面

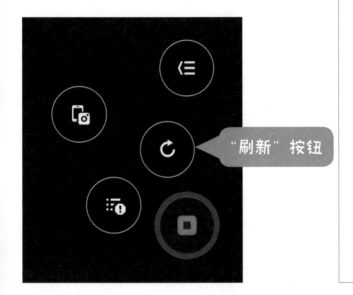

"刷新"按钮

现在你已经完成知识竞答中的第一个页面了，感觉怎么样呢？快和我一起继续下面的挑战吧！

下面列出了index.html页面中的HTML和JavaScript，看看和你的页面有没有哪里不一样。

```html
1   <!DOCTYPE HTML>
2   <html>
3   <head>
4       <meta charset="utf-8">
5       <meta name="viewport" content="width=device-width, initial-scale=1, maximum-scale=1,
        user-scalable=no">
6       <meta http-equiv="Content-Security-Policy" content="default-src * data: gap:
        content: https://ssl.gstatic.com; style-src * 'unsafe-inline'; script-src *
        'unsafe-inline' 'unsafe-eval'">
7       <script src="components/loader.js"></script>
8       <link rel="stylesheet" href="components/loader.css">
9       <link rel="stylesheet" href="css/style.css">
10      <script>
11          function isCorrect(){
12              window.sessionStorage.totalScore=1;
13              window.location.href="type2.html";
14          }
15          function isWrong(){
16              window.sessionStorage.totalScore=0;
17              window.location.href="type2.html";
18          }
19      </script>
20  </head>
21  <body>
22      <h1>知识竞答之第一题</h1>
23      <p>在本书中我们学到的按哪一个键可以缩进代码？</p>
24      <button onclick="isCorrect();">Tab键</button>  
25      <button onclick="isWrong();">Ctrl键</button>  
26      <button onclick="isWrong();">Shift键</button>
27  </body>
28  </html>
```

> JavaScript 中的内容

> HTML 中的内容

编写 type2.html 页面

现在我们要开始制作type2.html页面中的内容了。页面type2.html存放知识竞答的第二个题目，这个题目需要多张图片，你需要提前准备好下面要用到的图片。当然，也可以换成其他感兴趣的图片，图片数量也可以改变，这里设计为在6张图片里选择一张图片。

将需要的图片提前准备好，保存在电脑的D盘、E盘或者其他存储位置。因为我们之前创建的网页文件都保存在www路径下，所以我们需要在www路径下创建一个文件夹存放图片。鼠标右击www文件夹❶，选择New Folder（新文件夹）命令❷创建一个文件夹。

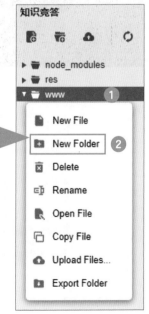

> 新建文件夹

输入新建文件夹的名字，这里取名为picture ③，单击OK按钮 ④ 就完成了文件夹的创建步骤。这时你可以在www文件夹列表中看到新建的picture文件夹 ⑤ 。

创建好存放图片的文件夹之后，如何把我们准备好的图片放到这个文件夹中呢？

鼠标右击picture文件夹 ⑥ ，选择Upload Files（上传文件）命令 ⑦ 可以从本地电脑上传图片到picture文件夹中。

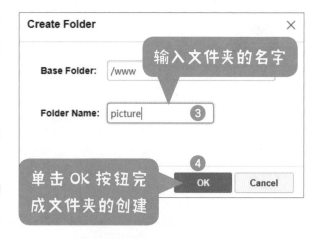

输入文件夹的名字

单击 OK 按钮完成文件夹的创建

创建好的 picture 文件夹

上传文件

上传文件的界面有两种上传文件的方式，一种是直接拖曳到上传区域 ⑧ ，另一种是单击Select File（选择文件）按钮 ⑨ 上传文件。你可以选择任何一种方式上传本地电脑中的图片。上传完成后，可以展开picture文件夹，看到上传的图片。

拖曳文件到这里

"选择文件"按钮

图片在 picture 文件夹中

添加 <img> 标签

你还记得我们在第五章中学习的<img>标签吗？接下来要在type2.html页面添加6个图片标签，height和width分别表示图片的高度和宽度，px（pixel）是像素的意思。每3个图片为1行，在第三个图片标签后面添加换行标签
。

```
<body>
    <h1>知识竞答之第二题</h1>
    <p>启动Scratch3.0之后，在舞台区可以看到的角色是哪一个？</p>
    <img src="picture/cat3.jpg" height="85px" width="85px">  
    <img src="picture/gobo.png" height="85px" width="85px">  
    <img src="picture/cat2.jpg" height="85px" width="85px">
    <br/>
    <img src="picture/monkey.png" height="85px" width="85px"> &nb
    <img src="picture/cat.jpg" height="85px" width="85px">  
    <img src="picture/penguin.png" height="85px" width="85px">
</body>
```

> HTML 的编写内容

编写好HTML后，保存type2.html文件，刷新预览页面，可以看到我们设计的知识竞答第二题。如果你觉得图片的像素与显示的界面不协调，可以在HTML中调整图片像素的大小。

在预览区确认后，可以在智能手机的Monaca调试器中查看type2.html页面设计的效果。

> 预览区的显示效果

> Monaca 调试器中的显示效果

你可能对图片的指定路径有些疑惑，下面将解答这个疑惑。<img>标签中的src属性用来指定图片的路径，当图片和网页文件type2.html在同一个目录下时，可以使用src属性直接指定图片的路径，即src="cat.jpg"。如果保存图片的文件夹picture与网页文件type2.html不在同一个目录下，这就涉及了路径指定的另一种方式，即src="picture/cat.jpg"。

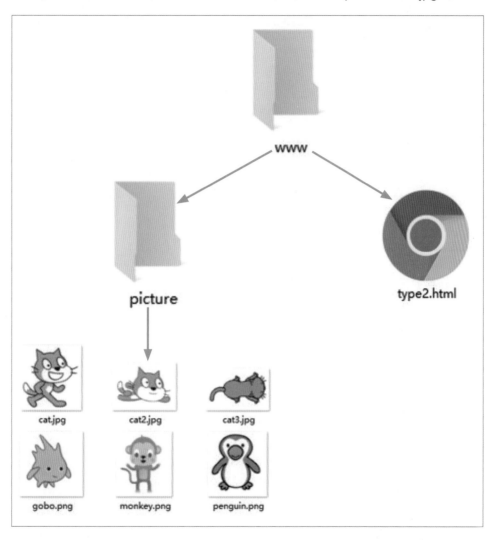

完成第二个页面的HTML编写后，我们还需要编写type2.html页面中的判断函数。因为我们已经在index.html页面成功编写了判断函数，这里只需要把之前的判断函数复制到type2.html页面中，再修改一下就可以了。切换到index.html页面，选中两个判断函数的内容，鼠标右击，选择Copy命令。然后切换到type2.html页面，在<script></script>标签内鼠标右击，选择Paste（粘贴）命令粘贴之前复制的内容。粘贴判断函数后，还需要对函数体中的内容进行修改。

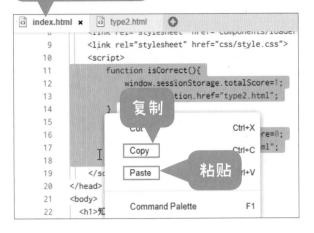

修改 type2.html 页面中的函数

接下来我们需要对复制过来的判断函数进行简单的修改。如果答题者答对了知识竟答的第二题,那么totalScore(总分)会在之前得分的基础上加1。isCorrect()函数中的window.sessionStorage.totalScore++表示在之前得分的基础上加1。

```
<script>
    function isCorrect(){
        window.sessionStorage.totalScore++;
        window.location.href="type3.html";
    }
    function isWrong(){
        window.location.href="type3.html";
    }
</script>
```

完成第二题后需要从当前页面跳转到type3.html页面,所以需要修改两个判断函数中的跳转语句。

正确修改判断函数之后, 就可以在HTML的按钮中调用函数了。记住在正确答案的按钮中调用isCorrect()函数, 在其他按钮中调用isWrong()函数。

```
<body>
    <h1>知识竟答之第二题</h1>
    <p>启动Scratch3.0之后, 在舞台区可以看到的角色是哪一个?</p>
    <img src="picture/cat3.jpg" height="85px" width="85px" onclick="isWrong();">  
    <img src="picture/gobo.png" height="85px" width="85px" onclick="isWrong();">  
    <img src="picture/cat2.jpg" height="85px" width="85px" onclick="isWrong();">
    <br/>
    <img src="picture/monkey.png" height="85px" width="85px" onclick="isWrong();">  
    <img src="picture/cat.jpg" height="85px" width="85px" onclick="isCorrect();">  
    <img src="picture/penguin.png" height="85px" width="85px" onclick="isWrong();">
</body>
```

下面列出了type2.html页面中的HTML和JavaScript，快和你编写的页面比较一下吧！看一看你编写的页面可不可以正常跳转。

```
1    <!DOCTYPE HTML>
2    <html>
3    <head>
4        <meta charset="utf-8">
5        <meta name="viewport" content="width=device-width, initial-scale=1, maximum-scale=1,
         user-scalable=no">
6        <meta http-equiv="Content-Security-Policy" content="default-src * data: gap: content:
         https://ssl.gstatic.com; style-src * 'unsafe-inline'; script-src * 'unsafe-inline'
         'unsafe-eval'">
7        <script src="components/loader.js"></script>
8        <link rel="stylesheet" href="components/loader.css">
9        <link rel="stylesheet" href="css/style.css">
10       <script>
11           function isCorrect(){
12               window.sessionStorage.totalScore++;          JavaScript 中的内容
13               window.location.href="type3.html";
14           }
15           function isWrong(){
16               window.location.href="type3.html";
17           }                                                  HTML 中的内容
18       </script>
19   </head>
20   <body>
21       <h1>知识竞答之第二题</h1>
22       <p>启动Scratch3.0之后，在舞台区可以看到的角色是哪一个？</p>
23       <img src="picture/cat3.jpg" height="85px" width="85px" onclick="isWrong();">  
24       <img src="picture/gobo.png" height="85px" width="85px" onclick="isWrong();">  
25       <img src="picture/cat2.jpg" height="85px" width="85px" onclick="isWrong();">
26       <br/>
27       <img src="picture/monkey.png" height="85px" width="85px" onclick="isWrong();">  
28       <img src="picture/cat.jpg" height="85px" width="85px" onclick="isCorrect();">  
29       <img src="picture/penguin.png" height="85px" width="85px" onclick="isWrong();">
30   </body>
31   </html>
```

 ## 编写 type3.html 页面中的 HTML

现在你已经完成了两个页面的编写步骤啦！接下来，我们一起编写第三个页面的内容。知识竞答第三题的设计思路是：当阅读题目之后，单击界面中的按钮会弹出可以进行文本输入的对话框，完成答案的输入后，关闭对话框。

和之前页面的编写步骤相同，使用<h1></h1>标记第三个页面的标题。标签<p></p>中是第三题的题目，按钮中的提示文字是"点击我输入答案"。

完成HTML部分的编写后，可以保存type3.html页面，查看预览区的显示效果。你也可以查看智能手机中的Monaca调试器所显示的效果。

```
<body>
    <h1>知识竞答之第三题</h1>
    <p>创建函数的关键字是什么？</p>
    <button>点击我输入答案</button>
</body>
```

知识竞答之第三题

创建函数的关键字是什么？

点击我输入答案

预览区的效果

 编写 type3.html 页面中的函数

现在单击"点击我输入答案"按钮，你会发现并没有任何变化，这是因为我们还没有编写可以输入文本的函数。创建函数question()获取输入的值并判断是否正确。使用var关键字定义变量input存储输入的答案，还记得prompt()语句的作用吗？

通过"="把输入文本框中的值赋给了变量input。现在我们已经获取了答案，那如何判断输入的值是不是正确的呢？

这里使用if语句判断输入的值，if后面的括号中是判断条件，只有当变量input的值等于function时，才会执行else前面的语句，否则会执行else后面的语句。这里的function是第三个问题的答案，你也可以设置其他的问题和答案。注意input和正确答案之间要用"=="而不是"="，问题的答案需要使用双引号（半角英文状态下输入）包裹起来。这里的"=="表示的才是等于号，"="表示的是赋值符号。

```
<script>
    function question(){
        var input=prompt("请输入你的答案：");
        if(input=="function"){

        }else{

        }
    }
</script>
```

注意字符的输入

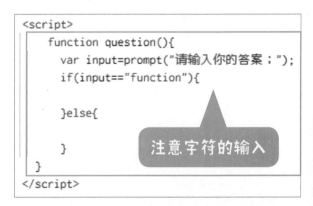

选择结构

注意 "{}"（大括号）
需要成对出现

```
if(条件){
    满足条件时的语句;
}else{
    不满足条件时的语句;
}
```

注意语句后面的分号和缩进关系

我们已经把if语句的结构编写出来了，接下来就要想一想如何编写满足条件时的语句和不满足条件时的语句。

当输入的值是正确答案时，总分会在之前的基础上加1，然后跳转到result.html页面。当输入的值是错误答案时，总分不会增加，直接跳转到result.html页面。

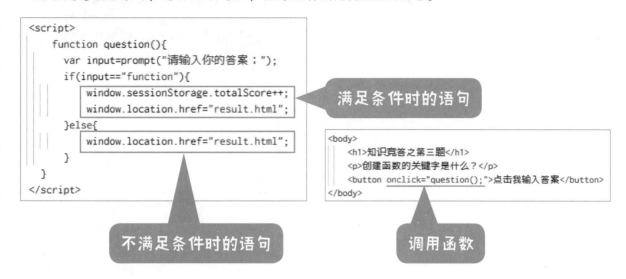

```
<script>
    function question(){
        var input=prompt("请输入你的答案：");
        if(input=="function"){
            window.sessionStorage.totalScore++;
            window.location.href="result.html";
        }else{
            window.location.href="result.html";
        }
    }
</script>
```

满足条件时的语句

不满足条件时的语句

```
<body>
    <h1>知识竞答之第三题</h1>
    <p>创建函数的关键字是什么？</p>
    <button onclick="question();">点击我输入答案</button>
</body>
```

调用函数

完成question()函数的编写之后，别忘记在按钮中调用这个函数。保存文件，刷新预览区，看看是什么效果。

预览区中的界面会从第一页开始执行，依次回答问题到第三页，也就是第三题。单击第三题中的按钮，会弹出一个输入框，提示输入问题答案。完成输入后，单击"确定"按钮结束，程序会跳转到result.html页面。

知识竞答之第三题

创建函数的关键字是什么？

点击我输入答案

...7fde788854813efb48c.monaca.mobi 上的嵌入式页面显示

请输入你的答案：

function

确定　取消

在这里输入答案

单击这个按钮，输入答案

单击"确定"按钮

试一试在Monaca调试器中的效果吧!

现在你已经完成3个页面的编写了,太棒啦!还有1个页面没有编写哦!继续加油!

下面列出了type3.html页面中的HTML和JavaScript，快和你编写的页面比较一下吧！注意变量的赋值和if语句中的判断条件。

```
1    <!DOCTYPE HTML>
2    <html>
3    <head>
4        <meta charset="utf-8">
5        <meta name="viewport" content="width=device-width, initial-scale=1, maximum-scale=1,
         user-scalable=no">
6        <meta http-equiv="Content-Security-Policy" content="default-src * data: gap: content:
         https://ssl.gstatic.com; style-src * 'unsafe-inline'; script-src * 'unsafe-inline'
         'unsafe-eval'">
7        <script src="components/loader.js"></script>
8        <link rel="stylesheet" href="components/loader.css">
9        <link rel="stylesheet" href="css/style.css">
10       <script>
11           function question(){
12               var input=prompt("请输入你的答案：");
13               if(input=="function"){
14                   window.sessionStorage.totalScore++;
15                   window.location.href="result.html";      JavaScript 中的内容
16               }else{
17                   window.location.href="result.html";
18               }
19           }
20       </script>
21   </head>
22   <body>
23       <h1>知识竞答之第三题</h1>
24       <p>创建函数的关键字是什么？</p>                        HTML 中的内容
25       <button onclick="question();">点击我输入答案</button>
26   </body>
27   </html>
```

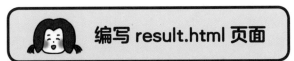

编写 result.html 页面

完成3道题目的编写之后，我们要把最终的结果放在result.html页面中。这个页面会显示知识竞答的最终得分、正确答案以及"再试一次"按钮。

现在我们先来编写显示总分的部分，document.write()语句可以显示指定字符串中的文字，HTML中的<h1></h1>标签可以用这种形式写在JavaScript中。我们使用"+"把文字部分和总分连接起来显示。

```
<script>
    document.write("<h1>知识竞答之最终结果</h1>");
    document.write("你的知识竞答分数是："+window.sessionStorage.totalScore+"分"+"<br/>");
    if(window.sessionStorage.totalScore==3){
        document.write("太棒了！全部都答对啦！");
    }else{                                                      换行符号
        document.write("继续加油哦！");
    }
</script>
```

if语句中的判断条件是总分等于3，如果总分等于3，则执行document.write("太棒了！全部都答对啦！")，结果会显示"太棒了！全部都答对啦！"。如果总分不等于3，则执行else后面的语句document.write("继续加油哦！")，结果显示"继续加油哦！"。

保存当前页面，分别刷新预览区和Monaca调试器看看效果如何吧！

知识竞答之最终结果

你的知识竞答分数是：3分
太棒了！全部都答对啦！

满分的情况

不是满分的情况

知识竞答之

你的知识竞答分数是：2分
继续加油哦！

上午9:05 | 5.6K/s

知识竞答之最终结果

你的知识竞答分数是：3分
太棒了！全部都答对啦！

Monaca 调试器中满分情况的显示结果

上午9:05 | 3.8K/s

知识竞答之最终结果

你的知识竞答分数是：2分
继续加油哦！

Monaca 调试器中不是满分情况的显示结果

显示正确答案

成功显示最终得分之后，我们来编写显示正确答案的部分。总分出来之后，我们还需要核对一下题目的正确答案，以便下次可以有更好的结果。这里把正确答案的显示部分放在总分的下面。使用3个<p></p>标签标记3道题目的正确答案，注意第二题图片的设置效果要和之前的图片一样。

```
<body>
    <h4>正确答案</h4>
    <p>第一题：Tab键</p>
    <p>第二题：<img src="picture/cat.jpg" height="85px" width="85px"></p>
    <p>第三题：function</p>
</body>
```

> 注意图片的设置

保存文件，刷新预览区，正确答案会在总分下面显示出来。

总分部分编写在标签<script></script>内，答案部分编写在<body></body>标签内。程序执行顺序是从上到下，所以总分部分的内容会显示在页面的最上面。如果<script></script>内的函数没有被调用，那么这个函数中的内容将不会被显示出来，函数只有被调用才能发挥它的正常作用。

知识竞答之最终结果

你的知识竞答分数是：3分
太棒了！全部都答对啦！

正确答案

第一题：Tab键

第二题：

第三题：function

> 预览区的呈现结果

> 显示了总分和正确结果之后，如果还想再试一次，那该如何编写程序呢？

"再试一次"按钮的设置

现在我们已经基本完成了知识竞答应用程序的编写步骤，如果想再次尝试答题的话，应该怎么完成这个程序呢？

当我们结束答题看到分数和正确答案之后，可以在result.html页面添加一个按钮。当我们单击这个按钮后，会从当前页面跳转到index.html页面重新开始新一轮的答题。在\<script\>\</script\>内创建一个函数again()，当按钮调用这个函数后，会执行跳转语句，然后总分清零。

```
<script>
    document.write("<h1>知识竞答之最终结果</h1>");
    document.write("你的知识竞答分数是："+window.sessionStorage.totalScore+"分"+"<br/>");
    if(window.sessionStorage.totalScore==3){
        document.write("太棒了！全部都答对啦！");
    }else{
        document.write("继续加油哦！");
    }
    function again(){
        window.location.href="index.html";        实现页面跳转和总分清零
        window.sessionStorage.totalScore=0;
    }
</script>
```

```
<body>
    <h4>正确答案</h4>
    <p>第一题：Tab键</p>
    <p>第二题：<img src="picture/cat.jpg" height="85px" width="85px"></p>
    <p>第三题：function</p>
    <button onclick="again();">再试一次</button>        调用函数
</body>
```

在HTML中添加\<button\>\</button\>标签，别忘记在按钮中调用again()函数。

保存文件，刷新预览区，可以看到"再试一次"按钮。当你单击这个按钮时会跳转到index.html页面。试一试预览效果吧！

单击"再试一次"按钮会跳转到第一页

知识竞答之最终结果

你的知识竞答分数是：3分
太棒了！全部都答对啦！

正确答案

第一题：Tab键

第二题：

第三题：function

再试一次

确认应用程序的执行效果

现在这款知识竞答应用程序的编写工作已经全部完成啦！打开智能手机中的Monaca调试器，从第一题开始试一下执行效果吧！

> Monaca 调试器中的执行效果

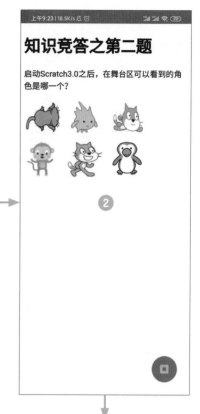

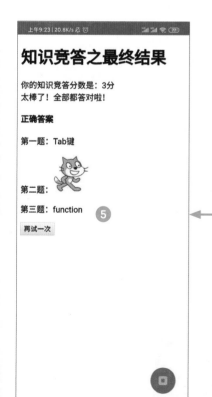

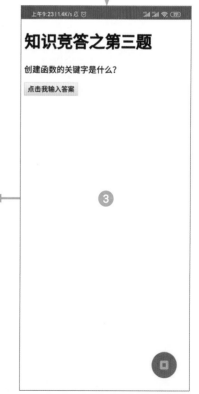

配置应用程序的信息

程序编写好之后，我们就可以对这款应用程序的配置信息进行简单修改，然后生成可安装的App。单击Configure（配置）选项卡❶，选择App Settings for Android（Android应用程序设置）选项❷。

配置

在Android App Configuration（Android应用程序配置）面板的Application Information（应用程序信息）❸中可以修改应用程序的名字❹和包名❺，在Icons（图标）❻设置界面可以修改应用程序的显示图标。

提前准备好一张".png"格式的图片作为应用程序的图标，单击Upload（上传）按钮❼将图标从电脑中上传到应用程序的文件中。完成后，单击Save按钮❽就可以了。

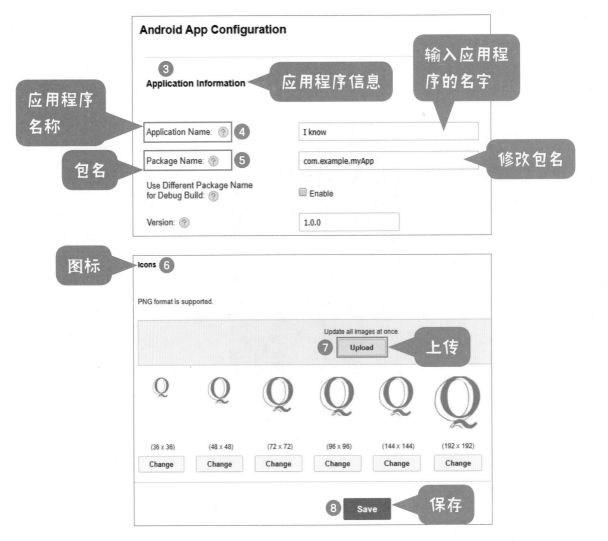

生成应用程序

现在就可以开始创建安卓版本的App了。单击Build（创建）选项卡 ❶ ，选择Build App for Android（为Android创建App）选项 ❷ 。在Build Android App（创建安卓版本的应用程序）界面中选择Debug Build（调试版本）❸ ，然后单击Start Build（开始生成）按钮 ❹ 。

生成应用程序需要等待几分钟，成功生成后Monaca提供了3种安装应用程序的方式，这里选择第一种方式 ❺ 。首先把安装包下载到本地电脑中，然后通过数据线或其他方式将安装包传输到智能手机中。

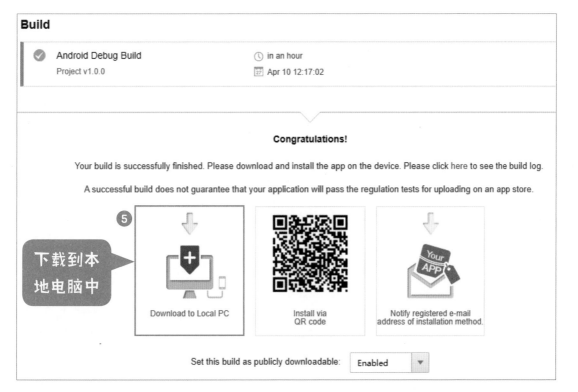

在手机中安装应用程序

在智能手机的文件管理中找到这个安装包，直接单击这安装包就可以安装了。安装成功之后，你可以在智能手机桌面中看到这款App。

这款应用程序安装在智能手机中的显示效果和Monaca调试器中的显示效果会有一些不同，你能发现吗？快打开你的应用程序看一看吧！

这款应用程序是一个简单的知识竞答程序，你还可以将内容换成任何一个你喜欢的主题，包括应用程序的名称和图标。

智能手机桌面中的I know 应用程序

知识竞答之第三题

创建函数的关键字是什么？

点击我输入答案

请输入你的答案：

取消 确定

在智能手机中
输入的效果

知识竞答之最终结果

你的知识竞答分数是：2分
继续加油哦！

正确答案

第一题：Tab键

第二题：

第三题：function

再试一次

界面最终
显示效果

自己制作完成 App 感觉怎么
样？接下来你可以尝试制作
其他类型的应用程序。快来
试一试吧！加油！

附 录

编程语言处在不断发展和变化的过程中，每一种语言都是为了实现某一功能而被开发出来的。这些编程语言有的适合专业的开发者，有的适合初学者。除了上面介绍的Scratch和JavaScript外，下面将带你认识主要的编程语言，一起来了解一下吧！

C

语言简洁，层次清晰，方便程序调试。由于结构完整，可以实现多种不同的编程要求，效率很高，现在仍然是一种经常被使用的编程语言。

Java

广泛应用在安卓软件开发中，比较稳定和安全，可以运行在多个平台上。需要注意的是，Java和JavaScript虽然名字相似，但这是两种完全不同的编程语言。

C++

在 C 语言的基础上开发出来的一种语言，进一步完善了 C 语言的功能。经常应用在系统开发或者游戏开发中。

C#

在 C 和 C++ 语言的基础上开发出来的一种语言，是微软公司开发的一种程序设计语言，之后用于各种开发中。

Python

可以应用在 Web 开发、人工智能、软件开发、网络爬虫等各种领域，是一种适合初学者学习的语言，而且程序更加清晰美观、容易维护。

PHP

主要应用在 Web 开发领域，可以在服务器端执行，与 C 语言类似，是一种便于学习、使用广泛的脚本语言。

Visual Basic.NET

语言风格具有亲和力，看起来和英文语句一样。是 Basic 系列语言中十分强大的一种编程语言，应用领域有 Windows 桌面开发、Web 开发等。

Objective-C

是一种简单的计算机语言，主要用在 iPhone 应用程序开发中。

SQL

是一种用于处理数据库的计算机语言，功能丰富，语言简洁。

Pascal

语言严谨，结构层次分明，是第一个结构化的编程语言，广泛应用在各种软件中。

Perl

一种功能丰富的计算机程序语言，和 C 一样强大，是一种追求简单化的编程语言。

Swift

用于开发 iPhone 应用程序，和 Objective-C 使用相同的运行环境。结合了 C 和 Objective-C 的优点。

Go

主要应用在游戏服务领域的开发中，是一个开源的编程语言，语言风格简洁。

Ruby

语法简单，开发人员可以快速学习，用于开发 Internet 应用程序。

未来科学家系列 3

数据统计是怎么回事

未蓝文化 / 编著

中国青年出版社

图书在版编目（CIP）数据

数据统计是怎么回事/未蓝文化编著. 一北京: 中国青年出版社, 2022.11
（未来科学家系列; 3）
ISBN 978-7-5153-6781-1

I.①数… II.①未… III.①统计—青少年读物 IV.①C8-49

中国版本图书馆CIP数据核字（2022）第186658号

未来科学家系列 3
数据统计是怎么回事

编　著:	未蓝文化
出版发行:	中国青年出版社
地　址:	北京市东城区东四十二条21号
电　话:	（010）59231565
传　真:	（010）59231381
网　址:	www.cyp.com.cn
企　划:	北京中青雄狮数码传媒科技有限公司
主　编:	张鹏
策划编辑:	田影
责任编辑:	张佳莹
文字编辑:	李大珊
书籍设计:	乌兰
印　刷:	天津融正印刷有限公司
开　本:	787 x 1092 1/16
印　张:	40
字　数:	386千字
版　次:	2022年11月北京第1版
印　次:	2022年11月第1次印刷
书　号:	ISBN 978-7-5153-6781-1
定　价:	268.00元（全四册）

本书如有印装质量等问题, 请与本社联系
电话: （010）59231565
读者来信: reader@cypmedia.com
投稿邮箱: author@cypmedia.com
如有其他问题请访问我们的网站: http://www.cypmedia.com

前言

  我们现今生活在一个到处充满数据并依赖数据的时代，计算机和网络的发展让数据无孔不入地渗透到了我们生活的方方面面。大数据让我们的生活变得方便了很多，出行、购物、娱乐……很多时候，我们只要打开购物应用程序就能看到符合自己喜好的商品。这一切的实现都和统计息息相关。

  虽然统计在很多尖端领域都起到了非常重要的作用，但是也不必将统计看得太过高深。在这本书里，我们仅仅使用一些最基础的数学知识，带领读者领略统计的魅力。

  本书一共分为5个部分，第一部分介绍统计学是什么，如何用统计的思维看待我们身边的事；第二部分到第四部分介绍统计学的基本思考方式；第五部分介绍一些关于统计学的有趣故事，以及一些日常生活中常常让我们感到好奇的统计知识。

  我们希望，读者在阅读本书时，能够充分地体会到学习统计的乐趣，用轻松的心态对待那些看起来可能很复杂的数据。也许这本书中的某些内容对小学生来说有些难，但是没关系，掌握统计的思维，用全新的目光发现世界别样的一面才是重点。我们希望这本书能够给读者带来长久的启发，即使是长大成人之后，再回过头来看，也能得到新的领悟。

  现在，让我们开始向统计学的世界出发吧！

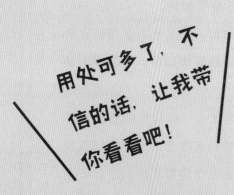

用处可多了，不信的话，让我带你看看吧！

我们生活中的哪些方面能用到统计啊？

目录

第一章
统计思维

第二章
**尝试
汇总数据**

第三章
感受概率的魅力

第四章
通过统计看世界

第五章
统计的力量

学习统计学有什么好处呢？

现在统计在社会生活中的地位越来越重要，

人们的日常生活和社会活动都离不开它。

学习统计可以增强你在社会上的"生存能力"哦！

让我们一起往下看吧！

统计思维

识破广告的策略

听到"统计"这个词的时候，大家的第一反应可能是它只存在于数学世界。实际上，大家日常生活中看到的食品、药品、衣服等商品的广告中也经常会使用统计学技巧，比如我们来看下面这一则广告。

扫码看视频

太受欢迎了！它一定非常好喝吧！

○○牌
草莓牛奶全网销量领先

只要仔细看，就会发现广告上还写着一行"○○牌"的小字。将范围缩小到了"○○牌"这样一个特定的品牌之后，"销量领先"所代表的范围就大大减小了，所以"全网销量领先"只是在网络上售卖○○牌草莓牛奶的所有商家中销量第一而已，并不能代表它在所有售卖草莓牛奶的商家中都销量领先。

虽然宣传着销量领先，但实际上不一定是这样的。

草莓牛奶全网销量领先

××牛奶	◇◇牛奶	☆☆牛奶	△△牛奶
▽▽牛奶	▷▷牛奶	◁◁牛奶	◇◇牛奶
○○牛奶	♠♠牛奶	♣♣牛奶	♡♡牛奶

原来只是这一个特定品牌的特定商品而已。

看到左下方的图表，大家大概会觉得○○牌橡皮擦的新产品会远比其品牌中的旧产品擦得干净吧。但是请大家注意一下，这个图表只展示出了一部分内容哦。让我们继续去看右下方完整的图表，是不是就会感觉○○牌橡皮擦的新产品其实和旧产品也没有太大的区别呢？

像这个例子一样，我们的生活中虽然充斥着大量巧妙针对消费者心理的广告，但我们完全可以使用统计学的技巧来识破这些广告的策略。如果能够充分掌握统计学知识的要领，在购买商品之前多多开动脑筋思考，就能判断出这件商品究竟值不值得购买。

好了，现在就让我们开始学习统计学吧！

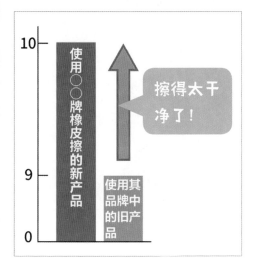

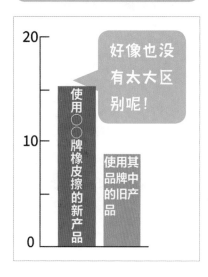

冷静地判断新闻内容

当大家看到电视上的节目主持人说了下面这些话后，是怎么想的呢？

扫码看视频

> 随机抽选 3000 人调查后的结果显示，55% 的人更喜欢吃咸豆腐脑，甜豆腐脑不如咸豆腐脑受欢迎。

> 喜欢吃甜豆腐脑的人没有喜欢吃咸豆腐脑的人多吗？

　　随机的意思是指不去预设民众的立场，不指定特定的对象，随机从所有接受调查的民众中选取3000个样本。比如在电视节目或新闻中，节目组常常会以微博投票、网站留言等形式向观众进行问卷调查，用来让大家知道所调查的问题的反馈情况，这就属于一种随机抽选。

　　可是，在知道前面实验的情况下，再次思考一下这位节目主持人的评论，大家又会想到什么呢？

　　在大概3000人的样本中进行抽样，会出现概率上的误差是理所当然的事。这样看来，喜欢甜豆腐脑的人实际上可能会比喜欢咸豆腐脑的人更多。所以，把"甜豆腐脑不如咸豆腐脑受欢迎"这种判断当成事情的真相可是不明智的判断哦！"55%的人喜欢吃咸豆腐脑"这部分才是节目主持人真正需要传达的信息。

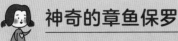

神奇的章鱼保罗

世界杯最佳"预言帝"章鱼保罗有着神奇的"预言"能力。人们把食物放在贴着国旗的两个玻璃缸内，让它从中进行选择。保罗所选择的玻璃缸就是"预测"会在比赛中获胜的队伍。在它短暂的一生中，一共为欧洲杯和世界杯做了14次预测，其中只有1次失误，正确率高达92.85%，在世界上一时间名声大噪。

如果在盒子里放入14个小球，其中7个是红色，7个是白色，随机从盒子里取出一个小球，小球的颜色为红色的概率是50%。

那么，我们可以说章鱼保罗的预言非常准确吗？

事实上，如果在盒子里放入一个红色的小球和一个白色的小球，从盒子中随机取出一个小球，记下颜色后将它放回，然后再一次从盒子中取出一个小球，这样重复14次，取出红色小球或白色小球的概率却不一定恰好就是50%。

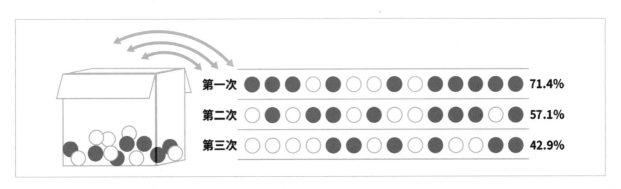

理想情况下，取出红色小球和白色小球的次数比例是50%。但事实上，即使是重复10000次取出小球的实验，最后得到的比例也未必会是恰好的50%，而会存在一定的偏差。统计的结果会受到各种因素的影响。

比如具有超能力一样的章鱼保罗实际上很可能只是因为喜欢国旗的颜色才会选择相应的玻璃缸，它所选择的是自己最喜欢的国旗，而非将会获胜的球队。如果我们能在看到盒子内容的情况下进行选择，喜欢红色小球的人会一直选择红色，而喜欢白色小球的人会一直选择白色。如果在白色小球和红色小球中还混杂着颜色红白各半的小球，那么出于视觉误差，可能也会有喜欢红色小球的人选择红白各半的小球，这也是章鱼保罗那一次出错的原因——它所喜欢的国旗代表的队伍恰巧没有取得胜利。

身边的事情与大环境的联系

扫码看视频

在班上，有许多同学都没有上过幼儿园，这仅仅是发生在我身边的事吗？

如何判断一件事是否只发生在了自己周围呢？用统计学就可以对其进行研究！

下图是由2010—2018年幼儿园数及学前教育入园率情况构成的图表，可以从图表中清晰地看出，从2010年以来，幼儿园的数量和学前教育入园率都在逐年增加，但仍然有很多小朋友没有上过幼儿园，这样的信息在图表中一目了然。

2010—2018 年幼儿园数及学前教育入园率情况

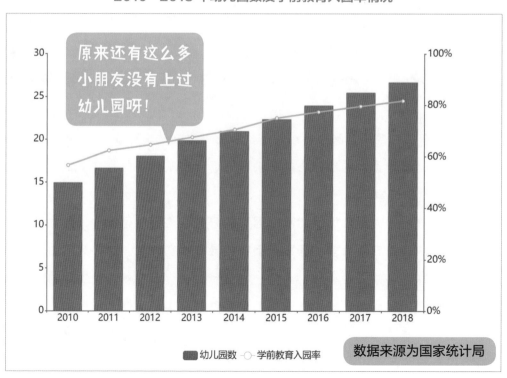

原来还有这么多小朋友没有上过幼儿园呀！

■ 幼儿园数　〇 学前教育入园率　　数据来源为国家统计局

接下来让我们看看下面的图表，这是表示2010—2018年九年义务教育巩固率情况的图表。九年义务教育就是国家为从小学到初中的儿童和青少年提供的公益性教育哦！从下面的图表中可以清晰地看出，从2010年以来，义务教育的普及程度在持续提高，这意味着虽然有很多小朋友错过了幼儿园，但是基本可以上小学和初中，并没有错过上学的宝贵机会。只要看这些统计图表，了解事情就会变得非常清楚容易。

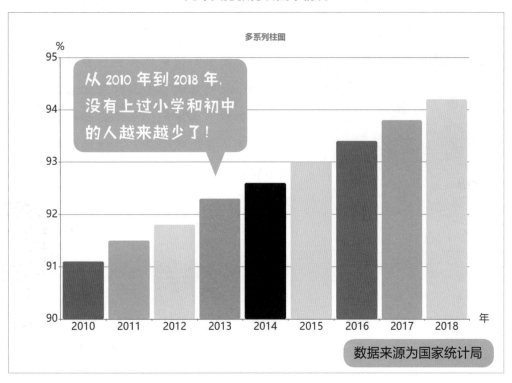

九年义务教育巩固率情况

从2010年到2018年，没有上过小学和初中的人越来越少了！

数据来源为国家统计局

国家机关会发布各种各样的统计数据，方便我们对事情进行了解。我们可以通过国家统计局官方网站 http://www.stats.gov.cn/ 了解更多想要知道的统计信息哦！

做成功的生意人

很多人都选择以商业或建筑业为工作，这里我们先拿商业来举个例子，统计学可是能够让我们经商成功的强力工具哦！

扫码看视频

假设同学们将来要去做冰激凌店的老板，那么采购冰激凌原料时是要谨慎判断采购数量的。根据季节的不同，采购原料的数量也要有所变化。如果不这么做的话，冰激凌就会因为季节不同卖不完或者存量不足，这样就有可能造成巨大的损失哦。

7、8、9三个月的支出最高啊！

童童家每月冰激凌的支出额

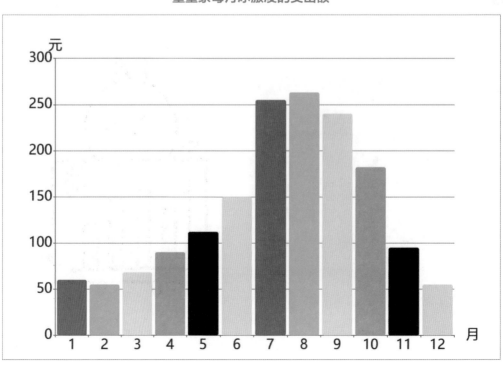

这个时候，基于2020年的这个数据所制成的童童家在2020年关于冰激凌每月的支出情况图表（上页图）就可以派上用场啦。要是将这个图表作为参考，来决定冰激凌店每个月的采购量的话，冰激凌卖不完或存量不足的情况应该会有所减少。

除了以上的数据，还有其他数据会对冰激凌店的生意有所帮助哦。如果将气温和冰激凌的销售量这两个数据关联起来制作图表的话（下图），就能够得到更加细致的数据，可以对生意起到很大帮助哦！我们甚至可以根据天气预报，基于对之后一周到两周气温的预测来决定冰激凌的采购量。

某冰激凌店制作的气温与销售额的关联图表

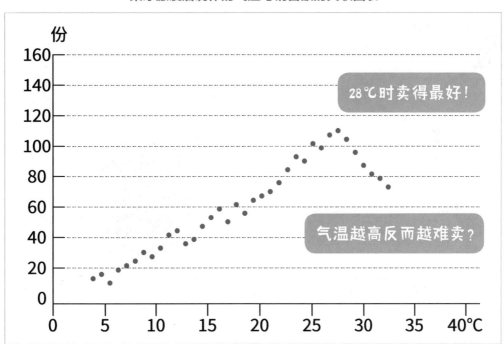

当然，不只是冰激凌店老板，在如今这个时代，如果不利用统计学进行商业活动的话，无论是店铺还是公司都很难长期存活。所以，大家学习统计学，也是在为未来做成一番事业做准备。

成为工作能力出众的人

任何工作都会应用到统计学，从下面的几个例子里我们就能明白，为什么人们常说"掌握数据就会对工作胸有成竹"。

扫码看视频

缩小目标

买相似背包的人

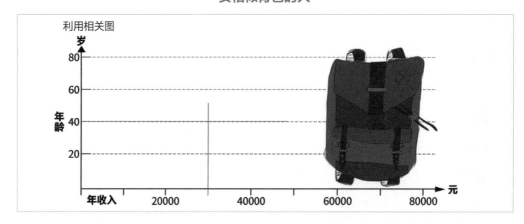

利用相关图

如果你想卖掉自家工厂生产的背包，就需要知道类似产品的购买者属于什么样的人群。如果你得到了上面这样的数据，就可以得知这款背包的购买人群主要是年收入在3万元左右的中年人。

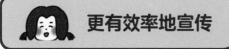

更有效率地宣传

食客人群名单

序号	姓名	性别	年龄	口味	电话号码
01	赵○○	男	20	麻辣	155XXXXXXXX
02	钱○	男	22	清汤	138XXXXXXXX
03	孙○○	女	35	麻辣	177XXXXXXXX
04	李○○	男	42	麻辣	158XXXXXXXX
05	周○	女	33	清汤	156XXXXXXXX
06	吴○	女	27	麻辣	136XXXXXXXX
07	郑○○	男	25	清汤	188XXXXXXXX
08	王○	女	22	清汤	177XXXXXXXX
09	冯○○	女	34	清汤	138XXXXXXXX

如果你需要通过发传单的方式推广自家的火锅店，在发传单之前，首先通过数据了解目标客户群体的年龄、口味、收入等数据就非常重要。如果你经营的火锅店的口味更受嗜辣的群体欢迎，将传单发给口味清淡的人的话，宣传效果就会大打折扣。

推测销售额增长

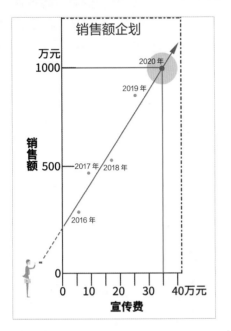

左边的图表是某个销售人员总结的在过去4年里公司所投入的宣传费和相应带来的销售额之间的比例。他使用了一些统计技巧，得出了这样的图表，并向销售部经理汇报"如果想让明年的销售额达到1000万元，需要投入35万元的宣传费"，给出的预测十分精确。这都得益于统计学。

聚精会神地听讲

右边的图表反映的是童童所在的班级里一天发生的所有学生上课打瞌睡的总次数。如果老师知道这个数据的话，就可以在学生上课打瞌睡频繁的时间段采取措施，振奋学生的精神，大大减少学生上课打瞌睡的次数。

事先观察打瞌睡频繁的时段

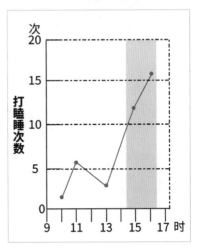

像这样灵活地运用统计是成功的关键哦！

工程师和博士都擅长统计吗？

扫码看视频

掌握着前端科技的工程师或学识渊博的博士都很擅长统计。

工程师常常会一边看着数据一边工作，从这些数据中找到有价值的信息，并根据数据解决问题。学者或博士在需要别人接受自己的观点时，常常也会提出一系列数据，用来佐证自己的看法。

如果他们只是空口说"我是这么认为的"，就很难令人信服。如果他们在表达意见的时候遵循"因为○○的数据，所以我认为情况是○○"的逻辑，就会更容易被人接受。尤其是在写严谨的科学论文的时候，必须有可信的、可重复验算的数据支撑才能证明自己的理论。

这种情况不仅在学术界适用，在处理任何问题的时候，数据都可以为我们提供有效的参考。

工程师或博士为了处理各种数据，需要掌握统计学知识

 学者或研究者都会使用数据论证观点。

 不管是经济学家还是各个专业领域的专家都会使用图表分析重要信息，统计在他们的工作中必不可少。

有奖节目中的陷阱

你是不是觉得赌博和自己离得很远？但是在我们身边，就有很多和"赌"相关的事情，例如麻将、彩票、抽奖等，它们总能让你看上去只要付出较小的代价，就可以拿到价值高昂的回报。

扫码看视频

可是事实上，所有的"赌"都会应验一句话——"十赌九输"，这一点一定要牢记在心。即使是在电视台的有奖节目中，也会出现"赌"的陷阱。

在某个电视节目中，主持人让选手在下面3只箱子中进行选择。其中1个箱子里放着大

奖，另外2个箱子里则空无一物。

当选手选择了某一个箱子（如B箱子）后，主持人并不会急着打开他所选择的箱子，而是会向他展示另一个没有放任何东西的箱子（如A箱子），然后询问他是否想要更换一个箱子。

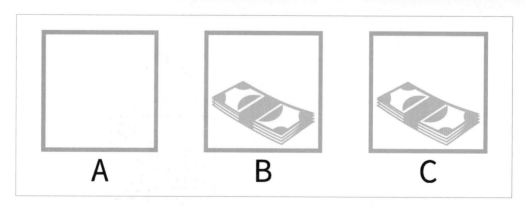

很多人都会觉得，既然A箱子已经确认空无一物，那么奖品在B箱子和C箱子中的概率就是均等的。但是，面对主持人的提示，选手能知道的其实只有"A箱子里没有东西"而已，他仍然不知道自己之前所选择的B箱子里是否放着大奖。

看起来东西在B箱子和C箱子里的概率已经变成了各1/2，可是对选手而言，实际上还是要从3个箱子里做选择。

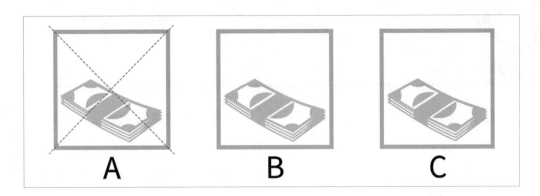

当你做出选择的时候，概率其实就已经固定了，不会因为你的选择发生改变。在3个箱子里，仍然只有1个箱子中放着真正的奖品。

主持人所排除的错误选项，是在A箱子和C箱子中排除的，这样，C箱子中有奖品的概率就大大增加了。当A箱子被排除后，C箱子中有奖品的概率就从1/3变成了2/3，而选手最初选择的B箱子，有奖品的概率却仍然是1/3。

选手仍然不能够确定奖品究竟在哪个箱子里。如果坚持选择B箱子，将有可能错过奖品；如果改为选择C箱子，有奖品的概率会更大，但选手仍然会有可能错过奖品。

通过统计学，选手可以在剩下的选项中选择概率更大的那一个，这样会更有可能获胜。但是，这也只是"有可能"而已，"赌"没有必胜的方法。

一定要牢记，不要陷入赌博的陷阱哦！

统计能预测未来吗？

童童 7 天完成作业的效率

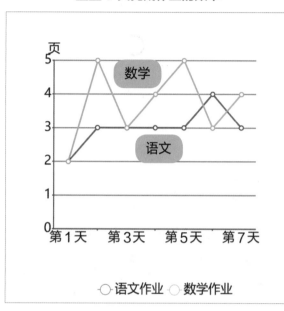

○语文作业 ○数学作业

扫码看视频

左图是童童暑假做作业时从第1天到第7天的完成效率图，从这个图表就可以大致预测她第8天时的作业完成效率。

统计的美妙之处就在于它可以根据过往的数据推测未来，数据越翔实准确，对各种影响因素考虑得越周全，得到的结果就会越精确。

下面的图表是国家统计局发布的2020年1—7月社会消费品零售额增速图，从图表中可以看出，在2020年的1—2月，受突如其来的疫情影响，商品零售额增速同比跌落了18%。可是，从3月开始，一切都在缓慢恢复，截至7月，商品零售额增速已经首次实现了正增长。

这意味着什么呢？这意味着，我们国家的经济正在不断复苏，继续保持这个势头下去，接下来的几个月里还会继续保持正增长。

"同比增长"的意思就是和去年同期相比，今年所增长的百分比。这么看来，增长率虽然一度跌落到负值，但回温的势头相当猛烈，只是在达到了一定程度后，增长的趋势渐渐变得缓慢了。

通过这种预测，我们可以针对未来制订相应的计划。

2020 年 1—7 月商品零售额增速

○增速

经济在不断增长中！这也要感谢线上购物！

用统计看穿骗局

童童

来玩抛硬币的游戏怎么样？
如果硬币是正面朝上，我请你吃一顿饭；
如果硬币是背面朝上，你请我吃一顿饭。
抛硬币的时候，硬币正背面出现的概率是相同的，这是完全随机的游戏哦！

正
图图赢

背
童童赢

扫码看视频

　　游戏开始后，图图总感觉硬币的背面似乎更容易出现，童童赢的次数要比自己多很多，于是他统计了一下硬币的正面和背面分别出现的次数。

第1次 第2次 第3次 第4次 第5次 第N次 第60次

正 背 背 正 背 …… 背 …… 背

这未免太奇怪了！

图图

　　60次中竟然有38次都扔出了背面！图图觉得，童童拿来玩游戏的硬币肯定有问题。可是，他怎么才能找到硬币有问题的证据，让童童承认自己的错误，并为这种行为受到惩罚呢？这时候就需要用到统计了。

我们暂且认为童童的说辞是对的，正确的说法是，这枚硬币的正面和背面出现的概率是相同的。

在统计学中，这种情况叫作"假设"。如果假设成立，那么在扔硬币游戏里，60次出现了38次背面，这样的情况算不算是罕见呢？像这样进行思考，就是统计思维。

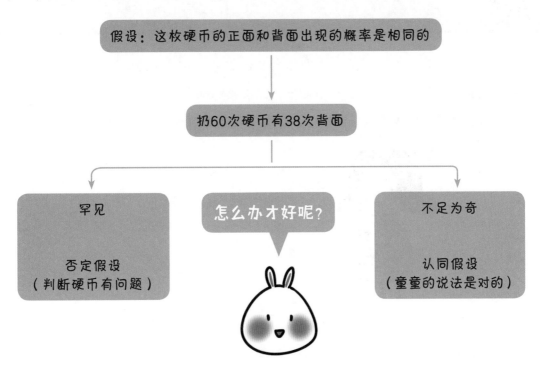

扔60次硬币出现了38次背面的概率可以通过计算求出。如果计算的结果显示"罕见的事情发生了"，则说明童童的游戏有问题，需要让她承认自己的错误，并且让她为此受到惩罚。

具体的计算方法我们会在第四章的"硬币游戏里的诡计"中进行具体介绍，敬请期待。

运用统计如烹小鲜

大家回想一下，在做饭的时候，我们都会怎么确定菜品滋味的浓淡。首先应该充分翻炒或搅拌，然后用筷子夹出一小部分，品尝菜的味道。这个时候，我们所夹出的这一小筷子菜品就代表整锅菜的味道，这就是统计的要点——"以小见大"。

扫码看视频

竟然还会这样！

电视台或报社就是使用尝味道的方法调查群众的意见的。原理很简单，即在目标人群中随机挑选一部分人，比如1000人，然后对这些人进行调查，统计他们对某种观点的看法，并算出持这种观点的人所占的比例。

虽说使用"随机选择"的方法可以挑选出用于统计的人群，可是"随机选择"本身也并不简单。比如英国、日本等国家进行全国选举时，在开票后立即发布新闻速报，宣称某人"肯定会当选"，这种行为其实也应用到了统计的知识，就是通过部分选票的情况推断所有选票的结果。

可是像"肯定会当选"这种用语，还是需要谨慎使用。因为这种概率不一定准确，很可能会随着更多选票的计入，导致统计结果发生变化。因此有时也会出现一开始气势如虹，后来却落选了的情况。

尝一口菜品

开一部分选票

浓淡
已知

当选已定

统计结果相对准确

统计结果未必准确

如果不充分搅拌，会出现什么问题呢？

当○○糖果商想要宣传"○○糖果比◇◇糖果更加美味"的时候，往往会在自己的顾客中进行调查，询问他们是否觉得○○糖果比◇◇糖果更加美味，然后从中选择对自己有利的结果进行宣传。

这样的调查结果显然是不准确的，还会给顾客提供错误的暗示。如果轻信了这种宣传，认为○○糖果确实比◇◇糖果更加美味，那就要上了○○糖果商的当了。

统计的要点就是"以小见大"，关键在于"充分搅拌后取一部分"。如果不充分搅拌直接进行取样的话，很容易出错。

统计和国家有什么关系呢？

"统计"是从什么时候开始成为一门学问的呢？我们把关于统计的学问简称为"统计学"，但是统计学的内容非常复杂。虽然查了词典，童童还是无法理解"统计学"的含义。

扫码看视频

百度汉语词典	研究统计理论和方法的科学。

在这里，我们所讲的"统计学"是整理加工各种数据，从中导出有意义的信息的学问。统计学和治理国家密不可分，它已经成为治理国家的好帮手，对人口、国土面积、粮食收成等方面产生了不可或缺的作用。

在公元前的古埃及，为了能建造金字塔这样的宏伟建筑，人们就进行了统计调查。古代中国的每个朝代也都会对人口和土地等进行统计调查。古代罗马也进行过人口和土地的统计调查，当时负责调查的官员被叫作Censere，现在这项工作演变成了"人口普查"。

"统计学"的英文是Statistics，最早在17世纪开始使用，代表对国家资料进行分析的学问，即研究国家的科学。从古至今，"统计"一词都和国家密切相关。无论是征收税款，还是征收兵员，都需要进行统计，然后才能正确地掌握国家的状态，更好地治理国家。

统计学年表

公元前 3000 年前后 古埃及统计调查

金字塔利用了统计学进行建造

1600 年左右 世界各国都在进行国情调查

我们国家有多少人口、多少土地，用统计学调查清楚！

是，国王陛下！

1900 年左右 各种统计学手段逐渐出现

2000 年左右 科技腾飞，进入大数据时代

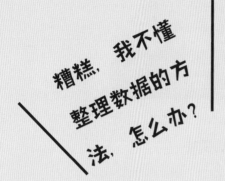

糟糕，我不懂整理数据的方法，怎么办？

不用担心，利用表格和图表就可以整理数据哦！

处于大数据时代的我们，
虽然每天都可以获取很多信息，
但是从中提取对自己有用的数据还是很困难的事情。
在第二章中，
我们可以学习整理数据和读取数据特征的方法哦！

尝试
汇总数据

人类信息存储的历史

统计分析是以数据为基础的。在现代社会，我们每天只要睁开眼睛，所看到的、所使用的就都跟数据密切相关，我们无法想象现代社会没有数据是什么样子。如果没有数据，我们就不知道如何表达数量等内容。同学们可以设想一下在不使用数字的情况下如何计数。

扫码看视频

我们人类是很有智慧的，发明了各种各样的计数方法存储相关数据。下面我们就开始回顾一下人类记录和存储信息的历史吧！

手指计数

如何计数，是人类社会从诞生之日起，就不得不面对的问题。例如，今天有多少人出去打猎，回来多少人，打回多少只猎物等，所有的数据都需要记录下来。在原始社会物资比较匮乏，能用的东西少之又少，少到只能用自己身体上的某一部位进行计数。比如用10根手指来记数是古人或者幼儿最自然、最简单的选择。1根手指表示1，5根手指表示5，10根手指表示10。随着部落人口越来越多，劳动成果也越来越多，当手指满足不了需求时，就加上脚趾。

1只羊

2个苹果

3块石头

筹码计数

随着生活的发展、部落的壮大，人们记数的范围越来越广，数量也越来越大，手指计数已经不能满足需要了。于是人们用地上的石头和树枝作为筹码计数，每一筹码表示1、10、100等。例如1个小石头表示1，1块大点的石头表示10，再大点的石头表示100。那么，1块大点的石头周边放3块小石头就表示13。

1块大石头表示10，3块小石头表示3，连在一起表示13。

结绳计数

就目前所知，结绳计数是除手指之外最早的计数工具，它的出现早于任何文字，因此它被发明的时间和地点都找不到记载。结绳计数是指用绳子打结的方式表示事物的多少，根据打结的大小和形状表示事物的大小和不同。《周易·系辞》中有"上古结绳而治"，汉朝郑玄就曾注解："结绳为约，事大大结其绳，事小小结其绳。"结绳记事从某种意义上来说作为信息存储的介质，并不能算是真正的、符合要求的存储介质，因为它不可读取。这样，我们很难翻译绳结的含义。有的绳结会在底部编上标志性的代表物，例如编上羊毛表示该绳记载的是关于部落中羊的数据。右图即为古人结绳计数的图片。

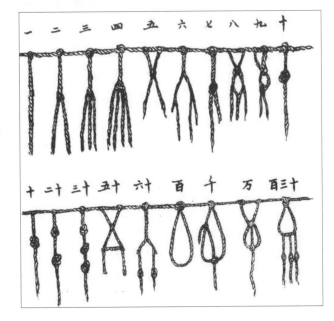

　　书契计数是比结绳计数稍晚一些的计数方法，书契是刻或者划在竹、木、龟甲、骨头等物品上的记号。随着人们生活范围的扩大，不同部落之间相互合作或者签订契约，此时最能引起争端的就是各种物品的数量，于是他们就通过契刻的方法达成契约。

　　这是人类文明史上一次质的飞跃，更是信息存储史的飞跃。图画文字的发展，使得人类社会催生出了我们现今熟知的象形文字。不仅如此，埃及的象形文字、苏美尔文、古印度文以及中国的甲骨文，都是独立地从原始社会最简单的图画和花纹发展而来的。

尝试做数据统计吧！

123.5、125.3、132.5、118.7、
122.7、124.5、122.6、143.4、
146.5、119.7、125.2、119.1、
143.5、145.9、159.7、138.1、
125.5、150.3、164.2、166.2、
150.3、150.5、155.7、143.2、
146.2……

扫码看视频

上面罗列了小朋友们的身高，单是看这些数字的排列，是不是看不出什么？

让我们像右表这样整理资料吧！首先将每10cm身高算作一个区间，从118.7～168.6，一共分成5个区间，将所有学生的身高数据分别填入对应的区间。填写完成后，在最右侧的一列表格中填入每个区间的人数。

50 名学生的身高分布表

身高区间 （cm）	50名学生的身高 （cm）	人数 （个）
118.7～128.6	118.7、119.7、119.1、123.5、 125.3、122.7、124.5、122.6、 125.2、125.5……	20
128.7～138.6	132.5、138.1……	4
138.7～148.6	143.4、146.5、143.5、145.9、 143.2、146.2……	12
148.7～158.6	150.3、150.3、150.5、 155.7……	8
158.7～168.6	159.7、164.2、166.2……	6

按照上一页的引导，我们根据学生的身高制作出了一个表格。在这个表格的基础上，我们可以再制作出如下图所示的表格，并将这个表格称为"频数分布表"。

数据的区间又称作"组段"

数据的个数又称作"频数"

频数分布表

组段	频数
118.7~128.6	20
128.7~138.6	4
138.7~148.6	12
148.7~158.6	8
158.7~168.6	6
合计	50

"分布"是指在各个区间中各有多少数据

制作了上面的频数分布表后，我们从中可以看出很多信息。比如说，身高在118.7~128.6cm之间的人数最多，有6个人身高超过了158.6cm。没有人身高在170cm以上，这是不是说明对于小学生来说，170cm以上的身高很难达到呢？在最初的数据中，我们不清楚班级里小学生们的身高分布情况，现在通过频数分布表就能看出来啦！

虽然这只是50人份的数据，但从最初的数据整理成现在的表格已经很不容易了。如果数据变得更多的话，制作起来会更加麻烦。当再遇到这种情况的时候，我们就可以使用计算机作为辅助，将自己从烦琐的手动操作中解放出来。无论是统计还是计算机，都要朝着运用自如的目标努力呀！

统计的数据还是不太理解

上节介绍了整理数据制作表格的方法，很多同学没有直观的印象，看完表格后还是一头雾水，只能记得10cm为一组，有的组是20人，有的是4人。接下来我们将数据图形化，更直观地统计数据。

扫码看视频

第一步：首先按身高排序

第二步：根据需要划分区间

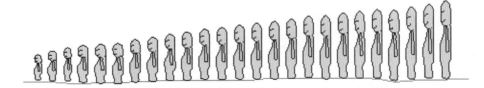

118.7 128.7 138.7

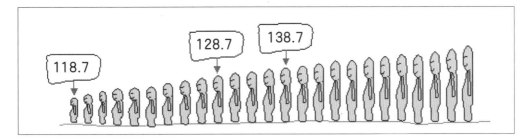

第三步：制作表格

组段	频数	所占比重
118.7～128.6	20	0.4
128.7～138.6	4	0.08
138.7～148.6	12	0.24
148.7～158.6	8	0.16
158.7～168.6	6	0.12
合计	50	1.00

这里的"所占比重"是将对应的频数的数值除以总人数，所得的结果也可以用百分数来表示。

这样分析的话，枯燥的数据是不是有点意思了。其实这并不是将数据图形化，只是在我们脑海中添加一些图画，以便加深印象。接下来我们学习"直方图"，这一工具将数据的分布更加精确地表达出来。使用直方图统计数据时，要注意组距不同，展示的数据效果也会不同哦！下面使用微软公司（Microsoft Corporation）出品的Excel制作直方图。

身高范围与人数的关系（以10cm为组距）

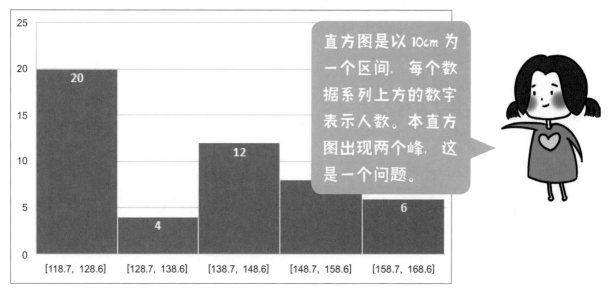

直方图是以10cm为一个区间，每个数据系列上方的数字表示人数。本直方图出现两个峰，这是一个问题。

直方图的横坐标表示划分的区间；纵坐标表示人数；中间矩形的数据系列表示每个区间内的人数，人数越多，数据系列就越高。

当我们使用Excel制作直方图时，默认将数据分为4个区间，此时各区间的人数不同，直方图展示效果也不同。

身高范围与人数的关系（以14cm为组距）

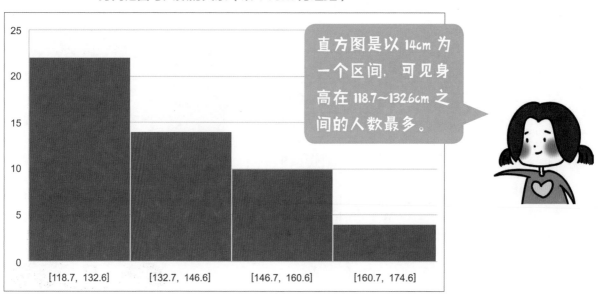

直方图是以14cm为一个区间，可见身高在118.7~132.6cm之间的人数最多。

另外我们发现，以14cm为组距时，直方图显得很粗略，只用4个区域很难准确地分析数据。当以10cm为组距时，我们看到了以14cm为组距时看不到的形状，直方图出现了两个峰，即118.7~128.6cm和138.7~148.6cm处。以14cm为组距时没能发现这一点，说明还是有考虑不周之处。

我们还可以以更小的组距进行数据统计，例如以5cm为组距，绘制的直方图走势和以10cm为组距相同。可见数据系列变多、信息量变大不利于观察数据。

身高范围与人数的关系（以5cm为组距）

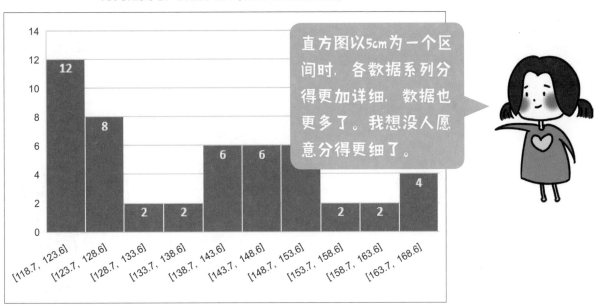

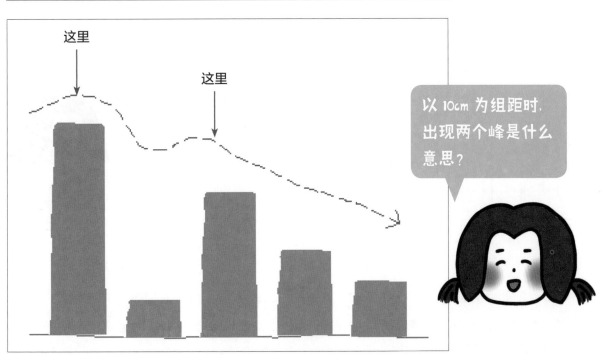

正确使用直方图

在介绍正常的直方图之前先看一下生产车间生产PE管的例子，生产的一批PE管的直径是20mm，在生产过程中肯定会由于某些原因导致生产的PE管直径为19.99mm或者20.01mm，甚至是更大误差。以现在的生产技术和设备，生产的产品合格率应当很高。如果对产品进行数据统计，其直方图应当是单峰的。

扫码看视频

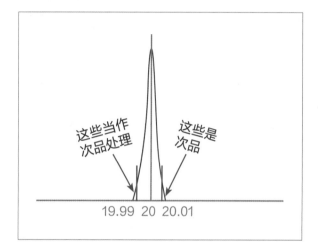

这才是童童厂长所要的生产结果。优质的厂长，优质的工厂，优质的产品。

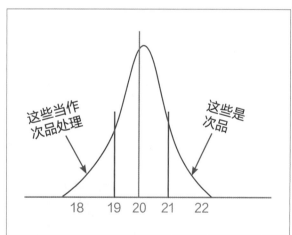

这是童童厂长生产的产品吗？只能解释误差在 2mm 之内是正常的。

以上展示单峰的直方图，一般来说应当是均匀的或者单峰的。正常型是指过程处于稳定的图形，它的形状是中间高两边低，左右近似对称。近似对称是指直方图多少有点参差不齐，主要看整体形状。

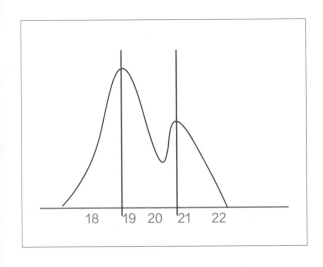

在本例中，如果出现两个峰的直方图，有可能是机器故障，也有可能是两种不同的产品掺杂在一起了。

那么，再回到统计学生身高的例子中，直方图组距为10cm时为什么会出现两个峰呢？难道是统计的数据有问题？其实是我们统计的人群分为两大类，即男生和女生。女生的身高集中在118.7~128.6cm之间，男生的身高集中在138.7~148.6cm之间，所以直方图会出现两个峰。

我们将统计的数据进行重新筛选，只统计男生的身高。此时再绘制直方图，并将组距设置成10cm时，就只出现单峰图了。所以我们在收集数据时不要将多种数据混杂在一起。

男生身高直方图（以10cm为组距）

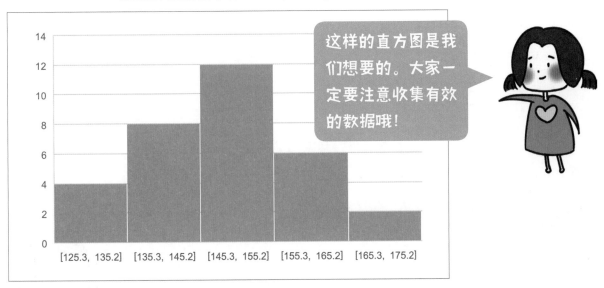

使用 Excel 绘制直方图

绘制直方图、重新整理数据，好麻烦啊！

别着急，我们可以在 Excel 中轻松整理数据和制作直方图。

扫码看视频

一、我们需要将收集的数据输入到Excel中，制作成一维表格。第一列为姓名，第二列为性别，第三列为身高。此时男生和女生的数据是混在一起的。

	A	B	C	D	E	F
1	姓名	性别	身高		单位：厘米	
2	王小强	男	125.2			
3	张山	男	166.2			
4	李凤	女	132.5			
5	王羽	男	159.7			
6	孙萌	男	150.3			
7	王帅	男	150.5			
8	赵飞飞	女	118.6			
9	张晓天	女	119.7			
10	刘大志	男	125.2			
11	张强	男	143.5			
12	田菲菲	女	123.5			
13	王栋	男	146.5			

这样收集数据是不对的哦！男生和女生的身高混在一起，分析的结果就会变得没有意义哟。

二、选择"性别"列中任意单元格，切换至"数据"选项卡，单击"排序和筛选"选项组合，选择"升序"按钮。

对"性别"进行排序后，男生和女生的数据就都分别汇集在一起了，一下就解决了数据混杂的问题！

三、只选择男生身高数据所在的单元格区域，切换至"插入"选项卡，单击"推荐的图表"按钮。

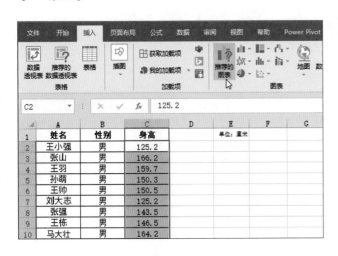

这一步的关键在于针对性地选择统计分析的数据！我们对男生身高进行分析，所以只选择男生的身高数据。

四、打开"插入图表"对话框，切换至"所有图表"选项卡，在左侧显示Excel中所有的图表类型，我们选择"直方图"。在右侧可以预览根据选中数据制作的直方图，其中组距都是Excel根据数据自动调整的。

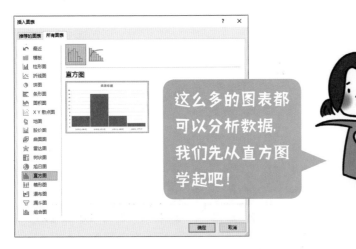

这么多的图表都可以分析数据，我们先从直方图学起吧！

五、在Excel中创建直方图，我们可以调整组距。双击直方图的横坐标轴，打开"设置坐标轴格式"导航窗格，在"坐标轴选项"区域中选择"箱宽度"单选按钮，在右侧数值框中输入10，按回车键即可。

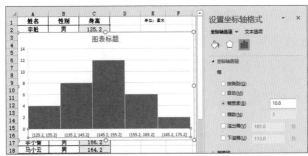

以上是基于Excel 2019版本的操作。如果你的Excel是低版本的，需要加载"分析工具库"才能使用直方图。你也可以以"Excel低版本使用直方图"为关键词，自行在网上搜索具体的操作方法和相关讲解视频。

一起了解各种图表吧!

将资料整理制作成图表,资料的特别之处就会一目了然。让我们一起了解一下几种常用的代表性图表吧!

扫码看视频

首先是柱形图。

柱形图还有"长条图""柱状统计图""条图"等称呼,是一种以长方形的长度(高度)为变量的统计图表。因此,可以说柱形图的长度(高度)是有特殊意义的。

一般来说,柱形图都是竖向排列的,但有时也需要绘制横向排列的柱形图,或者结合折线图,进行更加丰富直观的表达。

在需要对数值进行比较时,常常会使用柱形图。比如右图的图表所展示的就是童童在2020年的月考分数,通过柱形图,童童考试分数的变化就直观地展现了出来。

其次是直方图。

直方图也被称作"质量分布图"。它也是一种柱形图,将柱形图中间的间隙去掉,就变成了直方图。可是,直方图比柱形图表达的内容要复杂得多。

童童 2020 年的月考分数

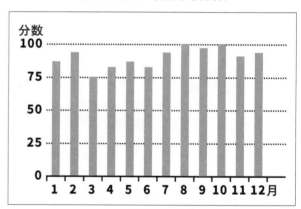

童童 2020 年的月考分数直方图

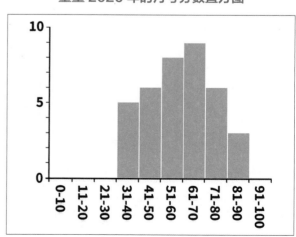

之前我们曾经介绍过直方图（频数分布直方图）的绘制方法，直方图的关键是图形的面积，如果数据的数值是连续的，用直方图会非常方便观察数据的变化。

然后是圆饼图。

圆饼图的另一个名字是"馅饼图"，顾名思义，就是看起来像是被分割的馅饼一样的图表哦。圆饼图使用扇形从圆心分割正圆，扇形开合角度的大小就代表着数据的大小。下面是统计童童和图图每日学习时间划分的圆饼图。看着这两幅扇形图，立刻就能比较出来童童和图图在学习时间安排上的差异。

每日学习时间划分圆饼图

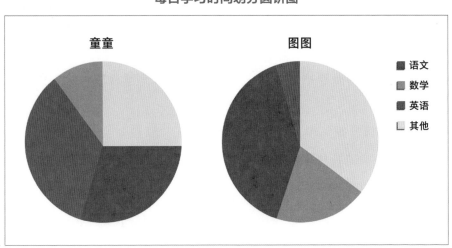

还有堆积条形图。

堆积条形图也是柱形图的一种，当柱形图横置的时候，就叫作条形图。堆积条形图将数据分成几组，通常来说，每一组的宽度都是一致的。它既能让我们看到整体的调查情况，又能看到组内的细分数据，对比一目了然。还是以童童和图图每日的学习时间划分为例，这一次我们将两人的调查数据放在一个图表中，使用堆积条形图来呈现。

每日学习时间划分条形图

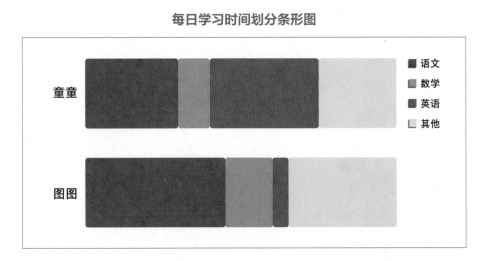

这么一对比，童童和图图在时间分配上的差别好鲜明！

堆积条形图是直观展现差异的利器哦！

折线图也很常用的哦。

折线图可以显示数据随着时间变化而产生的变化，最适合显示在相等的时间间隔下数据变化的趋势。

下图是以"○○牌橡皮擦"和"□□牌橡皮擦"在"双11"当天的第1个小时中，每10分钟的销售额变化为例制作的折线图。横轴是时间，竖轴是卖出的份数，非常方便地反映出了"每一个时间点的数据是如何变化的"。

不同品牌的橡皮擦销售额变化折线图

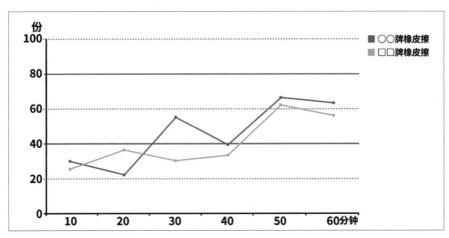

竞争好激烈呀！

这样就清晰地体现出了数据随着时间的变化而变化的趋势。

什么是平均数？

扫码看视频

当直方图为单峰型时，平均数、方差和标准差的指标就非常重要了。平均数是表示一组数据集中趋势的量数，是用一组数据中所有数据之和除以这组数据的个数。它是反映数据集中趋势的一项指标。解答平均数应用题的关键在于确定"总数量"以及和总数量对应的总份数。

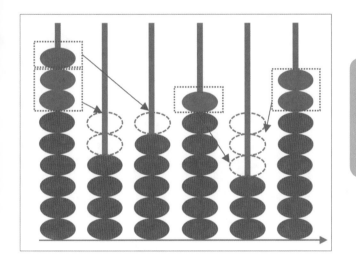

平均数就是用多的补少的，最后使它们都一样多就行了。

下图是童童的班级里25个人的语文成绩。直接看这些数据，是得不到这个班级里语文成绩的特征的。我们来想一想：有没有什么办法能够用一个数值代表这些数据？

我的成绩可以代表班级的成绩吗？

97、95、88、83、92、81、
79、99、100、87、88、95、
97、86、97、85、74、71、
85、96、93、87、77、85、
84……

假如说，我们用童童的语文成绩来代表全班同学的语文成绩，那么此时，童童的语文成绩就叫作"代表值"。在进行统计的时候，我们常常会用到"代表值"中的"平均数""中位数"和"众数"，现在我们先从最常听到的"平均数"开始介绍。

在小学时，我们会学到算数平均数，即用一组数据的和除以这组数据的个数所得的商。算术平均数是平均数的一种，在这个例子里，我们所使用的"平均数"这一概念就可以理解为算术平均数。

上面童童班级25人的语文成绩，使用平均数的公式进行计算就会是这样：

$$\frac{97+95+88+83+92+81+79+99+100+87+88+\cdots 77+85+84}{25}=88.04$$

最终，我们得到的平均值是88.04，那么88.04就是童童班级同学的语文平均成绩，可以用这个数值来代表这个班级的语文成绩。

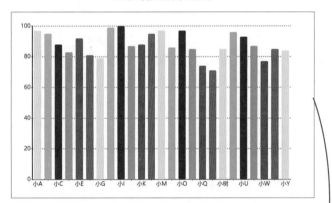

全班语文成绩统计

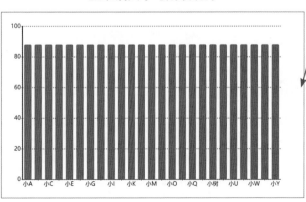

全班语文平均成绩统计

平均数运算

只要将所有数相加，再用和除以个数即可。只有加法和除法两种运算方式。

什么是中位数？

在统计中，另一个经常使用的代表值是"中位数"。寻找中位数的时候，首先应该把数据按从小到大的顺序（或者从大到小的顺序）排列，像下面这样：

扫码看视频

> 71、74、77、79、81、83、84、85……96、97、97、97、99、100

按从小到大的顺序排列之后，位于正中间的数据就是中位数，比如在这个例子中，我们选取了25位同学作为样本，那么在重新排列之后，位于中间的第13个数据就是中位数。

学生的身高排列（学生数量为奇数）

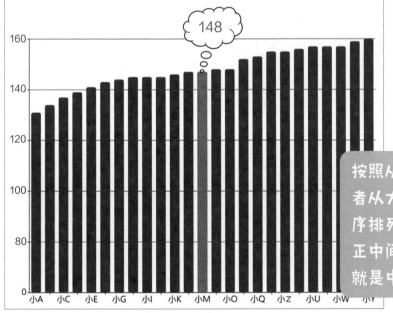

> 当数据的个数是奇数时，位于正中间的那个数就是中位数。

> 按照从小到大或者从大到小的顺序排列后，位于正中间的那个数就是中位数。

但是，假如我们选取了偶数的样本，例如选择了26位同学作为样本，那么，第13个数据和第14个数据就都是位于中间的数据了，也就是说会有两个数据是中位数。

当我们遇到这种情况的时候，就可以将两个位于中间的数据相加，并除以2，用两个数据的平均数作为中位数。例如，第13个数据是148，第14个数据是150，那么这份数据的中位数就是（148+150）÷2＝149。

当数据的个数是偶数时，取中间两个数的平均值为中位数。

学生的身高排列（学生数量为偶数）

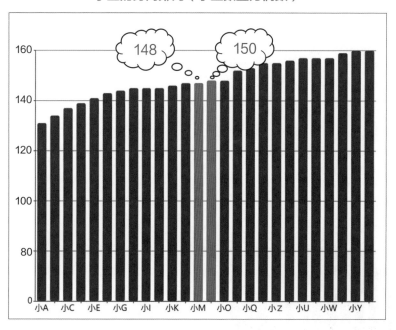

平均数和中位数有很大的区别：影响平均数的是所有数据的大小，而影响中位数的只有中间的一位数或两位数。因此，中位数不受最大、最小两个极端数值的影响，部分数据的变动对中位数没有影响。

这个知识点要牢记哦！如果数据的个数是偶数，就会有两个数位于正中间，此时应该将两个数的平均数作为中位数。

什么是众数？

"众数"也是统计上最常使用的3个代表值之一哦！

我们使用班上25个人的英语成绩数据，将组段设置为10分，像是0～10分、11～20分、21～30分……91～100分这样进行分组，并填入相应的频数。

扫码看视频

这一次，我们在组段和频数之间再增加一列"组中值"。组中值的计算方法和前面介绍过的平均数相同，将组段的上限数值和下限数值相加，然后除以2，公式如下：

$$\frac{组上限+组下限}{2}=组中值$$

像右边这样，将童童班级里25位同学的成绩制作成频数分布表。

组中值就是组段的中位数

成绩频数分布表

组段	组中值	频数
0～10	5	0
11～20	15.5	0
21～30	25.5	0
31～40	35.5	3
41～50	45.5	0
51～60	55.5	3
61～70	65.5	7
71～80	75.5	5
81～90	85.5	3
91～100	95.5	4
合计		25

根据频数分布表，我们还可以进一步制作出频数分布图。从频数分布图上，我们可以清楚地看到，英语成绩在61~70分这个组段的同学最多。那么，这一组段的组中值65.5就是童童全班25个同学英语成绩数据的众数。

全班同学英语成绩分布图

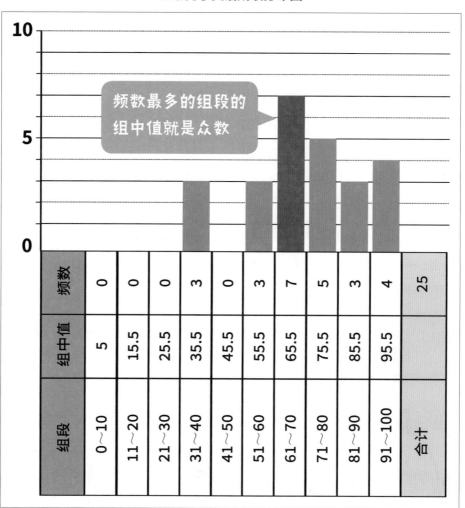

频数最多的组段的组中值就是众数

组段	组中值	频数
0~10	5	0
11~20	15.5	0
21~30	25.5	0
31~40	35.5	3
41~50	45.5	0
51~60	55.5	3
61~70	65.5	7
71~80	75.5	5
81~90	85.5	3
91~100	95.5	4
合计		25

本案例是以组段为单位计算众数的，我们也可以以单个数为单位计算众数。一组数据可以有多个众数，也可以没有众数。

现在知道3个代表值是什么以及如何计算了吗？下面我们将介绍在Excel中如何快速计算出这3种数据！

使用 Excel 可以计算 3 种数据吗？

我们统计很多数据时，都需要借助相关的统计工具。本节将介绍工作中不可缺少的办公软件Excel是如何计算平均数、中位数和众数的。

扫码看视频

首先，我们要认识Excel中的3个函数以及各参数的含义，分别是AVERAGE、MEDIAN和MODE函数。语法格式：

平均数
中位数
众数

AVERAGE(number1,[number2],...)
MEDIAN(number1,[number2],...)
MODE(number1,[number2],...)

这3个函数的参数都一样！

	A	B	C	D	E	F	G	H
1	96	51	63	64	80			
2	76	97	73	67	51		平均数：	77.52
3	90	83	84	52	51		中位数：	78.5
4	77	90	99	80	86		众数：	51
5	58	59	79	63	100			
6	68	79	82	74	92			
7	94	89	82	79	61			
8	67	97	76	96	78			
9	77	62	78	67	91			
10	71	91	66	92	98			
11								

=AVERAGE(A1:E10)

=MEDIAN(A1:E10)

=MODE(A1:E10)

如果一组数据有多个众数还使用 MODE 函数吗？我还想知道一组数据中的众数有多少个。有相关的函数吗？

当使用以上3个函数时，计算平均数和中位数是没有问题的。但是当一组包含多个众数的数据使用MODE函数时，就只能计算出第一次出现的众数。例如本案例中众数包括3个，分别为51、67、79，其中51是最早出现的，所以使用MODE函数只能计算出51是众数。

如果计算出众数，如何知道该众数在一组数据中出现了多少次呢？接下来再认识另外两个函数。

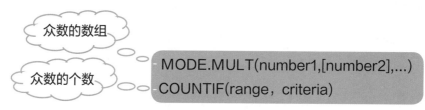

众数的数组

众数的个数

MODE.MULT(number1,[number2],...)
COUNTIF(range，criteria)

其中MODE.MULT函数是返回一组数据中出现频率最高的或重复出现的数值的垂直数组。使用该函数时，首先要选择连续的单元格区域，然后输入函数公式，最后一定要按Ctrl+Shift+Enter组合键。

COUNTIF函数是有条件地查找指定内容的个数。range参数表示数据的区域，criteria参数表示查找指定的内容。

	A	B	C	D	E	F	G	H
1	96	51	63	64	80			
2	76	97	73	67	51		众数	个数
3	90	83	84	52	51		51	3
4	77	90	99	80	80		67	3
5	58	59	79	63	100		79	3
6	68	79	82	74	92			
7	94	89	82	79	61			
8	67	97	76	96	78			
9	77	62	78	67	91			
10	71	91	66	92	98			
11								
12								

使用 MODE.MULT 函数就可以将多个众数查找出来了。

=MODE.MULT(A1:E10)

=COUNTIF(A1:E10,G3)

结合直方图了解 3 种代表值

前几节中我们对平均数、中位数和众数的概念进行了解说，现在，我们结合频数分布直方图，对这3个代表值做进一步的思考。

试着想一下，3个代表值都会呈现在直方图的哪个位置？我们将会从中发现一些很有意思的联系。

扫码看视频

首先从中位数开始！
我们将数据从小到大地进行排列，位于正中央的数据就是中位数。将这种思路放到直方图中，就是"使直方图左右面积相等的数值即为中位数"。

就像这样！中位数的左边面积是等于右边面积的哦！

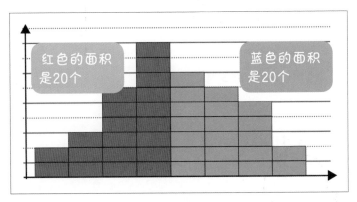

红色的面积是20个

蓝色的面积是20个

接下来是众数！
众数是频数分布表中频数最多的一个组段，所以"直方图中高度最高的一组数据即为众数"。

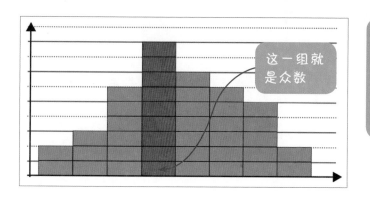

这一组就是众数

在频数分布直方图中，频数最多的一组就是众数哦！

然后是平均数！
我们很难直观地在直方图中一眼辨认出平均数，因为平均数就是直方图的"重心"。如果以平均数为一点支撑图形，图形会和地面呈平行的状态，就像下面展示的这样。

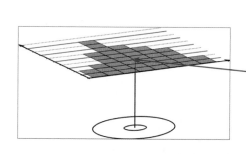

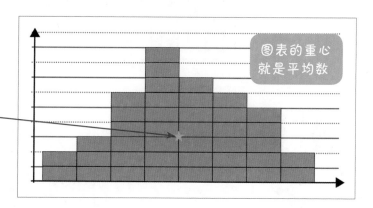

图表的重心就是平均数

如果直方图是左右对称的话，3个代表值就会有惊人的相似性，在直方图中的位置也几乎相同。除此之外，3个代表值就会发生各种各样的变化。了解了这一点，以后看到直方图的时候，就能轻松分辨出代表值了。

是个非常实用的技巧呢！

"离散度" 的表示方法

我们以下面的图片为例。童童的班级在植树节植下了两行小树，每行各5棵。它们的平均高度是一致的，但是很明显，两行小树高度的"离散度"完全不一样。

扫码看视频

虽然平均高度是一样的，但两行小树高度的"离散度"明显不同。

平均高度是 100cm！

平均高度是 100cm！

平均高度是无法表现出高度的"离散度"的哦！

虽然平均数是个非常有用的代表值，但它无法表现出这两行小树高度的离散度。

在统计学上，我们有几种用于表现离散度的数值，包括"极差""方差"和"标准差"。

首先是极差。极差越大，数据的偏差就越大。

极差 = 最大值 - 最小值

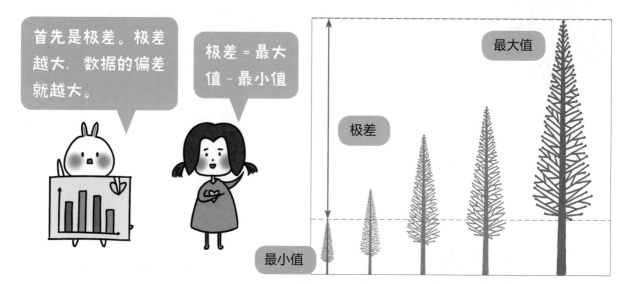

最大值

极差

最小值

然后是方差。方差和平均数是统计中最重要的两个数值。方差需要使用偏差平方和进行计算，这个公式有点难度哦！用实际值减去平均值后，我们可以得到偏差，而偏差平方和等于所有的偏差进行平方后相加。

所以，方差的计算公式可以理解为：

$$\frac{(A实际值-平均值)^2 + (B实际值-平均值)^2 + \cdots (X实际值-平均值)^2}{数据个数} = 方差$$

方差就是偏差平方和的平均数！

标准差是方差的算术平方根！

最后是标准差，也叫标准偏差。方差是表示离散度的最重要的数值之一，但因为方差是由偏差平方和求得的，其单位会和测量数据有所不同，比如，树高是 100cm，进行平方后就会变成 10000cm²，所以我们需要将方差还原到原本的单位，进行标准偏差的计算。这个公式是：10000cm² = 标准偏差 cm × 标准偏差 cm。我们可以将这个公式写作 $\sqrt{10000cm^2}$，读作"根号 10000 平方厘米"。在计算器上输入 10000，再按下根号键，就可以计算出标准差了！

直方图中的方差和标准差

方差和标准差可以用来表示数据的离散度，下面我们来看一下，方差和标准差在直方图中的体现。

扫码看视频

在直方图中体现得更直观哦！

方差越大，直方图左右宽度越宽。

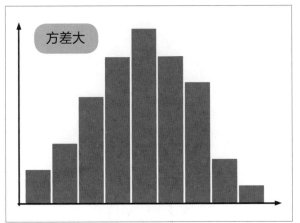

方差大

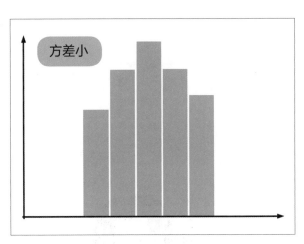

方差小

那么，标准差在直方图中又应该如何表现呢？为了让大家更好理解，我们使用左右对称的山形频数分布图来展示。

在后面的频数分布直方图中，我们可以看到，平均数位于直方图的中心。在这个图表（下页上图）中，我们使用S表示标准差，用来表现中心向左右偏离的范围。

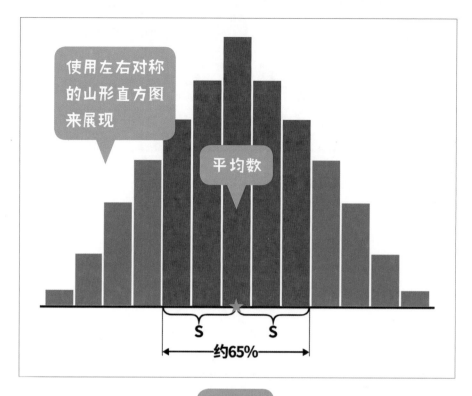

标准偏差

以这个左右对称的频数分布图为例，就是大概65%的数据在偏差范围里。

也就是说，如果上图的数据是调查了1000人后所得的数据，那么大概就有650人是在以平均数为中心向左右偏离标准差S的范围里。

所以，如果能一看到标准差就在脑海中描绘出相应的频数分布图，就可以很快知道数据的离散度了！
可是……感觉这个好难啊！

但是，方差和标准差是统计学的基础，想要学习统计，必须要好好掌握哦。

判断生产质量

工厂里举办生产大赛，最后由小冠和小胜进入决赛并争夺年度冠军。决赛规则是在1小时内每人生产100个螺母，其直径为28.4mm。下面我们通过平均数和标准差来判断谁生产的螺母精度高。

扫码看视频

左侧是小冠和小胜在1小时内生产的100个螺母的直径数值，看着数值都差不多。

小冠										
	28.30	28.08	28.83	28.16	28.65	28.30	28.08	28.83	28.16	28.65
	28.61	28.25	28.51	28.12	28.84	28.61	28.25	28.51	28.12	28.84
	28.00	28.40	28.85	28.06	28.48	28.00	28.40	28.85	28.06	28.48
	28.29	28.20	28.73	28.08	28.97	28.29	28.20	28.73	28.08	28.97
	28.39	28.16	28.07	28.80	28.76	28.39	28.16	28.07	28.80	28.76
	28.30	28.08	28.83	28.16	28.65	28.30	28.08	28.83	28.16	28.65
	28.61	28.25	28.51	28.12	28.84	28.61	28.25	28.51	28.12	28.84
	28.00	28.40	28.85	28.06	28.48	28.00	28.40	28.85	28.06	28.48
	28.29	28.20	28.73	28.08	28.97	28.29	28.20	28.73	28.08	28.97
	28.39	28.16	28.07	28.80	28.76	28.39	28.16	28.07	28.80	28.76

小胜										
	28.33	28.58	28.27	28.06	28.06	28.33	28.58	28.27	28.06	28.06
	28.22	28.02	28.21	28.21	28.56	28.22	28.02	28.21	28.21	28.56
	28.80	28.81	28.09	28.71	29.32	28.80	28.81	28.09	28.71	29.32
	28.24	28.08	28.54	28.16	28.03	28.24	28.08	28.54	28.16	28.03
	28.72	28.61	28.38	28.68	28.40	28.72	28.61	28.38	28.68	28.40
	28.33	28.58	28.27	28.06	28.06	28.33	28.58	28.27	28.06	28.06
	28.22	28.02	28.21	28.21	28.56	28.22	28.02	28.21	28.21	28.56
	28.80	28.81	28.09	28.71	29.32	28.80	28.81	28.09	28.71	29.32
	28.24	28.08	28.54	28.16	28.03	28.24	28.08	28.54	28.16	28.03
	28.72	28.61	28.38	28.68	28.40	28.72	28.61	28.38	28.68	28.40

之前学习了在Excel中计算平均数的函数，接下来再学习计算方差和标准差的函数：

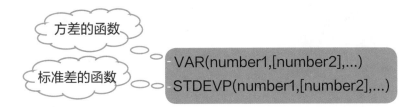

方差的函数 —— VAR(number1,[number2],...)

标准差的函数 —— STDEVP(number1,[number2],...)

本案例通过计算方差和标准差，来评价小冠和小胜所生产的螺母的直径离散程度，离散程度越大说明生产的螺母尺寸偏差越大。

就算两组数据中的平均数相同或平均数非常接近标准尺寸，其方差和标准差也未必就非常小。下面再结合平均数比较两组数据。

	A	B	C	D	E	F	G	H	I	J	K	L	M	N
1	小冠	28.30	28.08	28.83	28.16	28.65	28.30	28.08	28.83	28.16	28.65		平均数	28.42
2		28.61	28.25	28.51	28.12	28.84	28.61	28.25	28.51	28.12	28.84		方差	0.094838
3		28.00	28.40	28.85	28.06	28.48	28.00	28.40	28.85	28.06	28.48		标准差	0.301736
4		28.29	28.20	28.73	28.08	28.97	28.29	28.20	28.73	28.08	28.97			
5		28.39	28.16	28.07	28.80	28.76	28.39	28.16	28.07	28.80	28.76			
6		28.30	28.08	28.83	28.16	28.65	28.30	28.08	28.83	28.16	28.65			
7		28.61	28.25	28.51	28.12	28.84	28.61	28.25	28.51	28.12	28.84			
8		28.00	28.40	28.85	28.06	28.48	28.00	28.40	28.85	28.06	28.48			
9		28.29	28.20	28.73	28.08	28.97	28.29	28.20	28.73	28.08	28.97			
10		28.39	28.16	28.07	28.80	28.76	28.39	28.16	28.07	28.80	28.76			
13	小胜	28.33	28.58	28.27	28.06	28.06	28.33	28.58	28.27	28.06	28.06		平均数	28.41
14		28.22	28.02	28.21	28.21	28.56	28.22	28.02	28.21	28.21	28.56		方差	0.10352
15		28.80	28.81	28.09	28.71	29.32	28.80	28.81	28.09	28.71	29.32		标准差	0.315245
16		28.24	28.08	28.54	28.16	28.03	28.24	28.08	28.54	28.16	28.03			
17		28.72	28.61	28.38	28.68	28.40	28.72	28.61	28.38	28.68	28.40			
18		28.33	28.58	28.27	28.06	28.06	28.33	28.58	28.27	28.06	28.06			
19		28.22	28.02	28.21	28.21	28.56	28.22	28.02	28.21	28.21	28.56			
20		28.80	28.81	28.09	28.71	29.32	28.80	28.81	28.09	28.71	29.32			
21		28.24	28.08	28.54	28.16	28.03	28.24	28.08	28.54	28.16	28.03			
22		28.72	28.61	28.38	28.68	28.40	28.72	28.61	28.38	28.68	28.40			

=AVERAGE(B1:K10)   =VAR(B1:K10)   =STDEVP(B1:K10)

通过计算可知，小冠的平均数是28.42mm，小胜的平均数是28.41mm，小胜的平均数更接近标准的28.4mm。但是，小冠的方差和标准差分别为0.094838、0.301736，而小胜的方差和标准差为0.10352、0.315245。小冠的方差和标准差要略小一点，说明小冠生产的螺母的直径的离散程度低，生产的质量比小胜好。

在没学方差和标准差之前，我一直以平均数来评价产品的好坏，以后就明白了！

平均数是描述数据资料的集中趋势，而标准差是描述数据集中的离散程度。

该如何评价90分呢?

我们学习了方差和标准差，都知道它们之间的关系。

$$标准差 = \sqrt{方差}$$

只需要知道二者中的一个就能简单地计算出另一个，当然也可以使用Excel中的VAR和STDEVP函数计算方差和标准差。标准差是衡量数据离散程度的尺度，下面我们通过语文和数学成绩来比较同为90分的话，哪科更有价值。

以下是在Excel中统计语文和数学的成绩并计算出各科的平均数、方差和标准差的数值，其计算方法和上一节相同。

	A	B	C	D	E	F	G	H	I	J
1	语文	88	72	89	69	76	89		平均数	78.28
2		74	86	64	80	65	63		方差	76.66
3		80	83	78	86	64	87		标准差	8.63
4		84	68	79	85	70	68			
5		89	70	86	89	87	80			
6		89	80	71	72	70	88			
7										
8	数学	72	73	80	60	92	70		平均数	71.19
9		90	51	93	95	85	65		方差	223.02
10		51	96	60	61	84	53		标准差	14.72
11		60	91	52	95	70	67			
12		55	75	80	62	64	85			
13		59	60	76	50	51	80			

=AVERAGE(B1:G6)　　　=VAR(B1:G6)　　　=STDEVP(B1:G6)

此时，如果有一个考生语文和数学都考90分，那么对语文和数学来说哪科更有价值呢？语文平均数为78.28，数学平均数为71.19，单从平均数上来考虑"语文为+11.72分，数学为+18.81分"，直观感觉对数学更有价值。

我们继续比较方差和标准差，发现数学的离散程度要比语文高，数学成绩在70~75分之间的比较多，但是90~95分之间的也有7位学生，85~90分之间的学生也有，说明数学只要努力就可以很轻松地考取90分。

语文成绩在84~89分之间的比较多，由此虽然不能判断此次的语文试卷比较难，但是至少能说明有10分的题目比较难，而且已经限制住了所有学生，所以没有学生的语文成绩超过90分。从这一层面来说90分对语文而言更具有价值。

结合平均数和标准差我们可以计算标准计分，标准计分的数值越高说明含金量越大。标准计分为变量与平均数的差除以标准差，其公式为：

$$标准计分 = \frac{变量 - 平均数}{标准差}$$

我们根据公式计算语文和数学的标准计分：

$$语文标准计分 = \frac{90 - 78.28}{8.63} = 1.36$$

$$数学标准计分 = \frac{90 - 71.19}{14.72} = 1.28$$

由结果可见语文的标准计分要比数学的标准计分稍大一点，说明90分对于语文的价值更大点。

分析两份资料的关系

如果单纯地将两份资料放在一起，很难看出二者之间的关系。但是，如果将这些数据使用图表表现出来，它们的关系就会十分明了了。

扫码看视频

将数据使用图表表现出来，并进行对比，是件很有意思的事情。下面我们就以"每月数学学习时间"和"月考数学成绩"这两份资料为例，思考对资料进行归纳总结的方法。

学习时间与成绩统计表

姓名	每月数学学习时间 （小时）	月考数学成绩 （分）
小A	30	88
小B	51	100
小C	42	93
小D	47	98
小E	36	90
平均	41.2	93.8

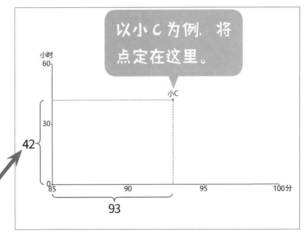

像上面的图表所示，我们将小时作为纵轴，将分数作为横轴，在图表中找到和小C的数据相匹配的点，这个点就可以同时表示小C在每月数学学习时间和月考数学成绩上的数据。

采用同样的操作，我们将全部5个人的每月数学学习时间和月考数学成绩对应的点都标到图表上，这样就得到了一幅散点图（多系列）。

学习时间与成绩的散点图

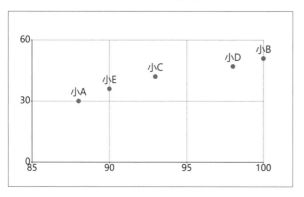

把所有的点都标出来，"散点图"就诞生了！

从这幅散点图中，我们能够发现一个趋势：当学习时间增加的时候，学习成绩也会相应提高。像学习时间和学习成绩这种一方增加，另一方也跟着增加的关系，就叫作"正相关"。与之相反，如果是一方增加，另一方却随之递减的关系，就叫作"负相关"。如果是增减的变化没有明显相关，就叫作"不相关"。

正相关	负相关	不相关

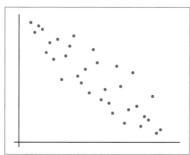

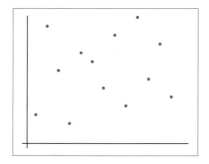

散点图可以让我们通过点的位置轻松判断出变量之间的关系，一定要学会哦！

又学会了一种新的图表！

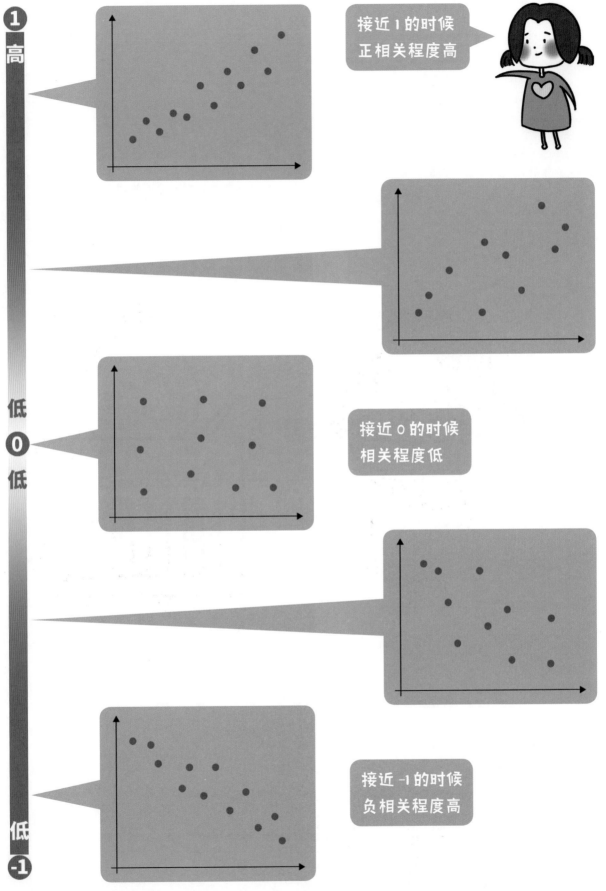

接近1的时候
正相关程度高

接近0的时候
相关程度低

接近-1的时候
负相关程度高

我的两只手中各握着1个球，分别是红色的和蓝色的，我右手中握着红球的概率是多少？

我把你手中的其中1个球偷偷换成了黄色的，你右手中握着黄球的概率是多少？

在日常生活中，我们常常会听到"概率"这个词，
它和统计学息息相关。
运用概率知识，
可以从数据中发现很多有用的信息。
在第三章中，
我们就来认识一下基础概率吧。

感受概率的魅力

什么是概率？

在生活中，大家常常会听到"概率"这个词。比如在电视剧、综艺节目或者新闻中，在对一些事件进行调查统计的时候，就常常会出现"某某事的概率是百分之几"的说法。我们可以发现，概率和统计其实息息相关，那么，概率究竟是什么呢？

扫码看视频

其实，概率和统计是两种不同的概念哦。我们以箱子和小球来举例，比方说，现在有1只纸箱，里面放着几个红球和几个白球，那么概率就是在知道箱子里有几个红球、几个白球的情况下，随机从中抽取一个恰好是红球的可能性，而统计就是不知道这个箱子里有几个红球、几个白球，猜测这些球里红球或白球所占的比例。

概率
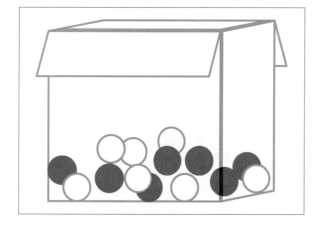

统计
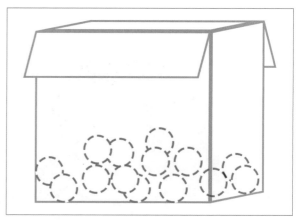

用数值表示随机事件发生的可能性程度的就是概率！

推断概率分布情况的就是统计哦！

概率的两种类型

为了方便大家理解，我们在这里简单地将概率分为两种类型讲解。"通过若干次重复实验的方法来估计事件发生的概率"，我们叫它"统计概率"，而"通过逻辑分析的计算方法得出某一事件的概率"，我们叫它"数学概率"。

获得某一事件概率的方法就是这两种哦！

统计概率

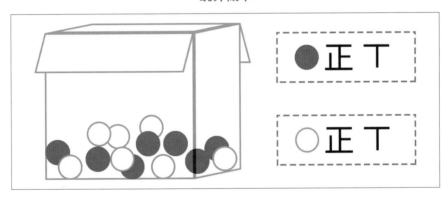

数学概率

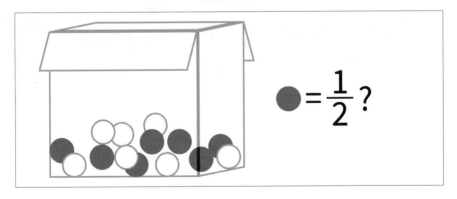

实验得出的概率

现在我们手上有1枚硬币，我们连续抛这枚硬币100次，发现正面朝上的次数是47次，那么正面朝上的次数相较于总的实验次数，其比例就是：

$$\frac{47}{100}=47\%$$

扫码看视频

像上面这个例子这样，我们通过实验得到了硬币正面朝上的比例，这种"事件发生的比例"就叫作"相对频数"。相对频数有一个特点，即随着实验次数的增加，相对频数会无限接近于一个常数，这种情况又被称为"频率稳定性"。而相对频数无限接近的那个常数，我们称之为"统计概率"（又称为经验概率）。我们仍然以扔硬币的实验为例，在这个实验中，经验概率的计算公式就是：

硬币正面朝上的经验概率= $\dfrac{\text{硬币正面朝上的发生次数}}{\text{全部实验次数（观测次数）}}$

童童和图图分别重复了1000次抛硬币的实验，得到了一份数据，我们根据那份数据制作出了相对频数变化折线图。从折线图可以看出，无论是童童还是图图，抛硬币时硬币正面朝上的概率都在逐渐接近50%。

统计概率

抛硬币相对频数变化折线图

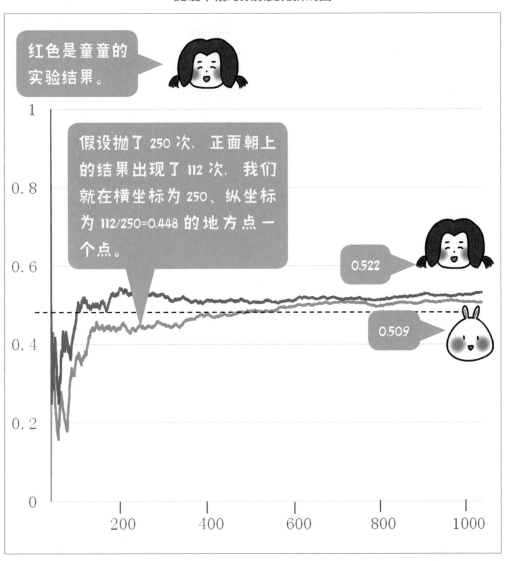

逻辑分析得出的概率

抛硬币的次数越多，正面出现的概率（统计概率）就越接近50%。

扫码看视频

我们在第65页中提到了"数学概率"的概念。数学概率不是通过实际实验得到的数据，而是通过数学公式计算得出的概率。

如果我们现在不实际去抛硬币，仅仅在大脑中分析抛硬币时正面朝上的比例，假设硬币结构均匀，抛硬币时的手法、力度和硬币降落的环境也相对一致，那么其出现正面或者背面的可能性应该相等。

硬币只有正背两面，因此抛硬币也只会得到正面朝上或背面朝上这两种结果。正面朝上是其中1种可能性，因此我们可以得出1种可能性/2种可能性=1/2的结论，而1/2，即50%，就是正面朝上发生的概率。

抛硬币实验是最常见也是最有名的概率实验，可以让人切实地感受到随机事件的发生，由此形成概率的概念。

当我们实际抛1枚1元硬币的时候，正面朝上的统计概率在0.5左右。在数学概率中，因为硬币正背两面出现的可能性是一样的，所以概率也是0.5。由此可知，抛1枚1元硬币，正背面出现的统计概率和数学概率基本一致。

掷骰子的实验也和抛硬币相似。掷骰子时，每一个面出现的概率都是一样的，下面我们来试着求一下出现3的倍数的面的数学概率。

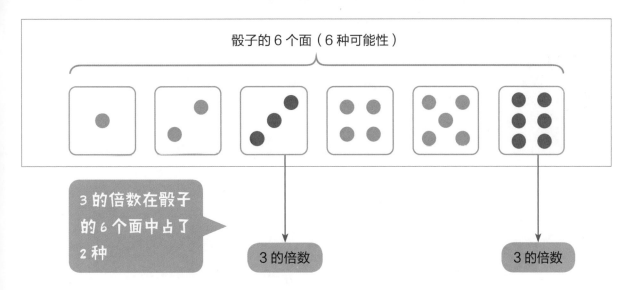

骰子的 6 个面（6 种可能性）

3 的倍数在骰子的 6 个面中占了 2 种

3 的倍数

3 的倍数

当我们抛下一枚6面骰子时，骰子的6个面中的任何一面都可能朝上，而在这6个面中，3和6两面都为3的倍数。

因此，我们可以得到下面的公式：
$$\frac{2}{6} = \frac{1}{3}$$

假如所有可能发生的情况是 N，每种情况发生的可能性都相同，其中事件 A 发生的可能性有 r 种，那么 $\frac{r}{N}$ 就是事件 A 发生的数学概率。

概率的值介于0和1之间

前面我们得出了结论，概率的值=$\frac{r}{N}$。我们用统计概率的思维思考，"一共实验了N次，目标事件发生了r次"，得到了相对频数$\frac{r}{N}$。以数学概率的思维思考，得到的也是同样的结果。无论是以统计概率的思维思考，还是以数学概率的思维思考，r的值最小都是0，最大则是N，因此，$\frac{r}{N}$的值是介于$\frac{0}{N}=0$和$\frac{N}{N}=1$之间的。也就是说，$\frac{r}{N}$的值大于等于0且小于等于1，不可能是负数，其公式为：

扫码看视频

$$0 \leqslant 概率 \leqslant 1$$

≤的意思是小于等于。

对于这一结论，我们可以使用掷骰子的实验再确认一下。随机抛掷一枚六面体骰子，可能出现的情况有6种，那么实际抛掷一枚骰子时，出现6个面中的其中一面的概率是多少？

由于所有可能出现的情况有6种，因此我们可以通过$\frac{r}{N}$的公式计算出，$\frac{6}{6}=1$。由此我们可以得出结论：不存在比1更大的概率。

那么，随机投掷一枚六面体骰子，出现7点的概率是多少呢？由于六面体骰子只存在6个面，没有7点，因此概率就是$\frac{0}{6}=0$。由此我们也可以得出结论：不存在比0更小的概率。

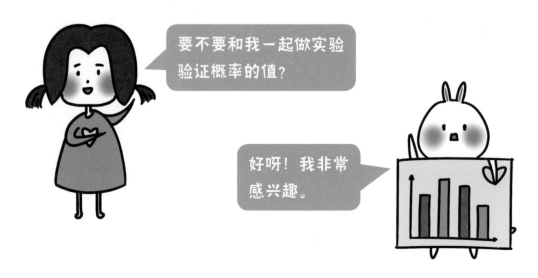

要不要和我一起做实验验证概率的值？

好呀！我非常感兴趣。

童童同学，这节课不是数学课吗？你怎么还在操场上玩呀？

数学课好枯燥，我不喜欢数学课。

这样可不行，如果被发现了，你会被老师批评的哦！

不要吓唬我，我被老师批评的概率为-1。

你想表达的是，你被老师批评的可能性很低是吗？很自信嘛！

但是，概率的大小只能介于0和1之间，不可能是负数。

可是，明明天气预报就会说"明天是晴天的概率是30%"，30难道不就是比1大的数字吗？

原来你是这样想的啊。一般情况下，概率都是用0到1之间的小数表示的，但是有时也会出现用百分比表示的情况。将小数乘以100，再加上百分号%，就可以将小数转换为百分比了。如果将30%用小数来表示，就是0.3。概率上使用的通常都不是百分比，而是小数哦！

用图表表示概率①

如果我们用频数分布图来表示资料，资料的特征就会一目了然。在概率上其实也是如此，如果能灵活运用"相对频数分布图"来表示概率，概率也会清晰可见。这是出于什么原理呢？

扫码看视频

假设现在事件A的相对频数和概率的计算公式如下所示：

$$相对频数 = \frac{事件\ A\ 的频数}{总频数}$$

$$概率 = \frac{事件\ A\ 出现的次数}{所有事件出现的次数}$$

根据相对频数分布表制作相对频数分布图并不难，只需要用各自组别的频数除以总频数（数据的总个数）即可。下一页就是我们根据相对频数分布表制作出的相对频数分布图。

和频数分布图不同，相对频数分布图的纵坐标刻度要小于等于1。

0≤概率≤1

要牢牢记住这个哦！

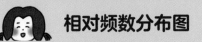

相对频数分布图

相对频数分布表

组段	频数	相对频数
0~10	0	0/25=0
11~20	0	0/25=0
21~30	5	5/25=0.2
31~40	7	7/25=0.28
41~50	0	0/25=0
51~60	5	5/25=0.2
61~70	3	3/25=0.12
71~80	2	2/25=0.08
81~90	1	1/25=0.04
91~100	2	2/25=0.08
合计	25	1

所有频数相加之和就是数据的总个数，而相对频数无论如何分布，相加的结果都是1。

纵坐标的刻度小于等于1

相对频数分布图

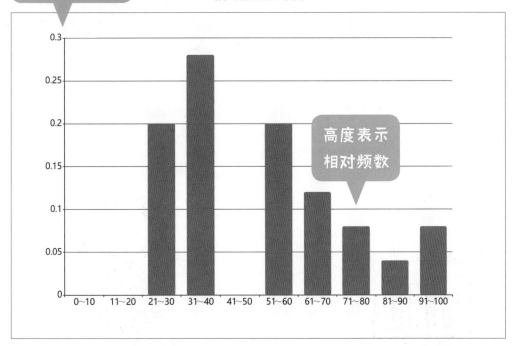

高度表示相对频数

用图表表示概率②

　　加大相对频数分布图各柱形的宽度，绘制柱形相互紧邻的直方图，可以直观地用面积来体现数据更趋向于取哪一个值，甚至在数据足够多的时候，还能够用面积表示概率。

扫码看视频

相对频数分布直方图

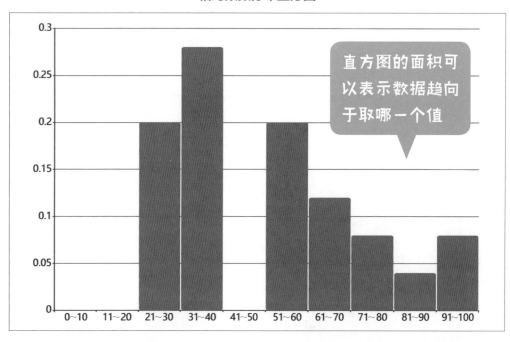

直方图的面积可以表示数据趋向于取哪一个值

不过，想要将直方图和概率联系到一起，我们还需要下点功夫哦！

那么接下来就让我们来看看几种可以表示概率的图表吧！

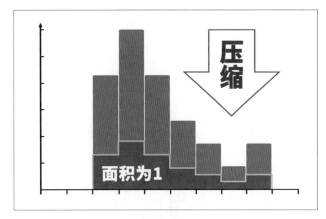

首先让我们来看一下概率分布直方图。

压缩

面积为1

缩放相对频数分布直方图的高度，并使图表的整体面积为1，数据所属区间的概率就会成为该区间的面积，因此这种图表叫作"概率分布直方图"。

接下来是概率分布折线图。

概率分布折线图是在概率分布直方图的基础上绘制的哦！

接下来，我们试着用折线将概率分布折叠的各个长方形连接起来。因为原本的直方图面积是1，所以折线和横坐标围成的图形面积也是1，这个图形就叫作"概率分布折线图"。

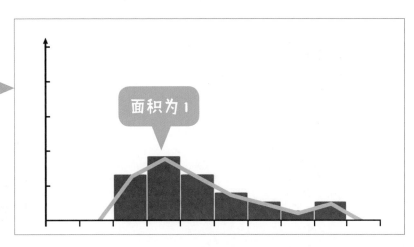

概率分布折线图和概率分布直方图展示数据的外观形状不同，一个是折线，一个是矩形！

面积为1

还有概率分布曲线图呢!

那是什么?之前好像没讲过?

当数据变得庞大,数值也变多的时候,比如说,从统计童童班级的数学成绩,到统计整个年级几百人的数学成绩,再到统计整个学校几千人的数学成绩,组距就会变短,也就是说,长方形的宽度会随着数值的增多而变窄。这时如果绘制概率分布折线图,折线就会渐渐变成曲线,这种曲线就被称为"概率分布曲线图"。

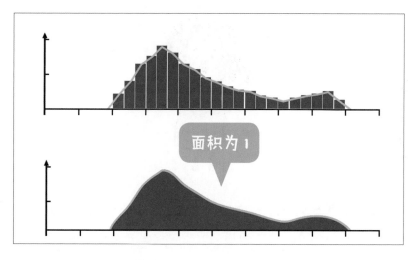

面积为 1

这些都是统计的基础,要牢牢记住哦!

但是,我还是不知道,曲线图到底在说什么。

那我就来讲讲曲线图吧!

曲线图其实还有一个称呼是"光滑折线图"，本质上也是一种折线图。通常，折线图都是有棱有角、直上直下的，而曲线图线条较为平滑，让折线图在反映趋势变化时看起来不那么生硬，也更适合展示一些数据波动更大的情况。

此外，它还可以通过曲线的变化表现出客观现象的变化过程和规律，借助连续的曲线描绘客观现象在时间上不断变化的过程。

我们常常会看到那种类似于"随着时间的推移，童童储蓄罐里的钱逐渐增加"的说法，曲线图无疑就十分适合表现这种"随着时间的推移减少或增加"的趋势。

存款和时间的变化趋势图

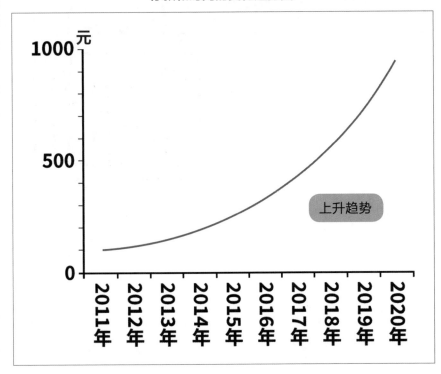

概率分布

下面我们来介绍一下概率分布。

之前我们使用抛硬币和掷骰子做例子，讲解了什么是概率。抛硬币和掷骰子就是典型的"离散分布"。抛一枚六面体的骰子，骰子共有 6 个面，我们将"抛掷骰子一次得到的点数"假设为 x，x 是一个变化的量，变量 x 的概率分布表和概率分布图如下所示。由于 6 个面出现的概率是一样的，因此我们将它称为"离散分布"。

扫码看视频

概率分布表

X的值	1	2	3	4	5	6
概率	$\frac{1}{6}$	$\frac{1}{6}$	$\frac{1}{6}$	$\frac{1}{6}$	$\frac{1}{6}$	$\frac{1}{6}$

概率相同

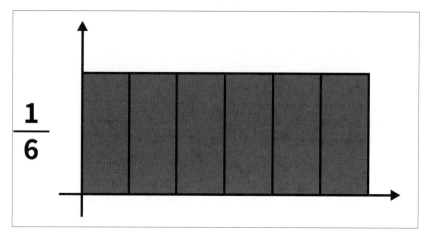

$\frac{1}{6}$

在左边的例子中，每次抛掷骰子，出现的点数都不一样，x的值也不一样，因此x被称为"变量"。x并不是普通的变量，因为在这个例子里，抛出任何一个面的概率都是固定的，所以我们将这样的变量（概率已经固定的变量）称为"概率变量"。

如果抛掷一枚骰子10次，将1点出现的次数设为x，变量x的概率分布表和概率分布图就像下面这样。

概率分布表

X的值	概率
0	0.16150586
1	0.32301117
2	0.29071025
3	0.15504536
4	0.05426616
5	0.01302381
6	0.00217164
7	0.00024629
8	0.00001861
9	0.00000083
10	0.00000002
合计	1

直方图 ➡

概率分布直方图

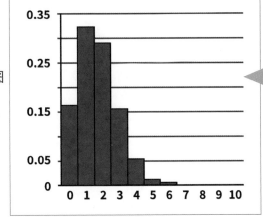

抛10次骰子，1点出现6次以上的概率几乎为0，不太可能发生这种情况。

折线图 ➡

概率分布折线图

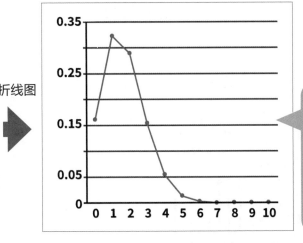

抛10次骰子，1点出现1次的概率最大，0～4次则占总体的98%。

我们还可以进一步对掷骰子和掷硬币进行概率上的计算：

n：表示抛骰子总次数，本示例为 10 次
r：表示出现指定点数的次数，本示例为出现 1 点的次数为 3
p：表示概率，本示例为出现 1 点的概率

r 个 p 相乘

$$\frac{n\times(n-1)\times(n-2)\times\cdots\times(n-r+1)}{r\times(r-1)\times(r-2)\times\cdots\times3\times2\times1}\times p\times\cdots\times p\times(1-p)\times\cdots\times(1-p)$$

n-r 个（1-p）相乘

也就是说，抛 10 次骰子，1 点出现 3 次的概率如下：

$$\frac{10\times9\times8}{3\times2\times1}\times\frac{1}{6}\times\frac{1}{6}\times\frac{1}{6}\times\frac{5}{6}\times\frac{5}{6}\times\frac{5}{6}\times\frac{5}{6}\times\frac{5}{6}\times\frac{5}{6}\times\frac{5}{6}=0.155\cdots$$

这个计算有点难哦，可能要等到高中才会学到。

　　还是拿抛硬币的实验举例，假设正面朝上的时候x=0，反面朝上时x=1，那么概率变量x的概率分布表和概率分布图则如下所示。

　　但是，为什么要用0来表示正面，1来表示反面呢？这是因为如果直接使用正面或反面的说明绘图，直方图的长度就无法表示，也就无法与面积结合。这里我们需要用概率变量的思维思考。

概率分布表

X的值	0	1
概率	0.5	0.5

使用 0 和 1 表示的
概率分布图

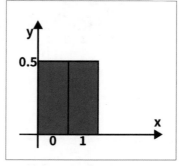

使用正和背表示的
概率分布图

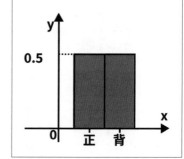

抛硬币 10 次，假设正面朝上的次数为 x，此时概率变量 x 的概率分布表和概率分布图将如下一页所示。

概率分布表

X的值	概率
0	0.001
1	0.010
2	0.044
3	0.117
4	0.205
5	0.246
6	0.205
7	0.117
8	0.044
9	0.010
10	0.001
合计	1

概率分布图

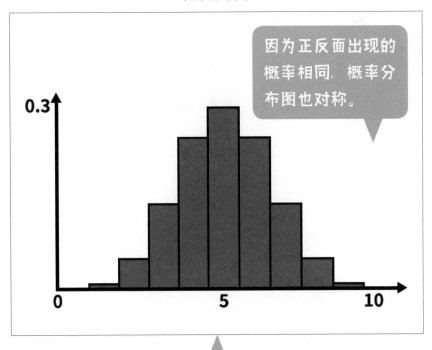

因为正反面出现的概率相同，概率分布图也对称。

抛10次硬币，正面朝上的情况出现了0次到10次，一共11种可能，位于正中间的次数是5次。

像这样有一根对称轴，呈对称平稳山形分布的形态，就叫作"正态分布"。因为是数学家高斯发现的，所以又被称为"高斯分布"，这是统计学中最重要的分布形态。

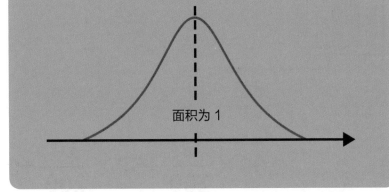

面积为1

概率中的期望值

期望值是随机试验在同样的机会下重复多次的结果计算出的等同"期望"的平均值。现在结合概率思维，我们探讨一下"期望值"，看看有什么收获。

扫码看视频

童童家附近的商店推出了购物抽奖活动，只要购物就可以在抽奖箱中抽一张奖券。假设抽奖箱里有100张奖券，其中2张是100元代金券，10张是50元代金券，剩下88张则是"谢谢惠顾"，假设中奖金额是x（概率变量），我们在下面列出它的概率分布表。

奖品总量统计表

奖品	份数
100	2
50	10
0	88
总计	100

中奖概率分布表

X的值	100	50	0
概率	$\dfrac{2}{100}$	$\dfrac{10}{100}$	$\dfrac{88}{100}$

100 次中 2 次，概率变量是 100；100 次中 10 次，概率变量是 50；100 次中 88 次，概率变量是 0。

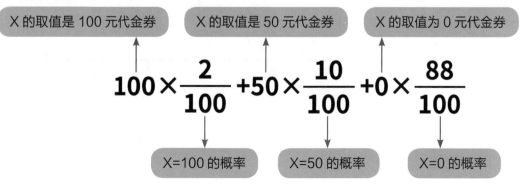

X 的取值是 100 元代金券　　X 的取值是 50 元代金券　　X 的取值为 0 元代金券

$$100 \times \frac{2}{100} + 50 \times \frac{10}{100} + 0 \times \frac{88}{100}$$

X=100 的概率　　X=50 的概率　　X=0 的概率

最后得出的计算结果是
7，这个数值就是"期望
值"，又称"平均值"。

但是"期望值"
是什么呢？

期望值可以通过下面的公式求得：

概率变量 x 的期望值（平均值）=（x 的取值 × 相应概率）的总和

贝叶斯统计

我们来思考下面这道题。

扫码看视频

假如现在有1个纸箱，箱子里放着4个大小相等的圆球。童童随机从箱子里摸出了1个圆球，球的颜色是红色，由此推断，箱子中有3个红球的概率是多少？

这是个很让人发愁的问题，因为我们连箱子里一共有几个红球都不知道，又怎么算得出它的概率？不过，虽然看起来很难，使用英国数学家贝叶斯的方法仍然可以将这个问题解答出来。

"箱子里有几个红球"的情况有下面4种可能性，问题问的是有3个红球的概率，因此我们主要思考的是箱子3所展示的这种情况出现的概率有多大。

箱子1　　　　　箱子2　　　　　箱子3　　　　　箱子4

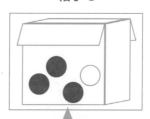
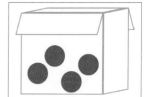

思考一下出现这种情况的概率有多大

从箱子里随机取出1个球，其可能性一共有16种，像右边展示的这样。其中能够取出红球的有10种，它们发生的概率是一样的；而从箱子3中取出红球的可能性是3种，因此"有3个红球的概率"是30%，这就是贝叶斯的方法。

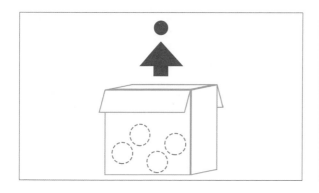

箱子1	箱子2	箱子3	箱子4
○	○	○	●
○	○	●	●
○	●	●	●
●	●	●	●

如果随机取出1个球，颜色不是红色而是白色，那么箱子里有3个红球的概率就会如下表所示：

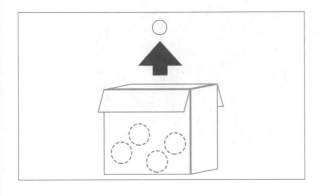

箱子1	箱子2	箱子3	箱子4
○	○	○	○
●	○	○	○
●	●	○	○
●	●	●	○

像这样，随着取出来的球的颜色的变化，箱中有3个红球的概率也会改变。

贝叶斯统计就是运用贝叶斯的概率逻辑进行统计的理论，因为可以依据现有经验探索原因，所以用途非常广泛。

只能看到一部分画面怎么办？我想知道整体的情况是怎样的。

不用担心，统计可以帮你实现通过局部预判整体的功能哦！

通过对前面章节内容的学习，
我们明白了如何绘制图表和应用概率。
不过我们还需要灵活地运用这些知识，
通过少量数据去解读复杂的世界。

第四章

通过统计看世界

通过部分数据推断总体情况

想要知道总体的情况，最好的办法就是对所有的数据进行调查，即"全面调查"。但是，假如要调查全中国14亿人的假期出行情况或者使用自来水的比例，还有必要对14亿人一一进行调查访问吗？

扫码看视频

像这样的全面调查既难实现，也没有意义。就算是全国人口普查，也只是每10年才会进行一次，在两次人口普查之间则会开展一次全国1%人口抽样调查（小普查），也就是从被研究的人口总体（全国人口）中随机抽取一部分人（1%人口）作为样本进行调查，并根据调查所得的数据推断人口总体的情况。

从总体中抽取部分数据（样本），并根据样本推断总体的性质，这样的方法就叫作抽样调查。进行抽样调查时，抽样的方法十分重要。

抽选样本的方法可以分为"概率抽样"和"非概率抽样"两种，概率抽样就是我们常说的随机抽样，它是按照随机性原则进行的抽样。也许有人会觉得，不就是随便抽取几个样本吗，听起来很简单啊。但是知易行难，随机抽样也有需要注意的要点。

使用抽样调查，可以从部分数据推断出总体的情况哦！下面让我们了解一下什么是随机抽样吧！

什么是随机抽样?

在第 20 页中，我们提到过统计的要点在于"以小见大"，见微知著，要"充分搅拌后进行取样"。将一勺盐撒入汤中，并充分搅拌，可以让盐在汤中溶解得更加充分，味道分布得更加均匀，随机抽样要遵循的就是这个道理哦。

样本

全体

做面包或馒头时，也要对面粉、鸡蛋等材料进行充分搅拌，才能制作出美味的面包和馒头哦！

和硬币、骰子这样结构简单、质地均匀的物体不同，对于较为复杂的样本，比如 1000 颗混在一起的红豆和绿豆，充分搅拌后随机抽样，才能得到相对公平的结果哦。

随机数抽样法

假如我们面前有一片森林（大约3000万棵树），现在需要从森林里随机抽取100棵树，我们可以将森林中所有的树分别登记在纸上，将纸剪成同样的大小混合均匀，并从中选取100张。但是，由于一片森林里的树木数量实在太多，实际操作起来还是很有难度的。

既然无法混合均匀，那就使用随机数的方法进行抽样吧！

扫码看视频

　　人们常常会使用"随机数"的方法进行抽样，"随机数"就是每个数字都可以随机等概率地出现。我们之前所说的投硬币掷骰子，就是一种随机数发生器，也叫"物理性随机数发生器"，只是它们对技术的要求比较高。

　　使用计算机产生随机数就比较简单了，计算机可以产生两种随机数：一种是"真随机数"，一种是"伪随机数"。真随机数需要考虑到设备和系统的种种条件。伪随机数则是通过固定的、可重复的计算方法产生，并不是真正随机，可以实际计算出来，同时它们也具有类似随机数的统计特征。通常，我们使用的都是伪随机数。

抽样的具体方法是什么?

抽样的具体方法是什么呢?

使用随机抽样从总体中抽取样本时，有两种抽样方法：第一种方法就是从总体中取出一个样本，记录后再将它放回去，然后再取出一个进行记录并放回……多次重复这个步骤，直到取足所需的样本。这种方法就叫作重复抽样。

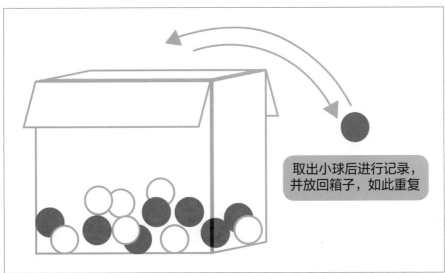
取出小球后进行记录，并放回箱子，如此重复

第二种方法是从总体中取出样本后不再放回，这种方法叫作不重复抽样，可以一次取出多个样本。

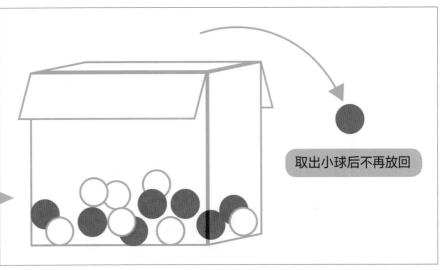
取出小球后不再放回

2 种抽样方法的概率差异

仍然是以小球实验为例，我们来看一下重复抽样和不重复抽样的概率差异。

在箱子里放入 2 个红球和 1 个白球，从箱子里取出 2 个球，2 个都是红球的概率是多少呢？

扫码看视频

第 1 次

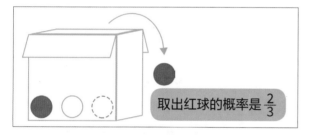

取出红球的概率是 $\frac{2}{3}$

第 2 次

取出红球的概率是 $\frac{2}{3}$

那么，不重复抽样的情况又是怎样的呢？

第 1 次取到红球的概率是 $\frac{2}{3}$，因为球没有放回去，分母就变成了 2。第 2 次取到红球的概率变成了 $\frac{1}{2}$，那么，两次都取到红球的概率为 $\frac{2}{3} \times \frac{1}{2} = \frac{1}{3}$。

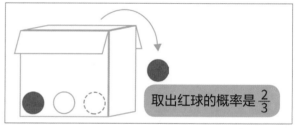

第 1 次

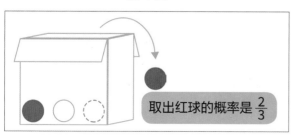

取出红球的概率是 $\frac{2}{3}$

第 2 次

取出红球的概率是 $\frac{1}{2}$

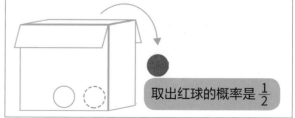

估计与检验

将资料整理成表格，并进一步用图表进行阐释，我们可以在这个过程中运用到各种各样的统计。在第二章中，我们介绍了统计的基础知识，在第三章中又介绍了概率思维，现在已经对统计有了初步的了解和全新的理解。

扫码看视频

像美国、韩国这样的国家，经常会进行总统选举，如果想知道候选人的支持率，对每个有投票权的人都进行询问所得的结果是最精确的，可是这样并不现实。因此，媒体常常会随机抽选1000人进行调查，计算他们的支持率，并将此作为对总体的预测进行播报，这种方法就叫作"估计"（参数估计）。

估计有两种类别：一种是点估计，一种是区间估计。像"某某的支持率在47%~51%"，就是区间估计，而点估计的结果是一个固定数值。鉴于区间估计的学习有些复杂，因此本书主要讲解点估计的相关知识。

除了"估计"之外，还有"检验"。统计中的"检验"又称为"假设检验"，是根据统计资料，使用概率判断某事是否正确的方法。

检验可以帮助我们否定一个假设，但不能帮我们肯定一个假设。

听起来真是好复杂啊。

硬币游戏里的诡计

扫码看视频

在第一章的案例中，童童邀请图图一起玩抛硬币的游戏，结果被图图识破了其中的诡计。但是，图图是如何识破童童的呢？

我们来回顾一下游戏的内容。童童对图图说，如果硬币正面朝上，她就请图图吃一顿饭；如果硬币背面朝上，图图就得请童童吃一顿饭。可是游戏开始之后，图图却发现，童童总是在赢，赢的次数比他要多得多。

前面我们已经学习了统计思维和概率，了解了像是抛硬币这种游戏，正面朝上和背面朝上的概率应该是相等的，所以，童童用的这枚硬币一定有问题。但是，如何证明这一点呢？

这时候，我们就需要运用上面提到的"检验"了。我们首先假设"硬币背面和正面出现的概率是一样的，都是 $\frac{1}{2}$"，现在在抛硬币的游戏里，童童抛60次硬币，38次都是反面，概率只有0.0123，和0.5相距甚远。也就是说，"硬币背面和正面出现的概率是一样的，都是 $\frac{1}{2}$"这个假设是很难实现的，因此我们可以否定这个假设，反过来认为"硬币的背面更容易出现"，这就是检验思维。

这样，我们就证实了童童使用的那枚硬币确实有问题。

那么，什么情况才算是很难实现、不容易发生的呢？

概率在 0.05 或者 0.01 以下，就可以认为这件事不容易发生。

如果一件事情发生的概率太低，但它确实有可能发生，我们就将它称作"小概率事件"。即使概率已经低到了接近于0的程度，也就是说，在大量重复试验中出现的频率非常之低，但是只要进行多次重复，事件还是一定会发生，这就是小概率事件的特点。那么，具体概率要小到何种程度才能算得上小概率呢？这在不同的情况下就有着不同的标准了。

背面出现次数的概率统计表

背面出现次数	概率
......	......
31	0.0993
32	0.0900
33	0.0763
34	0.0606
35	0.0450
36	0.0313
37	0.0203
38	0.0123
39	0.0069
40	0.0036
......	......

从左边的表上可以看出，如果背面朝上的次数多于等于35，对应概率低于0.05，就说明发生了小概率事件，而小概率事件总是令人怀疑的。

用贝叶斯统计进行推理①

在第三章里，我们提到了"贝叶斯统计"，那么它有什么用处呢？

扫码看视频

要明白贝叶斯统计有什么用处，首先需要明白什么是"推论"。"推论"就是指对于尚不明确的事件，通过目前掌握的某些因素进行推理，查明其事实的行为。最典型也最广为人知的方法就是"逻辑推理"。小说家柯南·道尔创作的经典侦探形象——夏洛克·福尔摩斯先生就常常使用逻辑推理的方法进行破案哦。

以箱子和小球为例，假设童童有两个箱子，我们称之为箱子A和箱子B。童童将其中一个放在了图图面前，让图图去猜自己面前的箱子究竟是A还是B。

图图，猜猜这个箱子是 A 还是 B？

反正不是 A 就是 B，一定是二者之一！

虽然我们知道这个箱子一定是箱子A和箱子B中的一个，但无法从外观上判断这个箱子究竟是哪一个，这就是"尚不明确的事件"。

假设我们现在掌握了箱子内部的一些情况，比如，箱子A中装着白球，箱子B中装着红球。此时，图图从箱子中取出了一个球，发现这个球是红球，那么，我们就可以得出结论，图图面前的箱子是箱子B。

我们来看一下逻辑推理的具体过程，罗列一下已知的事实关系：
1. 图图面前的箱子要么是 A，要么是 B。
2. 箱子 A 中装着白球。
3. 箱子 B 中装着红球。
4. 图图从面前的箱子里取出了红球。

虽然我们一眼就能从这个案例中看出，图图面前的箱子应该是箱子B，但是我们要用严谨的方法将它证明出来。

假如我们不知道条件3，也就是说，我们只知道箱子A中装着白球，而不知道箱子B中装着红球，也是可以将图图面前的箱子是哪一个推理出来的。

我们假定图图面前的箱子是箱子A，箱子A里面装着白球，可是，图图却从箱子里拿出了红球，那么，假定的"白球"和事实的"红球"就相互矛盾了，我们由此可以判断出，图图面前的箱子不是箱子A。而条件1指出，图图面前的箱子要么是A，要么是B，由此可以得出结论，图图面前的箱子是箱子B。

用贝叶斯统计进行推理②

可是，我看不出这当中有什么贝叶斯统计的特点呀！

别着急，看完下面的概率推理你就明白了。

扫码看视频

概率推理是推理的另一种形式，可以让人们根据不确定且具有概率性质的信息做出决定，比如，根据"天阴的时候不一定会下雨，但有一定的概率会下雨"这样的信息，做出带上伞出门的决定。

我们用概率推理来看箱子和小球的问题。童童有两个外表一模一样的箱子，分别是箱子A和箱子B，她将其中一个箱子放在图图面前。已知箱子A中有9个白球和1个红球，箱子B中有2个白球和8个红球，图图从箱子中取出了一个球，结果是个红球，那么，眼前的这个箱子究竟是A还是B呢？

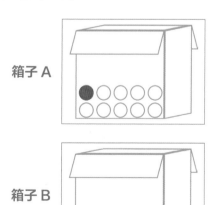

箱子 A

箱子 B

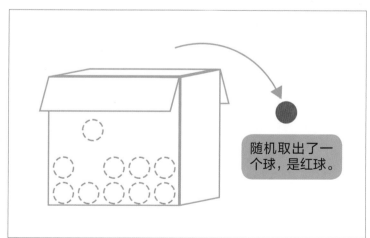

随机取出了一个球，是红球。

条件2和条件3现在不成立了。

没错，所以我们要将事实关系更改一下：

1. 图图面前的箱子要么是A，要么是B。
2. 如果是箱子A，可能会抽出白球。
3. 如果是箱子B，可能会抽出红球。
4. 图图从面前的箱子里取出了红球。

根据这几个条件，一般来说，人们都会得出"很可能是B"的结论，因为箱子B明显抽出红球的概率更高。

标准统计学在这一点上的思路是，虽然可能选择了错误选项，但要从箱子A和箱子B中选择一个，所以选择了概率更大的箱子B。而贝叶斯推理在这一点上的思路是，可能是箱子A，也可能是箱子B，但箱子B的可能性更大一些。

标准统计学是从两个选项当中选择一个，但贝叶斯推理在选择一个选项的同时并没有放弃另一个，只是对两个选项的重视程度不同，仍然认为两者皆有可能。

好像有点明白了，但是能不能更直观一点呢？

那我们就用矩形树图来更加直观地表现贝叶斯推理吧！

我们首先设定一下"先验概率",也就是我们在第三章中所讲的根据以往经验和分析得出的概率。

假设我们目前还不知道眼前的是箱子A还是箱子B,也不知道里面装着什么球,就可以将"图图面前的是箱子A"和"图图面前的是箱子B"的先验概率都设置为50%,也就是0.5,我们用长方形来表示可能存在的情况。

每个箱子的面积也是0.5哦!

箱子 A 和箱子 B 的面积分布图 1

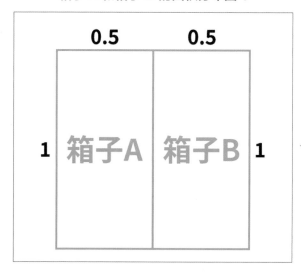

矩形树图的特点就是能够直观地以面积表示数值。

接着设定在箱子A和箱子B中出现白球或红球的概率。在每个箱子里都有10个小球的情况下,A出现白球的概率是0.9,出现红球的概率是0.1。B出现白球的概率是0.2,出现红球的概率是0.8。我们根据这份数据继续绘图。

箱子 A 和箱子 B 的面积分布图 2

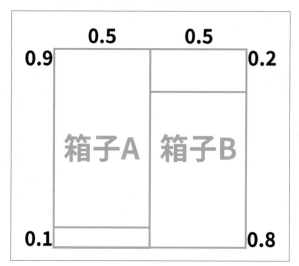

对长度和面积进行划分

由于矩形树图的面积可以视作概率，我们可以根据长方形的长和宽计算出相应概率，并填写在图表上，如下图所示。

箱子 A 和箱子 B 的面积分布图 3

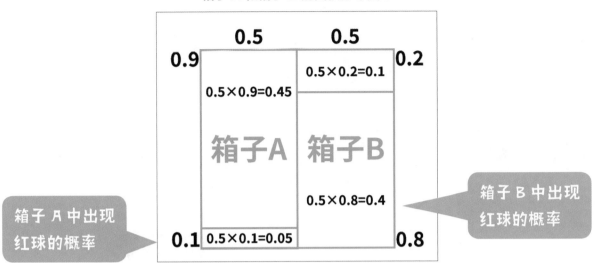

图图从箱子里随机拿出 1 个球，结果是红球，也就是说，我们可以排除掉出现白球的情况，从图表中减去白球的部分。

箱子 A 和箱子 B 的面积分布图 4

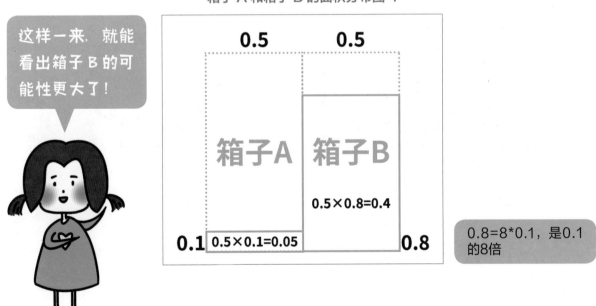

图图面前的箱子是箱子 B 的可能性是箱子 A 的 8 倍，因此，我们判断图图面前的箱子应该是箱子 B。

相信看到这里你已经掌握了不少有关统计的知识了，

那么在这一章里，

让我们通过统计知识去思考日常生活中发生的事情吧！

也许会有不一样的体验哦！

第五章

统计的力量

正确判断统计

在第一章中我们曾经介绍过，统计其实是很有欺骗性的。我们通常是统计信息的接收者，而非制造者。统计又常常会受到制造者的主观影响，误导他人，因此掌握正确判断统计数据的能力十分重要。

扫码看视频

数字和图表看起来总是既直观，说服力又很强，如果被带有误导性的统计数据迷惑，很可能会做出错误的选择。即使是面对各种领域的专家学者和权威人士做出的统计分析，也不能轻信。

历史上就有很多心怀不轨的人士，其中不乏权威人士，制造出了许多臭名昭著的统计骗局，其中一个非常令人愤怒和痛心的例子就是英国医生安德鲁·韦克菲尔德制造的疫苗恐慌。他在1998年发布论文声称，有12名正常儿童在接种了麻腮风三联疫苗后患上了自闭症，由此引起了家长们的恐慌，导致此后10年中，数以百万计的儿童都错过了接种疫苗的最佳时机，直到现在还有坚信疫苗会给孩子带来负面效果的父母在孩子出生后拒绝给孩子接种疫苗，每年都有许多婴儿和儿童因此夭折。

疫苗是一种注射到人体中，用各种病原微生物来使人体产生免疫能力的生物制品，担心它会给人们带来健康风险似乎很有道理。可是，像上面所举的这个例子，只要对统计有足够的了解，就能看出它十分荒谬，不足为信。

这个人真的是太坏了！但是，他的数据到底哪里有问题呢？

这是一个典型的用数据误导人们的骗局哦！

首先是研究样本的问题，学完了前面内容的我们现在知道，进行统计的时候，需要将资料"搅拌均匀"，然后随机取样。大多数时候，样本的数量越多，得到的结果越精确。但是，韦克菲尔德的研究中只有区区12个样本，这怎么能让人信服呢？

记者布莱恩·迪尔就对韦克菲尔德的研究产生了怀疑，继而进行了调查。他发现，韦克菲尔德不仅选择的样本很少，而且在他声称接种疫苗后患上自闭症的儿童中，只有1人确诊了这种疾病，5人在接种疫苗之前就出现了发育问题，而有3人根本没有患病。韦克菲尔德不仅选取的样本太少，甚至连数据都造了假！

如果这些家长能够掌握正确判断统计的方法，是不是就能避免被他欺骗了呢？

我们需要了解，统计本质上是人带着目的（主观愿望）制造出来的，根据制造者目的的不同，统计所表现出的东西也不同。如果不了解制作目的，就会很容易被制作者的思路误导。

正确判断统计的时候，我们需要关注统计采用的调查对象及调查方法，注意图表中隐藏的诱导性数据，了解制作者的目的和他个人一贯的思想，要用统计思维去判断图表的正确与否，而不是一味迷信权威的说法。

谨慎面对统计结果，是防止受骗的关键。

全面调查 ≠ 调查准确

扫码看视频

　　抽样调查法指的是从研究对象的全部单位（总体）中抽取一部分单位（样本）进行调查，以样本的特征推断总体的方法。由于这种调查方法并不全面，所以其结果也不能说完全准确。但是，全面调查就能等于调查准确吗？

　　我们身边所能接触到的最大型最全面的调查就是人口普查了。全国人口普查是在统一的时间节点上，以中华人民共和国境内的自然人及中华人民共和国境外但未定居的中国公民为调查对象的调查登记。比如，我国在2010年以11月1日零时为标准时间节点进行了第6次全国人口普查，调查的结果是，全国总人口为1370536875人，数量精确到了个位。但是，这个数量也不完全是准确的，因为每分钟都会有人出生或死亡。因此，只能说当时的人口数量在13.7053亿左右。

人口普查是每10年进行一次，所以，最近一次人口普查时间是在2020年，标准时间节点就在2020年的11月1日零时哦。大家如果感兴趣的话，可以关注一下这一次的人口普查的信息，看看新闻上是怎么说的。

对了！可以看看新闻上的说法！

　　往小了举例子的话，我们身边最常见的就是学校里的调查了。周考、月考、期中考试和期末考试等都是一种对学生的学习成果进行调查的方法哦！通过对考试成绩的统计，老师们可以掌握学生在这一阶段学习的成果和效率，从而针对性地修改教学方法。

　　可是，就像我们前面说过的道理一样，考试的成绩也是在一个标准时间节点下进行统计的。在进行统计的时候，学生的学习水平可能已经有了一定的进步或退步，而且受到临场发挥的影响，一些学生可能考得没有自己平时水平那么好，一些学生可能会超水平发挥。

因此，尽管考试能够全面地调查学生的学习成果，但其结果也不一定准确。

从这两个例子中，我们可以看出全面调查的特点。全面调查的范围较为广泛，内容也很全面，但一般需要耗费大量人力、物力和时间，非常麻烦，而且也不够灵活。大多数时候，我们使用抽样调查的方法就能解决统计上的需要了。可是，大家也要学会正确看待全面调查哦！

虽然不一定用得到，但是了解还是有必要的。

全面调查也是统计的重要知识哦！

幸存者偏差

"幸存者偏差"指人们往往只能看到某种筛选后产生的结果，但没有意识到筛选的过程，从而忽略了被筛选掉的重要信息。比如，童童家所在的小区里生活着一些流浪猫，即使是在零下10℃，童童也会常常看到流浪猫出没。因此，童童认为，"猫的生命力非常顽强，即使是在零下10℃，也不会被冻死"。可是，事实真的是这样吗？

扫码看视频

"幸存者偏差"又有着"死者不会说话"的别称，因为在零下10℃的寒冷天气中死亡的流浪猫是不可能出现在童童面前的，童童能够看到的只有活下来的流浪猫。假设在这样的天气中，童童看到5只流浪猫出现在了她的眼前，她可能会认为"小区里一共只有5只流浪猫，它们都在零下10℃的天气里活了下来，因此，猫的生命力非常顽强，即使是在零下10℃的环境里，也不会被冻死"。事实上童童所在的小区里一共生活着20只流浪猫，有15只都在这样的寒冷天气中死亡了。那么，我们还能认为"猫的生命力非常顽强，即使是在零下10℃的环境里，也不会被冻死"吗？

> 真是个残忍的例子。

> 如果忽略了幸存者偏差，很可能会造成严重的后果哦！幸存者偏差无处不在，在统计中，这是非常重要的知识。

幸存者偏差的例子非常多。很多时候，人们常常会将在幸存者偏差下得出的结论当成真理，这样就相当于采用了片面的数据进行统计，如果贸然相信这样的统计结果，其实是很危险的。

　　罗马政治家西塞罗在2000多年前曾经讲过一个故事：有个人将一幅画展示给一个无神论者看，画上画的是一群正在向神祈祷的人，他们也是一场海难中的幸存者，也就是说，因为出海前向神祈祷了，所以他们才没有在海难中被淹死。然而，无神论者看了之后，却问道：那些向神祈祷后却被淹死的人又在哪儿？

　　死者无法开口，因此我们凭什么说，在海难中丧生的人就没有在出海前向神祈祷过呢？在所有死者中只要有一个曾经对神进行过祈祷，那么"向神祈祷就不会淹死"的结论就不会成立。

　　我们可以用统计思维来思考：如果说成功者具有特征A，失败者不具有特征A，我们可以说，A是成功的要素。可是，如果我们只知道成功者具有特征A，却不知道失败者的情况，就不能说A是成功的要素了，因为这样就忽略了失败者的特征。

幸存者偏差会让人们忽略被筛选掉的关键信息，这样得出的结论就会出现逻辑错误。

我明白了！

安慰剂效应

扫码看视频

"安慰剂效应"指的是病人虽然接受的是无效治疗，却"预料"或"相信"治疗有效，从而让自身的病痛由于心理作用得到舒缓。比如，爸爸带着童童去医院打针，童童害怕打针会很疼。于是爸爸拿出了一片维生素，对童童说，这是止疼药，吃了以后打针就不会疼了。童童很信任爸爸，她吃了药片之后打针，果然感觉不疼了。

在这个例子中，童童相信自己吃了"止疼药"，打针就不会感到疼痛，因此真的没有感到疼痛。可是，这片"止疼药"实际上是一片维生素，它并不具备止疼的作用，童童只是出于安慰剂效应疼痛感消失了而已。

安慰剂效应常常被用在随机对照试验（Randomized controlled trial，又称RCT）中。将研究对象随机分组，对不同的组实施不同的干预，以对照其效果的方法，就叫作随机对照试验。比如，试验一种能够治愈感冒的药品，将患者随机分为两组，给一组患者真正的药品，给另一组患者外表和真正药品一模一样的、使用玉米淀粉制作的安慰剂，这一组就是所谓的安慰剂组。

随机对照试验

（真正的药物）

（安慰剂）

假如真正的药物治愈感冒的概率是70%，而玉米淀粉制作的安慰剂治愈感冒的概率也是70%，那么，这种药物在治愈感冒上，是不是就可以认为没有显著作用？

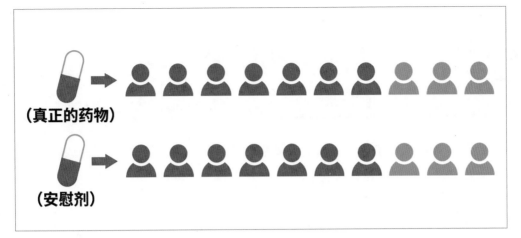

这样设计实验，并进行统计，就能知道药物究竟有没有治愈作用了。

不过，也要警惕反安慰剂效应哦！

　　设计良好的实证研究往往会涉及比较，但是比较并不总是公平和有效的。除了要考虑到安慰剂效应之外，也要考虑到反安慰剂效应。由于随机药品对照试验往往是一种双盲实验，也就是说，研究者和病人都不知道每个病人被分到了哪个组，也不知道哪一组用了什么方法治疗，那么，就会有人出于对药物的怀疑，或者出于对自己是否服用了安慰剂的怀疑，反而导致原本可以发挥作用的药物失效。因此，在进行统计的时候，一定要尽可能考虑周全哦。

女士品茶

"女士品茶"可以说是统计学历史上最著名的试验了。真实的故事发生在20世纪20年代，在英国剑桥一个夏日的午后，一些学者夫妇坐在户外的桌旁，享用着美味的下午茶。

扫码看视频

英式下午茶是用红茶和牛奶做成的。在品茶的过程中，大家渐渐对制作下午茶的方法产生争论，一位女士坚称，将茶加进奶里的味道，和将奶加进茶里的味道不同。

学者们对女士的说法嗤之以鼻，因为他们无法想象，同样的两种成分，只是因为添加顺序不同，就会产生不同的化学反应。可是，身处其中的数学家费希尔却对此说法产生了兴趣，开始寻找一种能够验证这位女士说法的试验方案，统计学历史上最著名的试验就这样诞生了。

女士品茶的试验是这样进行的：人们来到了那位女士看不到的地方，用不同的方法调制出了10杯不同的茶；他们将这些茶一一奉到了那位女士面前，女士则一一品味，并说出判断结果，由旁观者进行记录。

为什么要这样做呢？试验的设计者费希尔先生将女士的断言视为一个假设问题，他认为，如果只给那位女士一杯茶，那么即使她没有真正的区分能力，也有50%的概率猜对。如果给她两杯茶，而她又知道这两杯茶是用不同的方式调制的，那她就有可能100%猜对，或者100%猜错。如果给她10杯茶，但是由于冲泡的时候茶水不够热，或者牛奶和茶水没有充分混合，那么，女士就会有可能在有真正的区分能力的情况下，猜错其中的一杯。

费希尔没有告诉我们女士品茶试验的结果。但由于这是个真实发生的事件，所以其结果仍然流传了下来——女士正确地分辨出了每一杯茶的冲泡方式，她的确掌握着区分茶与奶冲泡方式的能力。

这有没有让大家想起一个耳熟能详的童话故事呢？

啊，我知道！是豌豆公主的故事吧！

在豌豆公主的故事里，为了考验前来借宿的公主是否是真正的公主，皇后在一张床上放了1粒豌豆，并在豌豆上又放了20张床垫子和20床被子，邀请公主在这张床上休息。即使隔着这么多被褥，公主依然感觉到床下有一粒很硬的东西在硌着她，让她睡得很不舒服，大家由此认为，她是一位真正的公主。因为只有真正的公主才有这样娇嫩的肌肤，可以感觉到20张床垫子和20床被子下面的豌豆。

可是学过了统计之后，我们明显可以看出，人们的判断实在是太草率了。公主可能是因为反安慰剂效应，对自己睡在上面的那张床疑神疑鬼。可能是因为皇后反常地给一张床铺了20层床垫和20层被子，引起了公主的怀疑和探查，从而让她发现了那粒豌豆。

学习统计就要像女士品茶的试验一样，考虑到影响统计结果的方方面面，排除可能的错误选项，才能得出有效的结果哦。

错误的平均定律

投硬币 100 次，现在投了 50 次，其中 36 次都是正面朝上，看来接下来背面朝上的概率大大增加啦！

概率是不能这么计算的哦！你这是相信了错误的平均定律！

扫码看视频

　　人们常常会相信一种"正负相抵"的定律，也就是说，每当硬币正面朝上一次，接下来是背面朝上的概率就会大大增加。比如说，如果抛100次硬币，根据概率计算，一定会有50个正面和50个背面，因此如果前面10次或者前面50次出现的正面多于背面，那么为了使概率平衡，接下来出现的背面一定会多于正面。

　　很多人对此深信不疑，可是这是一种完全错误的想法，他们将抛硬币当成了从箱子里拿小球。如果我们知道箱子里有50个红球和50个白球，每次我们拿出一个小球进行记录，并且不再放回去，那么每当我们拿出了一个白球，接下来是红球的概率当然会增加。可是，抛硬币的概率却不能这么算，因为硬币是同时具有正面和背面的，我们无法控制自己会抛出正面还是背面，结果是完全随机的。只要我们抛硬币的手法始终保持一致，硬币的质量也很均匀，那么，即使我们抛了9999次，第10000次的正面和背面朝上的概率也是相等的。

这一次只考了50分，算我倒霉，下一次考试就该走运了。

霉运是不会提高好运的可能性的哦！

假设童童在这一次月考中只考了50分，她认为自己这一次是"走霉运"，那么下一次月考的时候，她"交好运"的可能性就会大大提高。可是，失败是不会提高成功可能性的！童童没有考好，只是因为她没有好好复习，如果她不将心思放在学习上，而是寄希望于虚无缥缈的运气，下一次月考仍然"走霉运"就是可以预见的了。

还是用抛硬币打比方，如果我们抛5次硬币，4次都出现了正面，那么我们就可以认为，这枚硬币更容易出现正面，第5次的时候抛出正面的概率也更大。因为硬币由于材质和工艺的问题，可能会质量不均匀，某一面的重量更大，那么重的一面朝下的概率就会更高。根据既有的经验，我们可以知道下一次抛出正面的概率。

像这样注重经验的统计方法，就是贝叶斯统计学的思维方式，也就是说，这个世界总会发生更容易发生的事。根据这种思维，我们可以认为，因为前面4次都抛出了正面，所以第5次抛出正面的概率也更高。

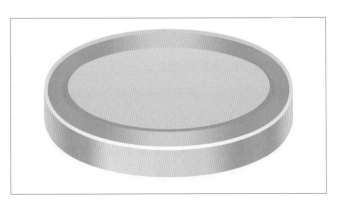

质量不均匀的硬币

哪一面更重，哪一面朝下的概率就更高

辛普森悖论

当人们尝试探究两种变量是否具有相关性的时候，往往会对它们进行分组研究。可是，在分组比较中占据优势的一方，在总评中可能是失势的一方。这样的情况，就叫作辛普森悖论。我们来以童童举个例子吧。比如，童童即将升入初中，可是她对选择哪一所初中犹豫不决。2020年，A初中的1000名学生里有900名考上了重点高中，100名考上了普通高中。B初中的1000名学生里有800名考上了重点高中，200名考上了普通高中。

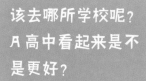

我们能简单地判断说A初中比B初中更好吗？

事实上，仅仅用这种表面上的数据，是无法判断两个学校的真实水平的。假设小升初考试的分数线是300分，经过我们仔细的调查之后发现，A初中2020年毕业的1000名学生里，有100名学生在入学时的成绩低于300分，而900名学生在入学时的成绩高于300分。其中，在入学时成绩低于300分的100名学生里，有30名考上了重点高中，比例是30%；高于300分的学生里则有870名考上了重点高中，比例是97%。

B初中在2020年毕业的1000名学生里，有600名学生在入学时成绩都低于300分，400名学生成绩高于300分。其中，在入学时成绩低于300分的600名学生里，有440名考上了重点高中，比例是73%；高于300分的学生里则有360名考上了重点高中，比例是90%。

A高中

入学分数	考上重点高中	考上普通高中	总数	重点比例
低于300分	30	70	100	30%
高于300分	870	30	900	97%
合计	900	100	1000	90%

B高中

入学分数	考上重点高中	考上普通高中	总数	重点比例
低于300分	440	160	600	73%
高于300分	360	40	400	90%
合计	800	200	1000	80%

这样比较之后，我们可以看到，B高中的教学水平明显更高，因为B高中入学时成绩低于300分的学生考上重点高中的比例更高。如果只是简单地看两个学校中考时的录取率，A高中的表现就会具有迷惑性。

辛普森悖论就是这样，同一组数据，整体趋势和分组后的趋势不同。

是这样啊，那我还是选择B学校吧。

人工智能和统计

统计学的妙用就在于可以通过大量的数据推断出数据背后隐藏的东西。那么，统计和人工智能又有什么关系呢？

扫码看视频

人工智能是计算机学科的一个分支，我们可以将它理解成了解智能的实质，模拟人的思考，使用和人类智能相似的方式做出反应的智能机器。

2018年，诺贝尔经济学奖获得者托马斯·萨金特公开发表言论称，人工智能就是统计学。如此表达其实有点不恰当，因为人工智能的基础是计算机，计算机的基础是数学，人工智能的理论中不仅仅包含了统计学，还有很多数学内容。毫无疑问的一点是，这次人工智能热潮的理论基础就是统计学。无论是自然语言处理，还是深度学习模型，都运用到了概率统计学理论中的基本定理。

随着科技的发展，计算机性能得到了飞速提升，很多功能也应时而生，很多人渐渐将计算机当成了无所不能的工具。可是，想要让计算机顺利运行，就必须由人来编写程序，教会计算机如何工作。

当我们看到一朵花时，即使不能辨别这是什么植物，也能做出"这是一朵花"的判断，计算机却很难做到这点。因为这需要模糊的联想能力，人工智能则需要模仿人的联想能力。我们为计算机提供大量的关于"花"的数据，让它判断眼前的物体究竟是不是花，当它给出正确的判断时就给出奖励，让它能够像人类一样在学习中成长，从而能够像人一样灵活地处理事情。

值得期待的是，这一天离我们不会太远了。

2016年的时候，谷歌研发的人工智能系统AlphaGo（阿尔法围棋机器人）击败了世界围棋冠军李世石，2017年又击败了世界围棋史上最年轻的五冠王柯洁。能够获得世界冠军的棋手都是在数万盘棋的厮杀中训练出来的，然而人工智能在计算上的能力远不是人类可以企及的。谷歌公司在2017年研制出的

新版人工智能程序AlphaGo Zero采用了强化学习的算法，能够抛弃人类的经验，从空白状态下开始迅速自学围棋，仅用3天时间，就完成了490万盘围棋的自我对弈，这种强化学习的算法就是基于概率统计完成的。

人工智能也太厉害了。这么下去，会不会有一天就把人取代了呀？

计算器在计算加减乘除上也比你厉害，可是你也还是需要学习加减乘除呀！

　　计算机能够迅速积累起人类无法做到的庞大的对战经验，达到人类无法企及的程度，可是，想要让它有朝一日可以像人类一样灵活准确地判断和处理事物，还有很长一段路要走。

利用期望值做决定

"期望值"是一个人对目标实现的可能性的概率估计，又被称为"期望概率"。那么，我们要怎么利用期望值做决定呢？

扫码看视频

过年的时候，妈妈给童童准备了两个红包，她对童童说："在这两个红包中，一个里的压岁钱比另一个多一倍，你可以从中选择一个。"

其中一个红包里的压岁钱比另一个多一倍

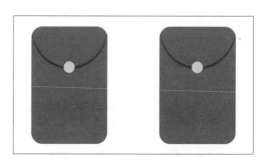

童童从中选择了一个，打开之后，发现里面是100元。此时，妈妈对童童说："你可以选择用这个红包换掉我手中的这一个，要不要换呢？"

这个红包里是100元，那另一个红包里可能就是200元，到底要不要换呢？

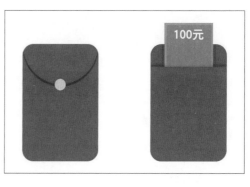

既然在两个红包中，一个里的压岁钱比另一个多一倍，而且童童打开的这个红包里装着100元，那么另一个没有打开的红包里很有可能就装着200元，这么想的话，似乎还是换掉比较合适。可是这样想就太片面了，因为另一个红包里还有可能只放了50元。

这个时候，统计学就可以发挥作用了。

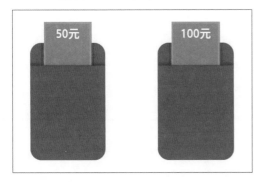 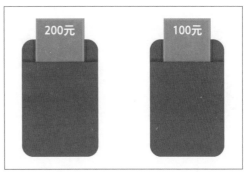

情况 A 和情况 B 出现的可能性是一样的。我们可以用抛硬币的方式进行试验，用正面朝上代表情况 A，背面朝上代表情况 B。也就是说，正面朝上代表我们换红包后能拿到 50 元，背面朝上代表我们换红包后能拿到 200 元。

我们反复将这个实验进行 100 次，记录每次到手的金额，并且求出平均数。如果平均数超过 100 元，那么我们换红包就比较合适；如果低于 100 元，最好还是不要换。

想一想，如果情况A和情况B出现的概率都是$\frac{1}{2}$，那么我们可以用下面的公式来计算到手压岁钱的期望值：

情况 A 出现的概率 ×50 元 + 情况 B 出现的概率 ×200 元 =0.5×50 元 +0.5×200 元 =125 元

125元比不换红包的100元多，所以还是换红包比较划算。这个数值和使用硬币进行实验的结果应该是一致的。

期望值能够帮助我们在类似的情况下做出对自己更有利的选择。不过，不要完全寄希望于期望值，因为期望有可能落空哦！

大数据是什么？

近年来，"大数据"似乎成了一个非常热门的词汇，网络搜索量一路走高。我们或许不明白大数据的具体定义是什么，但是一定感受过大数据无孔不入的威力。比如，在网络平台上购物时，常常会出现"猜你喜欢"之类的商品。如果在社交平台上发表感想，说了想买什么东西的话，打开购物软件后相应推荐就会出现在眼前。在短视频软件中点赞了一个视频，转眼就有很多类似的视频被推荐过来。类似现象频繁发生，屡见不鲜。

统计对大数据有着至关重要的作用。大数据存储了海量信息，并对这些信息进行处理，加以优化，更加精确地将所需要的东西送到眼前。

人工智能就是以大数据为基础飞速发展起来的，可以说，大数据就是人工智能成长发展的营养来源。

可是，大数据也存在着一些很让人忧心的地方，比如数据泄露。

很多软件都会不经过用户允许就从用户后台偷窃信息，所以常常会出现只是在微信上跟朋友说了一句想吃苹果，打开购物软件就出现了关于苹果的推荐信息这样的情况。有时则是在某些网站或者App上的注册信息被泄露，这些信息往往包含着用户的真实姓名、身份证号、电话等重要隐私，如果这些信息被不法分子获得，就可能会针对性地制造一些骗局，诈骗用户的钱财。比如说，如果犯罪分子通过大数据得知了童童每晚10点就会关掉手机睡觉，那么他就可以在10点之后打电话给童童的同学，谎称童童遇到了急事需要用钱，此时童童的同学拨打童童的电话，发现打不通，就会对"童童遇到了急事"深信不疑，从而被犯罪分子骗取钱财。所以，一定要警惕个人信息的泄露哦！

信息泄露是一方面，大数据本身也有很多缺点，例如推送功能。

我觉得推送功能挺好的呀，总能给我推送一些很有趣的东西。

　　网站和应用程序的推送功能是以大数据为基础的，可是，由于推送功能没那么智能，分不清好奇和兴趣的区别在哪里，所以常常会推送一些我们并不感兴趣的东西。比如，童童很喜欢猫，她在视频应用程序中看到了有关猫的视频，就好奇地点了进去。由于那个视频的标签是"萌宠"，而且狗、仓鼠、鹦鹉等动物也都被归类于"萌宠"，所以接下来的几天里，童童常常会被推送和狗、仓鼠、鹦鹉等宠物有关的视频，这让她非常苦恼。

　　好在大数据可以根据用户的行为判断下一步该怎么调整，当童童频繁地关闭那些推送时，视频的应用程序就不再推送她不感兴趣的视频了。

　　我们如今正被庞大的信息包裹着，不能再用过去的经验处理现在和未来发生的事，人工智能和大数据今后会在我们的生活中占据越来越多的比重，我们必须对此做好准备。

物联网和统计

物联网的意思是万物相连的互联网。随着计算机的小型化以及互联网覆盖范围的扩大，我们所处的社会正在发生急剧变化。由于现在很多物品都已经内置微型计算机，并且可以连接网络，我们已经进入了一个能够远程控制物品，并和物品进行信息交换的物联网时代。

扫码看视频

智能家居就是物联网的一个应用场景。20世纪80年代，大量采用电子技术的家用电器面世，为智能家居的出现奠定了基础。随着物联网的快速发展和无线网络的普及，已经出现了以IP网络为主，末端采用zigbee（紫蜂）等无线通信技术的智能家居系统，云计算更是补足了智能家居发展的短板，让智能家居具备了普及的条件。像天猫精灵、小爱同学这样的人工智能语音助手就支持链接管理各种智能设备，使智能家居的使用更加便利。

无论是智能家居还是物联网，都渐渐开始依赖大数据，以更好地服务用户。统计学是大数据的基础，也可以说，物联网和统计学息息相关哦。

感觉有了物联网很方便呢!

衣、食、住、行等我们生活的方方面面都会因为物联网变得更加方便。

A 高中

B 高中

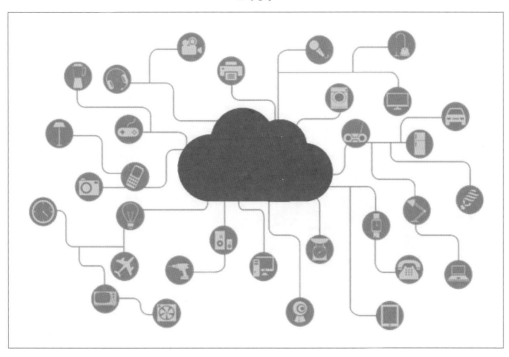

选择题怎么做?

不想做题, 还是抛硬币吧。

想一想, 这么做的正确率是多少呢?

扫码看视频

　　童童不喜欢学习, 在做选择题的时候, 总喜欢通过抛硬币作答。这样答题的正确率是多少呢? 假设选择题只有两个选项, 那么硬币的两面可以分别对应一个选项, 比如正面朝上对应A选项, 背面朝上对应B选项。对照前面学习过的知识, 我们可以知道, 如果这样做的话, 得出A选项和B选项的概率都是50%。也就是说, 假如1题是10分, 那么使用这种方法, 我们得10分的概率是50%, 得0分的概率也是50%, 从而可以得出5分的期望值。如果题目一共有10题, 一共就有50分的期望值, 这样就很值得一试了。使用这种随机的方式做选择题, 如果有3个选项, 满分为100分, 期望值就是 $100 \times \frac{1}{3} \approx 33$ 分; 如果有4个选项, 期望值就是 $100 \times \frac{1}{4} = 25$ 分……依此类推。也可以说, 选项越多, 选中正确答案的概率就越小。

如果我用统计的方法偷懒呢? 比如, 我知道了老师的出题偏好……

最好还是不要这样, 学习是为自己而学, 还是要认真做题!

假设童童考试的试卷一直都是A老师出的，那么童童就可以对过去的大量试卷进行统计，找出出现次数最频繁的那个选项，这种方法比投硬币更好。比如，A老师在过去出的试卷中，A为正确答案的概率比其他选项更多，那么假如我们全部选择A，其期望值也会比投硬币算出来的结果更高。这就是"根据过去的数据推测未来情况"的统计方法。

我们随机从过去的试卷中抽取250道选择题，并对答案进行统计，于是得到了下面的图表。

选择题答案分布图

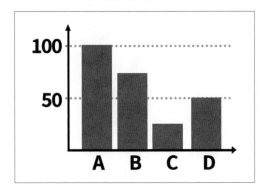

选择题答案统计表

A	100
B	75
C	25
D	50
合计	250

很明显，A选项出现的概率更高，选择A出错的概率最小。可是，由于现在很多试卷都不是任教老师自己出的，所以老师的个人喜好对答案的分布影响较小。那么，我们最好还是不要在考试和学习上偷懒哦！

长方体骰子的概率会怎样？

我们平时所使用的骰子都是正六面体骰子，即用六个完全相同的正方形面组成的立方体骰子。除此之外，还有正八面体、正十二面体、正二十面体等样式的骰子。

扫码看视频

这种骰子经过精心设计，每一面出现的概率都是相等的，符合数学模型。那么，如果是长方体的骰子，概率还相等吗？

正方体的6个面面积相同，抛出时，每个面朝上的概率都是一样的。可是，长方体的6个面两两成对，面积不同，每个面朝上的概率也是不同的，不是等可能事件。对于正方体，我们可以很轻松地得出它每个面朝上的概率都是 $\frac{1}{6}$，那么长方体的概率又是怎样的呢？我们来实际试验一下，看看结果吧。

这个，好像想象不出来呢。

那我们来比较一下正方体骰子和长方体骰子的区别吧！

每个凹坑都经过精心排布，设计成每个面出现的概率相同

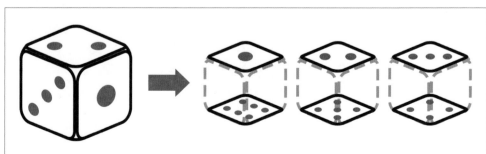

我们实际使用的骰子经过精心的设计，和数学模型中理想的骰子概率相差微乎其微。

所以每个面的概率都是相等的！

长方体骰子

面积两两对应，每个面出现的概率不均等

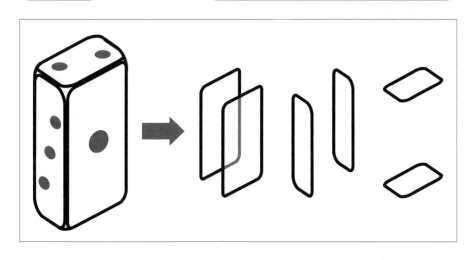

骰子每个面的频数统计表

次数	1点累计频数	2点累计频数	3点累计频数	4点累计频数	5点累计频数	6点累计频数
1	0	0	0	0	0	1
2	1	0	0	0	0	1
3	2	0	0	0	0	1
⌇	…	…	…	…	…	…
	…	…	…	…	…	…
1000	445	2	49	41	1	462
相对频数	0.445	0.002	0.049	0.041	0.001	0.462

通过掷骰子探讨概率

如果用掷骰子来探讨概率会怎么样？尝试着抛掷5次骰子，记下结果，这样反复试验，你会发现有趣的事情。

扫码看视频

前面我们说过，骰子是正六面体，现实中的骰子经过精心设计，6个面被抛出的概率和数学模型极为接近，都是 $\frac{1}{6}$，因此，我们可以用它进行很多随机概率实验。

我们来做一下下面这个实验。连续抛掷了5次骰子，抛出了点数2、3、1、4、6，可以得出其平均值为（2+3+1+4+6）÷5=3.2。重复进行几次实验，我们可以得到很多平均值。但是，我们得到的这些平均值的分布情况会是怎样的呢？让我们接着做个实验吧！记住一定要尽可能随机地抛掷骰子，让结果更加公平。多次重复实验后，我们得到了右边这一页所示的平均值。因为抛掷5次的点数之和是从5到30之间的值，所以将其除以5后，得到的平均值为1、1.2、1.4……5.8、6，共计26种结果。

根据这个实验结果制作平均数的频数和相对频率分布表，我们可以从数据中找到更多有趣的信息。

实验	第1次	第2次	第3次	第4次	第5次	合计	平均值
1	3	4	6	6	5	24	4.8
2	4	5	1	5	6	21	4.2
3	2	5	4	3	1	15	3.0
4	6	2	5	2	6	21	4.2
5	5	3	2	6	1	17	3.4
6	6	3	2	4	2	17	3.4
7	2	5	2	3	3	15	3.0
…	…	…	…	…	…	…	…
…	…	…	…	…	…	…	…
…	…	…	…	…	…	…	…
93	1	3	1	4	4	13	2.6
94	1	4	3	2	4	14	2.8
95	6	4	2	4	4	20	4.0
96	4	1	4	6	1	16	3.2
97	2	5	5	3	4	19	3.8
98	4	3	4	3	2	16	3.2
99	5	6	3	2	3	19	3.8
100	1	4	2	2	3	12	2.4

平均值	频数	相对频率
1	0	0.00
1.2	0	0.00
1.4	0	0.00
1.6	0	0.00
1.8	0	0.00
2	1	0.01
2.2	2	0.02
2.4	3	0.03
2.6	8	0.08
2.8	4	0.04
3	10	0.10
3.2	12	0.12
3.4	10	0.10
3.6.	7	0.07
3.8	10	0.10
4	11	0.11
4.2	10	0.10
4.4	5	0.05
4.6	1	0.01
4.8	4	0.04
5	1	0.01
5.2	0	0.00
5.4	1	0.01
5.6	0	0.00
5.8	0	0.00
6	0	0.00

如果抛出的点数全是 1，那么平均值就是 1；如果抛出的点数全是 6，那么平均值就是 6。不过这种可能性相当小，就算做 100 次实验也未必能投出一次这样的结果。

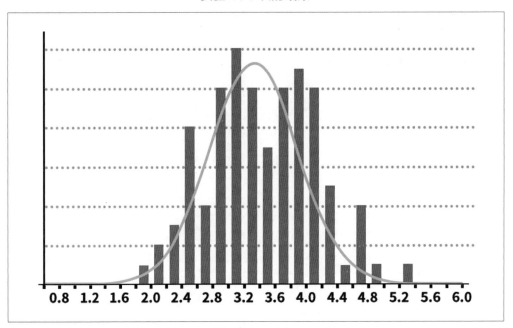

以上一页的表格为基础，可以绘制出如上所示的相对频数分布图。尽管骰子每一面出现的概率都是 $\frac{1}{6}$，但投掷 5 次点数的平均值是不一样的，分布接近山形（吊钟形）。

这是用 100 次的实验数据绘制的。

　　上面的图表是根据100次的实验数据绘制的，我们还可以增加实验次数，进行1000次、10000次实验，看看数据的分布情况如何。在计算机里使用Excel的函数进行模拟，可以得到右边的图表。从图表上我们可以看出，随着实验次数的增加，平均值的分布也越来越接近山形（吊钟形），这就是所谓的"正态分布曲线"。

实验 1000 次的结果

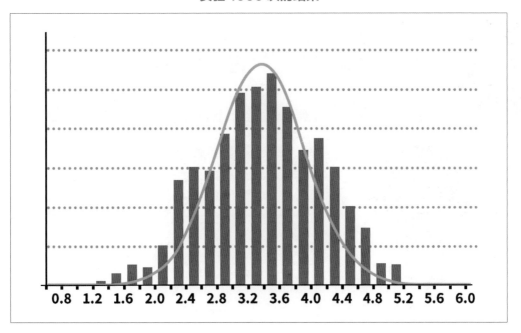

实验 10000 次的结果

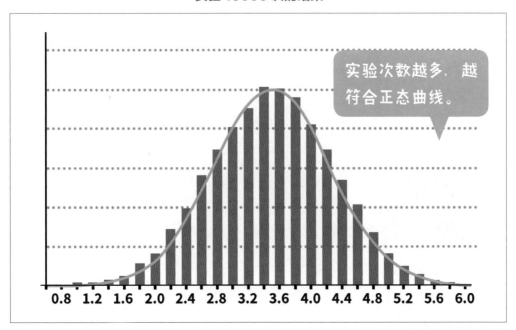

实验次数越多，越符合正态曲线。

用硬币探讨概率①

我们用硬币做一下概率试验吧！
如果同时抛5角硬币和1元硬币，5角硬币正背面出现的情况会影响到1元硬币正背面出现的情况吗？让我们来试验一下。

扫码看视频

| 蓝色代表5角 | 5角 | 正 背 | 正 正 |

两枚硬币一起抛

| 红色代表1元 | 1元 | 背 背 | 背 正 |

如果这个试验中出现的"正、正"组合比较多，就可以视为两枚硬币之间互相影响。如果4种情况出现得差不多，则说明一方无论是正面还是背面，都不会影响到另一方。

现在让我们来实际试验一下。首先同时抛100次5角硬币和1元硬币，记录各种组合出现的次数。
然后再同时抛1000次5角硬币和1元硬币，也记录下各种组合出现的次数。

同时抛 100 次	5角正面	5角背面
1元正面	21	23
1元背面	25	31

同时抛 1000 次	5角正面	5角背面
1元正面	255	247
1元背面	245	253

当我们只实验了100次的时候，所得到的数据还不能断言两个硬币同时抛出的话，其中一个对另一个毫无影响，但是当实验进行到1000次的时候，一些迹象看起来就相当明显了。

两枚硬币一起抛的时候会产生的4种组合，试验1000次后出现的频率是大致相同的，因此我们可以判断，"两枚硬币一起抛，其中一方无论出现正面还是背面，都不会影响另一枚硬币的正背"。

抛 1000 次的实验显示，不管是哪种组合，大致都出现了 250 次，也就是说概率为 0.25。

用硬币探讨概率②

如果第一次抛硬币的时候出现的是背面，那么这会对接下来抛硬币的结果产生影响吗？

扫码看视频

如果是两枚硬币同时抛的话，一枚硬币的结果不会让另一枚受到影响，那么如果是同一枚硬币的话，第一次抛的时候是正面或者背面，会对之后再抛的结果有影响吗？

让我们来试验一下吧！

1	2	3	4	5	6	7	8	9	10	
正	正	背	背	背	正	背	正	正	背	？

抛了10次硬币之后，得到了如上结果。我们对这个结果进行一下总结。

❶出现正面之后，接下来是正面的次数

2次

❷出现正面之后，接下来是背面的次数

3次

❸出现背面之后，接下来是正面的次数

符合　符合

2次

❹出现背面之后，接下来是背面的次数

符合　符合

2次

如果❶和❷，❸和❹出现的概率基本一致，我们就可以认为第一次抛出正面或背面对接下来的结果没有影响，反之则是有影响。实际上，抛硬币是随机发生的事件，无论第一次抛出了正面还是背面，对接下来的结果都不会有影响。

不会影响

基本相等

不会影响

基本相等

影响很大

出现次数明显不同

但是，用抛10次的结果来断言，好像有点片面呢，如果抛1000次呢？

那就让我们抛1000次试试吧！

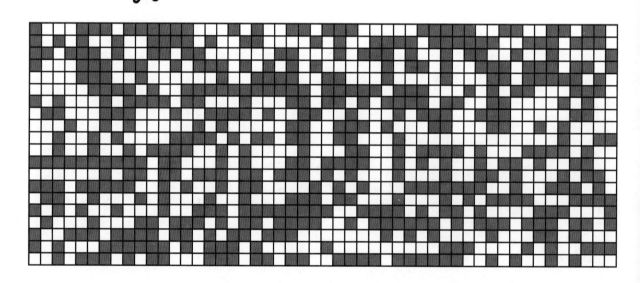

上面像马赛克瓷砖一样的图，就是随机抛1000次1元硬币后正背面出现的情况，正面用白色表示，背面用红色表示，每一行排列50个，每一列排列20个。根据上述实验结果，我们可以统计出❶的情况发生了247次，❷的情况发生了252次，❸的情况发生了248次，❹的情况发生了253次。也就是说，无论哪种情况，出现的概率都一样，前一次抛硬币的结果不会影响到之后的结果。❶、❷、❸、❹都发生了250次左右，也就是说，"正正""正背""背正""背背"4种情况出现的概率是基本均等的，即25%。我们也可以将它视作正面概率乘以正面概率，即50%×50%=25%。

25%= 第一次是正面的概率 × 第二次是正面的概率 =50%×50%

"正正""正背""背正""背背" 4 种情况出现的概率相同。

这种概率应该怎么计算呢?比方说,如果我们要抛一枚 1 元硬币 10 次,调查它们正背面出现的情况,那么连续 10 次出现正面的概率为:

$$\frac{1}{2} \times \frac{1}{2} \times \frac{1}{2} \times \frac{1}{2} \times \frac{1}{2} \times \frac{1}{2} \times \frac{1}{2} \times \frac{1}{2} \times \frac{1}{2} \times \frac{1}{2} = 0.0009765625$$

未来科学家系列 4

人工智能会和我们成为朋友吗

未蓝文化 / 编著

中国青年出版社

图书在版编目（CIP）数据

人工智能会和我们成为朋友吗/未蓝文化编著.—北京: 中国青年出版社，2022.11

（未来科学家系列; 4）

ISBN 978-7-5153-6781-1

I.①人… II.①未… III.①人工智能—青少年读物 IV.①TP18-49

中国版本图书馆CIP数据核字（2022）第185360号

未来科学家系列 4

人工智能会和我们成为朋友吗

编　　著: 未蓝文化

出版发行: 中国青年出版社
地　　址: 北京市东城区东四十二条21号
电　　话: (010)59231565
传　　真: (010)59231381
网　　址: www.cyp.com.cn
企　　划: 北京中青雄狮数码传媒科技有限公司
主　　编: 张鹏
策划编辑: 田影
责任编辑: 张佳莹
文字编辑: 李大珊
书籍设计: 乌兰
印　　刷: 天津融正印刷有限公司
开　　本: 787 x 1092 1/16
印　　张: 40
字　　数: 386千字
版　　次: 2022年11月北京第1版
印　　次: 2022年11月第1次印刷
书　　号: ISBN 978-7-5153-6781-1
定　　价: 268.00元（全四册）

本书如有印装质量等问题，请与本社联系
电话: (010)59231565
读者来信: reader@cypmedia.com
投稿邮箱: author@cypmedia.com
如有其他问题请访问我们的网站: http://www.cypmedia.com

前言

　　阿尔法围棋（AlphaGo）及其所代表的人工智能技术战胜了韩国围棋冠军李世石这一事件，让人工智能迅速获得了全世界的关注，这时人们才意识到原来人工智能这么厉害。之后"机器学习""深度学习""算法"等学术用语也变得不再那么陌生了，人们开始好奇科幻电影中的场景是否会变成现实。无论是过去还是现在，人类从未停止对世界的探索，人工智能就是科技发展到一定高度的体现。

　　近几年，人工智能在各个领域的应用，让我们深刻体会到了科技带来的便利。从语音识别、人脸识别、便捷购物再到专家系统，每一次都是技术上的重大突破。人工智能离我们并不遥远，它就在每个人的身边。

　　本书以卡通人物对话的形式向读者展示了人工智能的理论知识、技术和未来发展前景，带给读者趣味性和科普性兼具的阅读体验。人工智能是什么？是人聪明还是人工智能聪明？人工智能会超越人类吗？这些问题的答案，将在本书中一一为你呈现。书中把晦涩难懂的人工智能技术知识以轻松愉快的方式展现出来，让读者在学习知识的同时感受到科学的魅力。

　　科学探索总是从好奇心开始的，如果人类没有好奇心，科技将无法向前发展。孩子的好奇心总是比大人强，更喜欢探索未知的世界。希望通过本书，能够增加孩子对人工智能的认识，激发对科学的兴趣。或许在不久的将来，你也将会成为人工智能专家的一分子。

快来和我一起探索人工智能的奥秘吧！

目录

第一章
人工智能
到底是什么？

第二章
我们身边的
人工智能

第三章
人工智能和各个领域的结合

第四章
人工智能的未来会是什么样？

人物介绍

图图

对人工智能领域非常感兴趣，懂得有关人工智能的很多知识。经常和童童一起讨论人工智能的相关知识，同时也会虚心向阿奇请教。

童童

对人工智能知识充满好奇，经常会提出很多问题，是一个好奇宝宝，脑袋里装满了奇奇怪怪的想法。

阿奇

是一个强人工智能机器人，会非常耐心地向大家科普一些关于人工智能的知识。可以完成图图和童童要求做的所有事情，像一个全能管家。

机器时代的发展

　　18世纪蒸汽机的改良让人类进入蒸汽时代，机器代替了人和牲畜的体力劳动，成为当时的动力来源，改变了人们的生产方式。同时蒸汽机得到了大规模应用，也推动了交通运输业的发展。

瓦特改良蒸汽机后，美国发明家罗伯特·富尔顿（Robert Fulton）将蒸汽机应用在轮船上，制造出世界上第一艘蒸汽机轮船。

1807年

1814年

之后英国发明家乔治·史蒂芬森（George Stephenson）研制出了世界上第一辆蒸汽机车，使人类进入了铁路时代。

电流的发现和应用开启了人类的电气时代。之后德国发明家维尔纳·冯·西门子（Werner von Siemens）分别制造出了第一辆有轨电车和第一辆无轨电车。

1881年

1886年

德国人卡尔·本茨（Karl Benz）利用汽油内燃机驱动制造出了第一辆三轮汽车。之后美国人亨利·福特（Henry Food）制造了第一辆四轮汽车。

美国发明家莱特兄弟（Wright Brothers）使用内燃机做动力制作出了世界上第一架飞机，实现了人类的飞天梦。

1903年

之后人们一直致力于发明各种功能的机器，从手工劳动进入了机器大生产。历史上每一次科技革命都会将人类带入一个新时代，机器的创新更是迅速。

从机器的发展历史可以看出，无论是发明火车、汽车还是轮船，都需要发动机。但是不论哪种发动机都需要燃烧燃料产生动力，因此发动机经历了外燃机和内燃机两个发展阶段。

蒸汽机是外燃机还是内燃机？这两者有什么区别吗？

外燃机就是指燃料在发动机的外部燃烧，发动机将燃烧产生的热能转化成动能，瓦特改良的蒸汽机就是一种典型的外燃机。

大量的煤燃烧产生的热能把水加热成大量的水蒸气时，就会产生高压，然后高压又推动机械做功，从而完成了热能向动能的转变。

明白了什么是外燃机，你也应该知道什么是内燃机了吧。

我知道！内燃机的燃料在发动机的内部燃烧。

补充知识

蒸汽机的发明者

世界上第一台蒸汽机是古希腊数学家希罗（Heron）在1世纪发明的。之后一直有人在不断推动蒸汽机的发展，但是效率并没有得到明显提升。后来瓦特发现了当时蒸汽机效率低的关键问题，在原有基础上改良了蒸汽机的结构。

没错。比如汽油机、柴油机就是典型的内燃机。火箭发动机和飞机上的喷气式发动机也是内燃机哦。想不到吧？

没想到内燃机的种类有这么多。

后来随着科技的高速发展，机器进入了各行各业。一些重复性、机械化的工作被机器取代，机器的普及大大提高了企业的工作效率。

机器取代了人类的工作，岂不是导致很多人失业？

从某些角度讲，机器取代人类的一些工作是为了让人类与某些高重复性和低技术含量的工作说再见。那么，会有更大价值的岗位需要人类来担任。

机器人与人工智能

　　科技的发展带动了机器人技术的发展，科学的前沿技术在机器人中都有应用，因此可以说机器人的发展史体现了世界科技的发展状况。一开始，机器人并非智能，只是在机械地完成人类布置的各种任务。当机器人和人工智能结合后，更多的可能性就产生了。

我看过很多机器人和人很相似。机器人就是像人的机器，对吗？

其实关于机器人的定义到现在仍然没有一个明确的定义。因为这涉及了人的概念，是一个很难回答的哲学问题。

当一个学术名词产生的时候，科学家通常会给出一个科技术语明确的定义。可是，机器人已经产生几十年了，仍然没有一个统一的定义。目前机器人正在不断发展中，新的机型和功能也在不断地涌现。或许正是机器人的模糊定义，才给人类充分的想象空间和灵感创造。

你可以将机器人看作是一种高度灵活的自动化智能机器。随着人类对机器人技术的深入研究，科学家开始将人工智能应用到机器人领域。

对机器人进行智能化之后，人们研发出了各种各样具有交互能力的智能机器人。

在科技发展到达一定高度时，人工智能可以自主进行判断并决定事件的进展。人工智能的外形不一定类似人的外形，它可以是一个程序或者一个算法。智能型机器人可以进行复杂的逻辑推理和判断，还可以进行决策。与以前的机器人相比，这种机器人具有自主能力。

机器人既可以接受人类的指挥，又可以运行预先编写的程序。它的任务就是协助人类或替代人类完成特定的工作。

现在机器人和我们的关系越来越密切了。非常好奇未来的机器人会有什么样的新功能。

在英国数学家艾伦·麦席森·图灵（Alan Mathison Turing）的启发下，美国人制造出了第一台通用计算机ENIAC（埃尼阿克）。最初发明的计算机，无论是它的"身体"还是"大脑"，体积都非常庞大。虽然它的运算速度远远超过人类，但是它的"身体"有半个篮球场那么大，重达30多吨，当时计算机使用的还是电子管。

ENIAC 的身体这么大，还很耗电，那它的"大脑"是怎么变小的呢？

在 ENIAC 被研发出来一年后，贝尔实验室（Alcatel-Lucent Bell Labs）发明了晶体管来代替又大又耗电的电子管。后来又相继发明了集成电路和芯片，这才使计算机的大脑变小了。

晶体管的大小只有电子管的1/10，甚至是1/100，现在的晶体管体积更小。后来科学家又发明了集成电路，将电路中所需要的晶体管、电容和电阻等电子元件集成在一小块晶片上。之后美国人罗伯特·诺伊斯（Robert Noyce）创办的英特尔公司（Intel Corporation）推出了世界上第一个可以进行程序运算的芯片，叫作中央处理器（CPU）。从此，机器的"大脑"变得更小了。

虽然机器的"大脑"变小了，但是它更聪明了。

机器的大脑看起来很复杂，其实它只有开和关两种功能。数字1表示开，数字0表示关。流入芯片中的电流可以转换成数字1和0。

快看！人工智能是这样的吗？

你这个样子还不算是人工智能，让你见识一下真正的人工智能。

在这里主要向大家介绍一些有关人工智能的基础知识。

你会知道人工智能是怎么来的，又是如何发展的。

第一章

人工智能 到底是什么？

人工智能的由来

科技在发展，人类在进步。现在我们经常能听到的一个词就是"人工智能"，那么这个人工智能是如何诞生的呢？这一名词又是由谁提出来的？看完下面这个故事，你就知道了。

扫码看视频

被全世界这么关注的人工智能究竟是怎么来的？

咳咳！这就要从 1956 年 8 月说起了。在美国汉诺斯小镇的达特茅斯学院（Dartmouth College）中，一群科学家聚在一起开会讨论机器和智能的问题，从而引出了"人工智能"这个词，很神奇吧！

当时会议上讨论的主题是如何使用机器来模仿人类学习以及其他方面的智能，这个主题在当时还不为大众所知。会议持续了两个月，科学家们虽然在这次会议中没有达成共识，却根据这次会议讨论的内容起了一个响当当的名字：人工智能（Artificial intelligence，简称 AI）。

你知道吗？

人工智能是一门极富挑战性的科学，从事这项工作的人必须懂得计算机知识、心理学和哲学。人工智能包括的内容十分广泛，它由不同的领域组成，如机器学习、计算机视觉等。

原来那个时候的科学家就已经在研究人工智能了，真是太厉害了！

后来，人们就把1956年称为人工智能元年。这一场有关人工智能的会议也被称作达特茅斯会议（Dartmouth Conference）。

当时参与会议的科学家有很多人，下面是达特茅斯会议的主要发起人，让我们一起来了解一下吧。

约翰·麦卡锡 J. McCarthy	· 当时是达特茅斯学院数学助理教授
马文·闵斯基 M. L. Minsky	· 人工智能与认知学专家，哈佛大学数学与神经学初级研究员
克劳德·香农 C.E. Shannon	· 信息论的创始人，贝尔电话实验室数学家
罗切斯特 N. Rocheste	· IBM信息研究经理

此外，参与会议的科学家还有艾伦·纽厄尔（Allen Newell，计算机科学家）、赫伯特·西蒙（Herbert Simon，诺贝尔经济学奖得主）等人。

你知道吗？约翰·麦卡锡不仅对人工智能的发展产生了重大影响，还影响了现在使用的编程语言呢！

看来是一位很厉害的科学家，怪不得被尊称为"人工智能之父"呢！

人工智能是计算机科学的一个分支，这个领域的研究方向包括机器人、语音识别、图像识别、自然语言处理等。自从提出人工智能这个概念以来，它的理论和技术就在不断地发展，应用领域也在逐渐扩大。

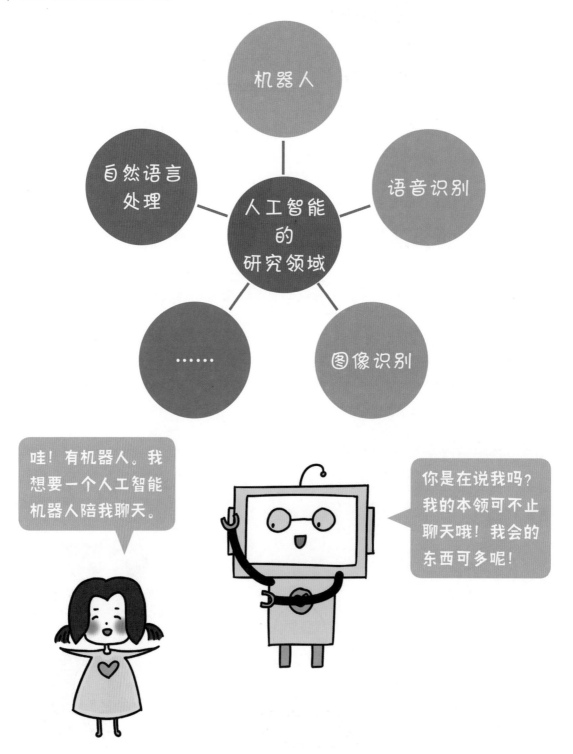

人工智能涵盖了很多不同的领域，通过研究人工智能，可以让机器担任一些需要人类智慧才能完成的比较复杂的工作。

有什么复杂的工作都可以交给我，保证完成任务。

太好了！这下总算可以光明正大地偷懒了。

结合上面的介绍，人工智能就是指通过计算机控制的机器人可以像人一样思考，甚至比人脑更快、更准确。

我明白了，人工智能就是人类制造的可以思考的机器。

你可以将机器人看成一个人的身体，而人工智能就是这个人的精神。

随着计算机技术的普及和发展，科学家们想要通过机器人实现人类智能。创造出这些可以像人一样智能的机器人，就可以帮助我们完成一些复杂的工作了。人工智能从被提出一直发展到今天，已经越来越接近人类的思考了。现在，我们的生活已经离不开人工智能了。

现在智能机器人已经可以帮我们完成很多工作了。我记下了一些可以被替代的工作，快来看一看吧！

电话客服
仓库管理员
收银员
环卫工人
保安
……

哇！新买的智能语音电饭锅这么快就把饭煮好了，太方便了。阿奇，你看它是不是很厉害？

主人，米饭已煮好，请用餐。

它属于弱人工智能，而我是强人工智能，比它更厉害哦！

（智能语音电饭锅）

补充知识

 ### 人工智能和机器人

人工智能和机器人是两个不同的概念。研究人员开发机器人主要是以研发机器人的身体机能为主，也就是机器人的身体。这种机器人只能执行简单的任务，不会独立思考和判断问题。而人工智能的开发主要是以开发和人脑相似的机器人大脑为主，也就是研究如何让机器人学会思考问题。如果机器人大脑中的记忆没有改变，那么无论它的外表变成什么样，它还是原来的机器人。

人工智能的发展阶段

我们既然已经知道了"人工智能"这个词，那就不得不提一下它的发展历史。人工智能自正式提出至今，已经取得了惊人的成绩。

扫码看视频

图灵提出机器能思考的观点，奠定了人工智能发展的基础。

1950年

1956年

在达特茅斯会议上正式提出"人工智能"这个概念。

人工智能的第一次发展高潮。

1956年至1974年

1974年至1980年

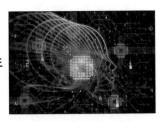

人工智能的发展遇到了瓶颈，遭遇了第一次寒冬。

"专家系统"的诞生迎来了人工智能的第二次发展高潮。

1980年至1987年

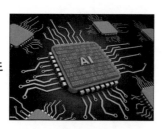

1987年至1993年

由于AI硬件需求下跌，人工智能进入了第二次寒冬。

人工智能的第三次发展高潮。

1993年至今

一个更先进的时代马上就要来了！

图灵的这种机器智能思想也是人工智能的直接起源之一。

人工智能在进入第三次发展高潮之前，已经经历了两次高潮和低谷，从中我们可以看到当时的研究方向和硬件发展水平。研究人员一直致力于在技术上有所突破，通过几十年的努力才取得了我们现在看到的科技水平。

1956年至1974年 第一次发展高潮	·这一阶段出现了大批AI程序和新的研究方向。当时有很多推理被提出，比如贝尔曼公式（增强学习的雏形）、感知器（深度学习的雏形）。
1974年至1980年 第一次寒冬	·科学家虽然发现机器拥有了简单的逻辑推理能力，但是仍然无法解决复杂的计算问题和逻辑推理问题。
1980年至1987年 第二次发展高潮	·专家系统诞生，它可以在特定的领域回答或解决问题，但是仅限于小的领域。在这一阶段，首次提出了机器不仅需要躯体，还需要有感知、交互和推理能力。
1987年至1993年 第二次寒冬	·这一时期台式机的性能不断提升，再加上人们受到"个人电脑"理念的影响，使商业机构对人工智能失去兴趣，撤掉了很多投资。

你知道吗？

人类除了会从经验中学习之外还会创造，即"跳跃型学习"，这在某些情形下被称为"灵感"或"顿悟"。一直以来，计算机最难学会的就是"顿悟"。

1993年至今是人工智能的第三次发展高潮，在这个阶段计算机性能有了新的突破，运算处理能力翻倍增长。

1997年"深蓝"战胜世界冠军	· IBM公司生产制作的国际象棋机器人"深蓝"（Deep Blue）战胜了国际象棋世界冠军加里·卡斯帕罗夫（Garry Kasparov）。
1999年智能机器狗AIBO问世	· 索尼（Sony Corporation）开发的这只机器宠物不仅体现了人工智能的科技水平，还使人工智能朝着生活娱乐的方向发展。
2005年智能汽车成功行驶210km	· 斯坦福大学（Stanford）开发的人工智能汽车在沙漠上成功行驶了210km，使人类在无人驾驶的研究上又迈进了一步。
2011年智能机器Waston在智力游戏中获胜	· IBM公司开发的人工智能机器人Waston在智力问答游戏中获胜，同年苹果公司发布了语音助手Siri。
2013年深度学习取得突破性进展	· 深度学习算法在语音和视觉识别方面取得了突破性的进展。
2016年AlphaGo战胜世界围棋冠军	· 谷歌公司（Google Inc.）研发的人工智能机器人AlphaGo（阿尔法围棋机器人）击败了世界围棋冠军李世石，标志着计算机技术已经进入人工智能的新IT时代。

2017年5月，AlphaGo连胜3局，战胜了中国九段围棋选手柯洁。至此，人工智能在围棋领域的地位得到认可。

在人工智能第二次发展高潮时出现的专家系统，最常用的领域就是医疗。智能医疗问诊系统可以模仿人和人之间的对话，帮助医生和病人交流，进行医疗咨询工作。

没想到当时的医院已经开始使用专家系统了。现在的专家系统肯定更厉害了。

术语时间：专家系统

专家系统实际上是一个智能的计算机程序系统，它的内部拥有某领域大量的专业知识和经验，可以模拟人类专家进行推理和判断，从而帮助人类处理复杂的问题。随着专家系统技术的不断发展，它的应用范围也逐渐扩大到医疗、商业、工程等方面。

专家系统从人类专家那里获取知识，用来解决只有该领域专家才能解决的问题。近年来，由于研发人员不断完善计算机程序，现在专家系统已经达到了人类专家的水平，比如在矿物勘测、化学分析、医学诊断等方面已经达到了人类专家的水平。

只要给我输入人类专家的知识，我就可以自己学习成为这个领域的专家。

由于单一的专家系统应用局限性很大，所以现在开始研究协同式专家系统，它的应用领域会更广泛哦！

随着科技的不断进步，人工智能还在不停地发展。我们可以根据目前已经实现的功能和发展水平，将人工智能分为4个阶段。

第一个阶段：
简单控制

· 主要应用于家电产品方面，改善产品功能，比如电饭锅的智能语音功能。

第二个阶段：
传统AI

· 可以基于输入的信息进行搜索并做出简单的判断，比如扫地机器人可以自动判断路线，完成地板的清洁工作。

第三个阶段：
机器学习

· 根据算法解析数据并从中学习、做出决策、进行判断，这都是基于大量的数据进行的训练，比如在浏览购物软件时出现的商品推荐信息。

第四个阶段：
深度学习

· 不需要单独输入信息，可以从大量的数据中自主学习并做出判断，比如AlphaGo基于深度学习技术在围棋人机大战中取得胜利。

补充知识

 人工智能机器人"深蓝"和 AlphaGo

"深蓝"是美国IBM公司的研发人员研发的一台超级计算机，它有1270千克的重量。这是一台国际象棋专用计算机，每秒可以计算2亿步，有32个微处理器。"深蓝"的脑子里输入了100多年来优秀棋手之间的对局。

AlphaGo是谷歌公司开发的智能围棋机器人，它的主要工作原理是深度学习。它在和对手下棋的时候，可以从中学习并预测赢棋的最高概率。

社会发展到今天已经出现了四次工业革命，而且第四次工业革命的影响更为广泛。人工智能的快速发展和第四次工业革命有关。虽然人工智能的想法和技术在很早之前就有了，但是还缺乏一种重要因素——数据。这里的数据包括文字、声音、图像等资料。

互联网和智能手机的普及使数据变得容易存储和传递。人工智能的发展需要在大量数据的基础上学习并做出判断，数据量越大，可以做出的判断就越多。

第一次工业革命
18 世纪至 19 世纪

蒸汽机的出现使机器代替了手工劳动，人类进入了蒸汽时代。

第二次工业革命
19 世纪至 20 世纪

电能源的大规模生产使人类进入电气时代。

第三次工业革命
20 世纪后半期

以计算机和互联网为基础的知识信息革命，人类进入科技时代。

第四次工业革命
21 世纪

以人工智能、大数据等先进技术为基础展开的信息革命。

目前，第四次工业革命的浪潮正在席卷全球，它开创了以信息通信技术为基础的崭新的工业时代。这次的工业革命将会带领人类进入一个全新的阶段。借助大数据和互联网，智能机器人可以加快训练和进化的速度，还能快速地复制并传递给其他机器人。

术语时间：大数据

大数据就是指数量庞大的数据，庞大到根本数不清的程度。一台电脑能够储存的数据毕竟有限，而互联网的出现又使得大量的数据可以传递和共享。互联网上一天产生的数据十分庞大，多到根本看不完。

人工智能的出现，使机器人可以思考和判断了。对于第四次工业革命而言，将现有技术和信息融合很重要。

哟吼！让我们在第四次工业革命的浪潮中乘风破浪吧！

什么是图灵测试?

图灵测试是由英国数学家、计算机科学家艾伦·麦席森·图灵（Alan Mathison Turing）在1950年提出的一种测试，这种测试可以判断机器是否具有人工智能。图灵是第一个认为机器也可以思考的人。

扫码看视频

图灵测试指的是测试者（人）与被测试者（机器）在隔开的情况下，测试者通过一些装置（比如键盘）向被测试者多次提出问题后，如果有超过30%的测试者无法区分被测试者是人还是机器，那么这台机器就被认为通过了图灵测试，是一台具有智能的机器。

被测试者：机器

被测试者：人

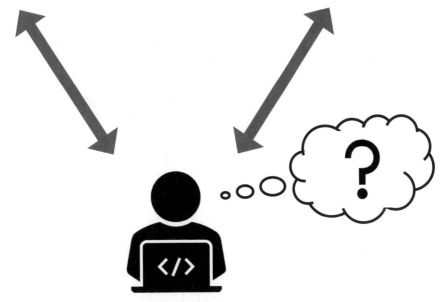

测试者：人

图灵测试听起来好深奥哦!

图灵测试是判断机器是否具有智能最经典的方法。机器人想通过图灵测试可不是一件简单的事情。

虽然图灵测试在1950年就被提出来了,但是直到2014年才有一个叫作尤金·古斯特曼(Eugene Goostman)的人工智能聊天机器人首次通过了测试。这个聊天机器人让测试者相信它是一个13岁的男孩,同时这件事被认为是人工智能发展历程中的一个里程碑事件。

作为一个机器人,你有没有通过图灵测试呀?

我可是一个优秀的人工智能机器人,当然能够通过图灵测试啦!

对于测试者而言,要分辨一个想法是自创的还是模仿的是非常难的。图灵测试采用问答的方式判断机器是否具有智能。如果让机器回答在指定范围内提出的问题,可以编写特殊的程序来实现这种效果。但是如果提问的人并没有遵循常规标准,提出一些出人意料的问题,那么编写程序就会变得非常困难。

作为一个强人工智能，我可以完成比较复杂的事情，还会分析和判断事情的发展情况。

尤金·古斯特曼的这场测试时间只有5分钟，有人认为用这么短的时间判断一个程序是否具有人工智能，并没有足够的说服力。但是不可否认的是，人工智能已经能表现得像人一样进行沟通了。图灵测试的核心实际上不是计算机是否能和人对话，而是计算机是否能在智力行为上表现得和人无法区分。

现在的智能聊天机器人已经能做到正常和人聊天的水平了。

没错，这带给我一种接近真人的聊天对话体验。阿奇就是一位很棒的朋友。

让测试者（人）和被测试者（人和一台机器）在隔开的情况下，连续提出几个问题。如果机器和人的回答很相似，那么测试者就会无法分辨究竟哪一个才是真正的人类。

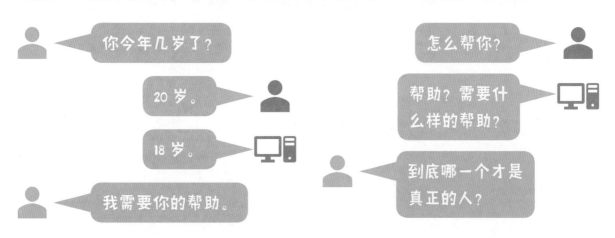

你今年几岁了？

20岁。

18岁。

我需要你的帮助。

怎么帮你？

帮助？需要什么样的帮助？

到底哪一个才是真正的人？

图灵肯定了机器具有思维能力，这一说法到现在仍然是人工智能的主要思想之一。图灵测试并没有规定具体的提问范围和回答标准。如果想要研发出能通过测试的机器，以现有的技术水平，必须让机器学会在海量的数据中智能分析和判断问题。

我最近新研发了一个智能机器人，打算对它进行图灵测试。

太神奇了！我也要参与！叫上阿奇一起吧。

补充知识

艾伦·麦席森·图灵

　　艾伦·麦席森·图灵是英国数学家、逻辑学家、计算机科学家，被称为计算机科学之父和人工智能之父。图灵对人工智能的发展做出了很多贡献，尤其是提出了图灵测试。此外，图灵还提出了图灵机模型，为现代计算机的逻辑工作方式奠定了基础，使机器有了自己的大脑。图灵的机器智能思想也是人工智能的直接起源之一。

　　美国计算机协会为了纪念图灵，在1966年设立了图灵奖，用于奖励那些在计算机科学领域做出重要贡献的人。图灵奖是计算机领域的最高奖项，被称为计算机界的诺贝尔奖。

弱人工智能和强人工智能

自从"人工智能"这个概念被提出后，人工智能专家们一直致力于研发可以完全替代人类完成所有工作的机器，但是目前还没有研发出像人一样可以独立思考的人工智能机器。根据人工智能的发展水平，可以将它分为两类，分别是弱人工智能和强人工智能。

扫码看视频

弱人工智能

· 不会真正推理和解决问题的智能机器。

· 没有自主意识，只会在各自的领域学习，不会自主探索新技术和方法。

· 不能胜任人类所有的工作，但是可以在单一的领域超过人类水平。比如AlphaGo围棋机器人战胜了围棋世界冠军。

强人工智能

· 可以独立思考问题并制定最优的解决方案，是有自主意识的人工智能。

· 有自己的价值观和世界观，会有生物的本能表现。

· 行为可以像人类一样，甚至比人类更加聪明。

· 目前对于强人工智能的研发，还没有在技术层面上有所突破，只存在于科幻作品中。

你知道吗？

人工智能的传说可以追溯到古埃及。随着1941年以来电子计算机的发展，技术已经可以创造出智能机器。

还有一种分类叫超人工智能，比强人工智能还要厉害。它拥有人的思维，可以自己制定规则，而且比人的思考效率高无数倍，懂得灵活多变。

哇！那就是比阿奇还厉害的人工智能了。

有研究学者预测，超人工智能几乎在所有领域都比人类更厉害，包括创新、社交等方面。每一次在弱人工智能上的创新，都是在给通往强人工智能和超人工智能的道路添砖加瓦。

阿奇，你放心吧。即使将来有了超人工智能，我还是最爱你的哟！

好感动。我会一直陪着你的。

针对强人工智能还引发了一些争议，主要的争论点是如果一台机器唯一的工作原理就是转换编码数据，那么这台机器是否具有思维能力？美国哲学家约翰·罗杰斯·希尔勒（John Rogers Searle）认为这是不可能的，并举了中文房间的例子来佐证他的观点。

我觉得机器有思考问题的能力。阿奇就是一个很棒的智能机器人。

中文房间是希尔勒在20世纪80年代提出来的，当时人们对此有这种争论也是正常的。即使是现在，争论依然存在。

补充知识

 编码（Coding）和编程（Programming）

　　计算机的处理器只能理解0和1，而我们使用的自然语言和这种二进制语言完全不同。编码就是将自然语言翻译成机器命令，编码人员需要使用中间语言指导机器进行转换操作。

　　编码是编程的一部分，编程是指制作一个程序的整个过程，包括计划、设计、编码、调试等步骤。

传递信息

你看，这个房间里的人完全不懂中文，却能令外面的人迷惑，是不是很有意思？

要是我被关在这个房间里做实验，估计早就呼呼大睡了。

房间里的人不懂中文，不能用中文思考问题，但是他可以使用房间里的工具让房间外的人以为他懂中文。因此，希尔勒认为即便创造出了弱人工智能，也不可能创造出强人工智能。

关于强人工智能和弱人工智能的争议一直存在，由此引发了一些哲学争论。但是弱人工智能和强人工智能并非完全对立。

也有持不同的观点的哲学家，认为机器是有可能拥有思维和意识的。虽然关于强人工智能的争论一直存在，但是人工智能专家们并没有因种种分歧而停止研发的进度。

正是这些争论的存在，才促使科学家不断地突破新技术，我才能有这么强大的功能。

你说，我要是装一个人工智能的脑子是不是会更聪明？应该比阿奇聪明，嘿嘿！

就算你装了新大脑，也不见得聪明到哪里去。所以，你还是留着自己的脑子吧！哈哈哈！

补充知识

机器的思考方式

无论智能机器人拥有什么样的能力，都需要人类为它编写相关的程序，然后按照指令一步一步地执行对应的操作。程序是通过计算机语言编写的，这是一种人类和机器之间相互沟通的语言。智能机器人会按照程序中的每一条指令行动。因此，机器的思考离不开程序。

随着人工智能技术逐步发展，
现在我们经常能在生活中看到智能机器的身影。
在这里会介绍一些我们身边能看到的人工智能。

第二章

我们身边的人工智能

家里的人工智能

在如今科技飞速发展的时代，我们的居住场所——家，正逐渐成为人工智能的应用场景。家是我们待的时间最长，也最愿意花费精力维护的地方。在家庭生活中，各种新式家电、家具已经进入我们的视野。

扫码看视频

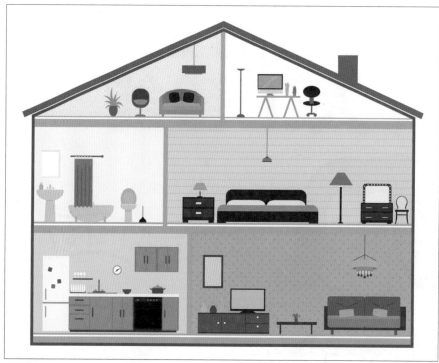

摄像头

智能门锁

智能扫地机器人

智能音响

这些智能设备还只是弱人工智能，只能完成某个特定的工作。

阿奇可比它们厉害多了。

在不使用电脑和手机的情况下，通过语音控制人工智能音响，它会在听到语音后做出反应，然后执行指令。目前，一些企业纷纷推出了自己的智能产品，比如小米公司推出的小爱音响、百度出品的小度智能音响、苹果公司推出的Home Pod智能音响。

阿奇，你看！这是我的智能音响。

播放音乐。

你知道它为什么能听懂你说的话吗？

好的，开始为您播放音乐。

我还从来没有想过这个问题。那智能音响为什么可以听懂我说的话？难道它是一个语言大师？

智能音响之所以能听懂你说的话，是因为使用了语音识别技术，从而实现人和机器之间的交流。我们现在能正常地谈话就是因为我的脑子里有语音识别程序。

在听到声音的基础上，智能机器听懂我们人类说的话并且能够和我们进行语音交流。语音识别技术就是将人说的话转化成机器可以理解的指令，从而实现人与机器的交流。

我们用耳朵听声音，你呢？

我们用传声器识别声音。

智能音响

智能机器通过传声器将听到的语音转化成0和1存储到它的"大脑"中。人工智能专家们会使用计算机语言编写程序告诉智能机器这些语音的含义，智能机器可以通过计算机语言将信息翻译成它自己能懂的数据。这样，它们就能知道人类语言所代表的真正含义。

智能机器的"大脑"是由芯片组成的。虽然芯片的组成很复杂，但是它只能识别0和1。也就是说，不管它看到了什么或者听到了什么，都会转化成不同组合的0和1存储起来。

说得没错！另外，语音识别技术涉及的学科也比较多，包括心理学、语言学、计算机科学等。这项技术的应用前景也非常广阔哦！

通过物联网，我们可以使用智能音响控制电视机、灯、冰箱、空调等家电。语音控制机器的方式极大地方便了我们的生活。比如，我们对智能音响说"帮我打开空调"，它就会从我们说的话中识别出"开""空调"等词语，然后通过物联网将空调打开。

智能手机中的语音助手、翻译软件、语音导航等，这些功能都使用了语音识别技术。人工智能就在我们身边，你知道多少呢？

智能手机中的语音助手可以帮助我们解决生活中的很多问题。它可以把你说的话转化成文字，也可以将文字读出来，还可以识别方言，厉害吧！

我要去和平小区，请导航。

好的，已为您规划好行车路线。

记得今天晚上10点提醒我明天上午开会。

好的，已为您设置了日历提醒。

当我们的双手不方便操作手机时，智能语音助手就派上大用场了。

智能音响在日常生活中可以控制很多智能家电，比如打开空调、命令扫地机器人开始清扫地面、打开电动窗帘、净化室内空气等。

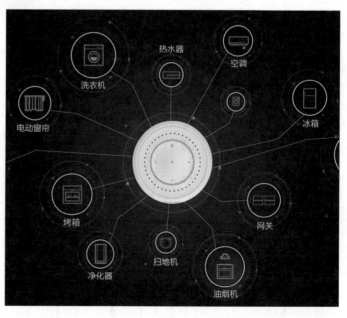

原来智能音响可以控制这么多东西，真是太神奇了！

智能音响还可以实现更多功能呢！你无聊的时候还可以找它聊天，看看是你的脑洞厉害，还是智能音响厉害。

　　随着移动互联网的到来，智能手机的出现改变了很多人的生活方式。现在的智能手机加入了人工智能、5G等技术，用途更为广泛。上面介绍的智能音响控制各种家电，智能手机也可以实现这种功能。

和传统功能的手机相比，智能手机在娱乐、商务、通信、服务等功能上会有更好的使用体验。

现在市面上有不同厂家生产的不同型号的智能手机，有更强的扩展功能，设计也更人性化。

除了智能手机，还有一个智能穿戴设备——智能手表也是生活中常见的智能物品。当我们把智能手表戴在手腕上时，它可以检测身体状况，比如行走的距离、脉搏、消耗的热量等数据。

智能手表除了可以显示时间之外，还有提醒、导航、监测等多种功能。在不方便使用智能手机的情况下你可以使用它来替代。

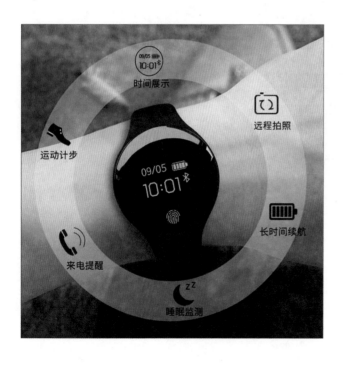

大人和小孩戴的智能手表的功能也各有不同哦！成人款有运动计步、睡眠监测、远程拍照等功能；儿童款智能手表有多重定位、智能防丢、求救等功能。现在智能手表已经很常见了。

智能机器使用0和1的计算方式称为二进制。二进制和我们熟悉的十进制不同，十进制由0到9共10个数字组成，而二进制只有0和1两个数字。

十进制	二进制
从0到9	从0到9
0	0
1	1
2	10
3	11
4	100
5	101
6	110
7	111
8	1000
9	1001

我们使用十进制的计算方式。你呢？

我们智能机器人使用二进制的计算方式，和人类的计算方式不同。

十进制是逢十进一，二进制是逢二进一。考考你，在二进制里1加1等于多少？

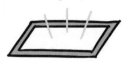

这可难不倒我，是10。

为了节省时间和体力，不少家庭选择了智能扫地机器人帮助完成家务的清洁工作。作为一款智能清洁家电，它可以自动规划清扫路线并完成清洁房间的任务。比如小米公司推出的石头扫地机器人可以实现智能避障和实时视频的功能。

你已经是一个成熟的扫地机器人了，快去打扫卫生吧！

智能扫地机器人涉及了多种技术，主要包括定位技术和侦测系统。定位技术可以让扫地机器人自动规划清扫路线，侦测系统可以让扫地机器人在房间里自由穿梭，避免与各种家具发生碰撞。

阿奇，这些功能对你来说很容易实现吧？

当然啦！作为强人工智能，这些对我来说都是基础功能。

扫地机器人凭借一定程度的人工智能，受到了越来越多家庭的欢迎。未来家庭生活会使用物联网（Internet of Things）融入更多人工智能产品。物联网就是实现物物相连的互联网，是互联网的延伸和扩展。物联网通过智能感知、智能识别等技术，让功能独立的物体之间实现信息的互联互通。

物联网和人工智能结合起来，我们的生活会变得更方便。

名词解释：互联网

互联网（internet）是网络和网络之间串连成的庞大网络，可以不受空间限制进行信息交换。互联网上的数据庞大到无法想象。

学校里的人工智能

扫码看视频

在科技日益成熟的今天，人工智能技术的运用对建立智慧校园有着重要的作用。智慧校园的推行促进了人工智能在教育上的应用。

基于人脸识别的视频监控系统对于保障校园安全起到了关键作用。学校只要将师生的图像资料存储到资料库中，摄像头就可以识别入校人员是不是陌生人，从而精准拦截陌生人进入校园，保障了校园的安全。

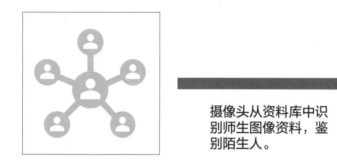

摄像头从资料库中识别师生图像资料，鉴别陌生人。

利用人脸识别技术还可以对人流量较大的区域进行实时监控，一旦检测到有安全隐患，便由相关人员及时疏导，有助于消除因人流量拥堵而造成的安全隐患。

感觉上学的时候安全多了。

我们的存在就是为了保障你们的安全。

除了在校园安保方面的应用，人脸识别还可以应用在考勤系统中。与传统的刷卡和指纹识别相比，人脸识别考勤制度可以更有效地管理学生在校的考勤情况。另外还可以将学生进出校园的信息同步到家长的手机中，让家长实时掌握学生出入校园的动态，杜绝了安全隐患。

真是越来越智能了。

还可以在班级门口设置"智慧班牌"，动态显示校园资讯、班级荣誉、值日排班表、课程表、天气情况等信息。

补充知识

建设智慧校园

智慧校园以物联网、云计算、大数据分析等技术为核心，结合校园工作、学习和生活，将教学、科研、管理和校园生活进行了充分的融合。建设智慧校园可以为广大师生提供一个全面的智能感知环境和综合信息服务平台，同时也为学校和外部环境提供了一个互相交流和感知的接口。

人脸识别技术基于人的脸部特征，对输入的图像进行判断。如果图像中有人脸，就会进一步确认人脸的位置、大小、面部器官等信息。根据这些信息可以提取人脸特征，然后与已知的人脸进行对比，从而识别出每个人的身份信息。

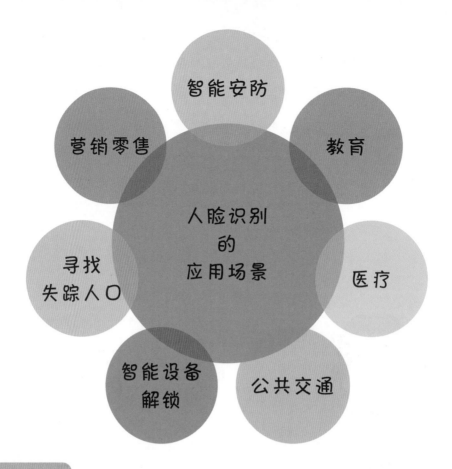

在智慧课堂中，智能黑板实现了普通黑板实现不了的互动教学场景。人工智能黑板既可以实现书写功能，又支持触屏互动功能，实现了一对多的互动教学，为课堂增添了趣味性。

普通黑板
过渡到智
能黑板

在这样的课堂中学到的知
识记得更牢固。在课堂上
的每一分钟都趣味十足。

你知道吗？

　　"智慧教室互动黑板"是一款高科技互动教学产品，可以通过触控实现传统黑板和智能电子黑板之间的无缝切换，将传统黑板变为可感知的互动黑板，实现了互动教学的创新突破。

学生通过平板电脑提交作业后，智能黑板会自动完成数量统计并批改作业，然后将作业情况反馈到每一个学生的平板电脑中。在激发学生学习兴趣的同时，也提升了学生的课堂参与意识。老师可以根据每个学生的作业情况有效地把握学生的学习情况，制定个性化的教学计划。

在智慧教室中我和同学们可以很快把老师布置的作业完成。

我和阿奇再也不用每天催着你写作业了。

语文老师可以通过智能批改作文系统及时将批改结果反馈给学生。反馈结果中既包括了实用的写作指导，还有纠错点评和修改建议。智能批改作文系统可以有效地指导学生写作，提高学生的作文水平。老师可以根据学生的作文数据，分析学生的写作问题，有针对性地制定教学方案。

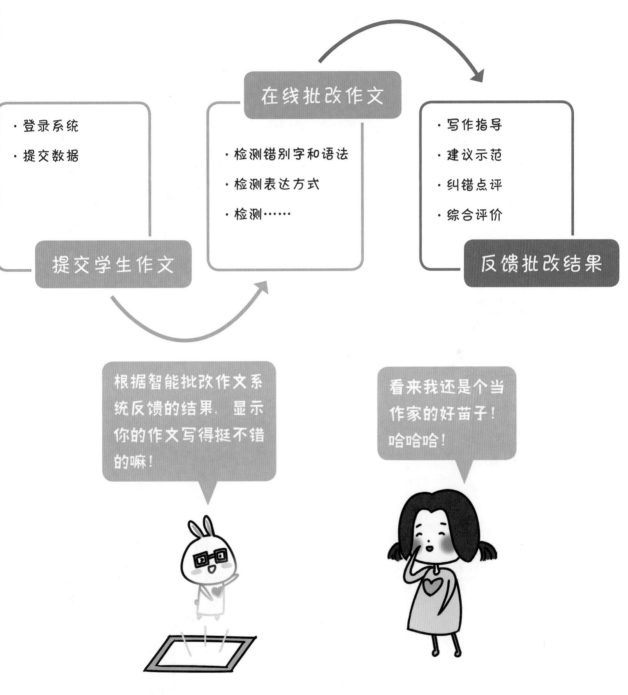

学生还可以通过拍照搜题、在线答疑等方式从平台获取解题思路，这种功能使用的是图像识别技术。我们通过眼睛看世界，而智能机器使用的是摄像头。

智能机器会将"看"到的图像分成一个一个像素，然后再将像素转换成数字进行存储。

无论是文字还是图片，在我们的"脑子"里都是各种0和1的组合。

那你是怎么存储彩色图片的？

我们首先使用数字将各种颜色进行编号，在存储图片的时候只要把每个像素中的颜色编号记住就可以了。

　　虽然智能机器的逻辑思维能力不如人类厉害，但是它们识别图像的速度非常快，可以不知疲倦地大量识图。人脸识别领域就是使用了图像识别技术。

图像识别就像孙悟空的"火眼金睛"，谁也逃不过它的眼睛。

我不仅可以智能识别图像，还有过目不忘的本领。只要输入到我脑子里的数据，我都记得。

人工智能技术虽然在学校的不同方面都得到了应用，但是依然处于初级阶段，在技术和应用场景方面还需要更多探索。随着人工智能技术不断提升，智慧校园也会建设得更加完善和精彩。

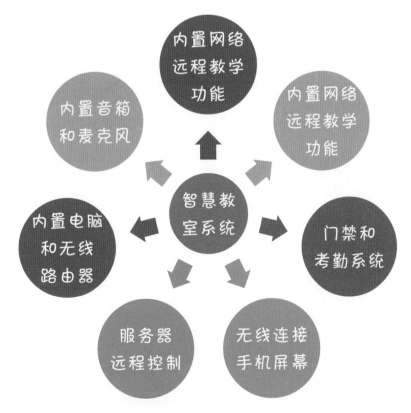

影视剧中的人工智能

人工智能早在成为现实之前，就已经在影视作品中多次出现了。电影史上第一部出现人工智能形象的电影是1927年的德国电影《大都会》，这是一部具有划时代意义的经典科幻电影。随后人类发挥了丰富的想象力，在影视剧中呈现出不同形象和不同功能的人工智能角色。

扫码看视频

原来在这么久以前，人们就想象出了人工智能的样子，比我猜测的时间还早。

这些影视剧中出现的人工智能有强人工智能，也有弱人工智能。这些作品探讨了未来人工智能和人类之间的关系：有的人工智能可以和人类和谐相处，有的则在意识觉醒后质疑世界，反抗人类。

影视剧中的强人工智能也推动了现实世界中科学家开发智能设备的进度。

有些科幻电影中的强人工智能会反抗人类，威胁世界和平。阿奇，你不会变成这样吧？

我可不会哦！我脑中的数据都是用来服务人类的，没有征服人类的相关数据，所以我不会有你担心的那种想法。

在电影《超能陆战队》中，大白是一个智能医疗机器人，它可以通过扫描检测生命体征，然后根据病人的疼痛指数治疗疾病。在这部电影中，大白和阿宏的关系十分和谐，他们相处融洽。

电影《机器人总动员》中的两个主角就是智能机器人，瓦力（WALL-E）是负责垃圾清理的机器人，而伊娃（Eva）是执行搜索任务的机器人，它们都属于强人工智能。

影视剧中出现的人工智能，有的以机器人的形象出现，有的则以没有具体形态的程序出现。不过，影视剧中出现的人工智能大部分是强人工智能。目前的科技水平还没有能力研发出影视剧中呈现的强人工智能。

电影《钢铁侠》中的贾维斯（J.A.R.V.I.S.）是一个没有实体的人工智能。它可以连接到任意计算机的终端来操控斯塔克的房间和钢铁侠的战衣，还能和斯塔克进行交谈。

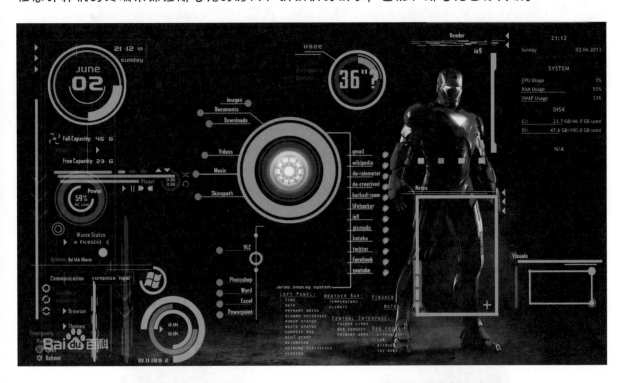

想知道答案的话就继续往下看吧！

究竟是人更聪明还是人工智能更聪明呢？

人更聪明还是人工智能更聪明?

科学家们研发人工智能机器主要是希望它们能替代人类的部分智能,以此造福人类。人工智能会将能够解决问题的方法罗列出来,然后从中选择最优的方法。那么,究竟是制造出人工智能的人类更聪明,还是人工智能更聪明呢?这个问题也是目前大家讨论的热点问题。

扫码看视频

人类创造了人工智能机器,所以人更聪明。

人工智能机器战胜了世界冠军,人工智能更厉害。

图图和童童说的都有一定的道理。大家觉得呢?

虽然人工智能已经发展了几十年，但是人类对于"智能"的研究仍然处于初级阶段。智慧的产生需要经过从感觉到记忆再到思维的过程。智慧会产生行为和语言，而表达行为和语言则被称为能力，那么，将智慧和能力结合起来就是智能。

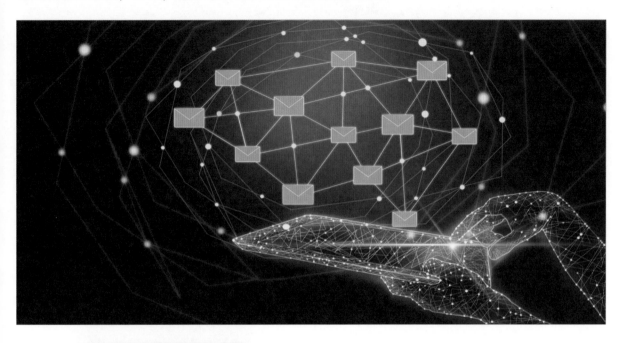

人类可以发明各种机器，那人类的智慧是怎么产生的呢？

人的智慧是在长期进化中累加形成的，通过基因把智慧遗传到下一代，这样，智慧发展得越来越强。

现在我们知道的人工智能，是基于人类对于现有智能的了解展开的研究。通过计算机模拟人脑，将人类大脑的神经网络传递信息的模式运用到计算机的信息处理机制中，进而研发出人工神经网络。

我仍然需要依赖大量的数据。没有数据，我的大脑将会是一片空白。

现阶段的人工智能只是对人类智能的模拟，还无法超越人类。虽然在某些领域人工智能看似超过了人类，但是从"智能"的角度分析，人工智能还停留在程序阶段。现阶段的人工智能主要实现了数值计算和基本的数据判断，还没有演化出新的能力，仍然需要人类对它们进行辅助训练，才能顺利完成特定的任务。

看来，现阶段的人工智能还是会受到人类智能的限制。也就是说，现在人类更聪明。

在未来，人工智能会发展到什么程度，现阶段是无法断言的。但是从发展趋势来看，人工智能超越人类是很有可能的事情。

人工智能和人类最大的区别是什么？

人有本能，而人工智能没有。人吃到好吃的东西会很开心，肚子饿的时候就会有气无力。你想想自己饿肚子的时候是不是不太开心？

确实是这样。那人类可以把本能教给人工智能吗？

人类的本能不是学习就可以掌握的。我的脑子里还没有关于本能的程序。

补充知识

 人类和机器的创意性

　　我们现在所认知的世界是经过大脑重建后感知到的那个世界。人类的大脑很神奇，即使面对相同的信息，大脑也会根据周围的环境做出不同的判断。在大脑进行记忆和预测的阶段，人类就会产生创意。如果机器能够得到足够的训练，也会和人一样具有创意性。

机器学习和深度学习

人工智能的浪潮席卷全球的同时，我们耳边也经常萦绕着"人工智能""机器学习""深度学习"这些词语。那么，这三者之间有什么关系呢？为什么机器学习、深度学习会和人工智能有关呢？

扫码看视频

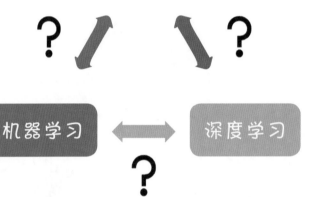

你们最近有没有听说机器学习和深度学习？

不知道，没听说过。为什么突然火起来了呢？

机器学习（Machine Learning, ML）是人工智能的核心领域之一。人类把大量的数据输入到机器的"脑子"里，让它学习解决问题的方法。

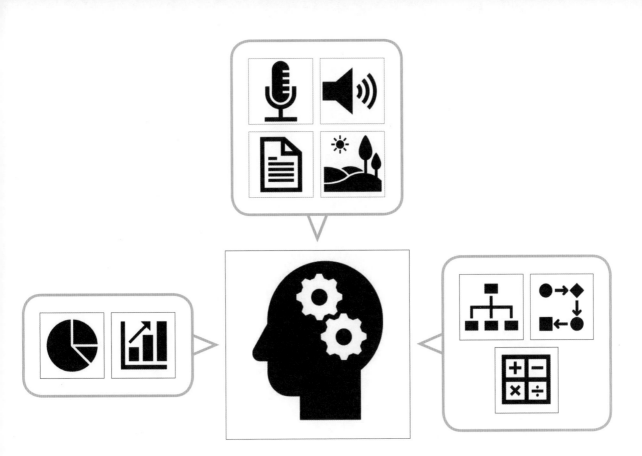

哈哈！原来阿奇也需要学习。我还以为只有我需要每天学习呢！这下心理平衡了。

对呀！我需要从大量的数据中自行学习知识，寻找模型，自主分析数据。

　　机器学习的最基本做法就是使用各种算法来分析数据并从中学习，然后再对事物做出判断和预测。这与传统的软件程序不同，机器学习需要使用大量的数据进行训练，通过各种复杂的算法从数据中学习应该如何完成任务。

名词解释：算法

算法是按照一定的方法和步骤解决问题的过程。没有好的算法，计算机完成一件事情会需要很长时间。优秀的算法可以提高解决问题的效率。

算法会让程序更高效地运行。

机器学习从学习方法上可以分为监督学习、非监督学习和强化学习。

监督学习	·将问题和正确答案一起告诉机器，让它学习。
非监督学习	·只给机器提出问题，引导机器得出正确答案。 ·这种学习方式会把数据按照不同的属性进行分组。
强化学习	·让机器学习如何做出合适的行为。 ·当机器做出合适的行为时会给予奖励。 ·主要用于机器人训练。

问题

正确答案

将问题和答案一起输入

将问题和答案一起输入到机器人的"大脑"中就是监督学习。

问题

只将问题输入到机器中

只告诉机器人问题而不告诉它答案，是非监督学习的方式。

你知道吗？

机器学习实际上已经存在了几十年或者也可以认为存在了几个世纪。追溯到 17 世纪，贝叶斯定理、拉普拉斯关于最小二乘法的推导和马尔可夫链，这些构成了机器学习广泛使用的工具和基础。

奖励

给予奖励

只有当机器做出恰当的行为时，才会给予它一些奖励，这就是强化学习的方式。

机器学习的应用十分广泛，无论是数据分析、挖掘技术还是生物信息的应用，都有机器学习的身影。数据分析和挖掘技术就是帮助人们收集和分析数据，然后整合成有用的信息。

机器学习可以通过数据或以往的经验来优化计算机程序的性能标准。机器学习是一个庞大的体系，涉及了众多算法和学习理论。

原来机器学习没有我想的那么简单。阿奇，你太优秀了！

深度学习是机器学习的一个领域，在学习过程中获得的信息对文字、图像等数据的解释有很大的帮助。通过深度学习，智能机器可以自行发现并判断数据的规则，然后处理数据，自主学习。

人工智能
· 感知、推理、行动和适应

机器学习
· 随着数据量的增加不断改进性能

深度学习
· 机器学习的一个分支，可以利用多层神经网络从大量数据中进行学习

人工智能是我们追求的目标，机器学习是实现手段，而深度学习是机器学习的一种方法。

深度学习为什么会在机器学习领域这么突出呢？

这是因为当时人工智能的发展遇到瓶颈时，深度学习的出现使人工智能突破了技术上的难题。所以，大家才会这么关注深度学习。

AlphaGo之所以能战胜世界围棋冠军，就是基于深度学习技术。人工智能专家们根据人类大脑的神经结构设计出了一种复杂又高级的程序，就是深度学习。机器学习和深度学习都需要基于大量的数据，其中深度学习还需要更高的运算能力。

我感觉深度学习和人的大脑感知外界环境的机制很相似，这两者是不是有什么关联？

深度学习的概念源于人工神经网络的研究，是用于模拟人脑的机制进行数据分析的一种技术。

人类的大脑会根据接收的刺激不同，做出不同的反应。如果闻到了很好闻的花香，会表现得心情愉悦。如果看到了令人害怕的虫子，就会表现得害怕恐惧。

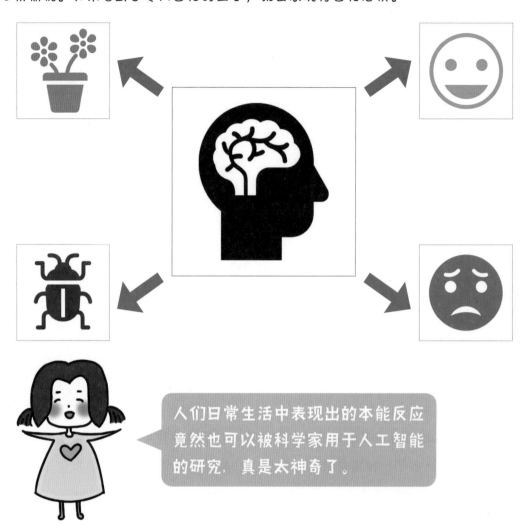

人们日常生活中表现出的本能反应竟然也可以被科学家用于人工智能的研究，真是太神奇了。

补充知识

神奇的人类大脑

  人类的大脑是非常神奇的，就连计算机都是模仿人类大脑制造的。最早的人工神经网络的研究也是根据大脑中神经元传递刺激的方式得到的启发。神经元是人体神经系统的基本单位。人类的大脑从幼时会一直不断地成长，神经元也会一直不断地连接。

  后来专家们将这种反应原理应用到了计算机中，研究出了深度学习技术。向机器中输入不同的数据，机器就会根据不同的数据做出不同的反应。

原来深度学习是根据人类的大脑研究出来的。看来，最复杂的还是人类的大脑，怪不得我这么聪明呢！

直到现在，科学家都没有完全研究明白人类大脑的奥秘。深度学习的最终目标就是让机器能够像人一样具有分析问题和学习的能力。

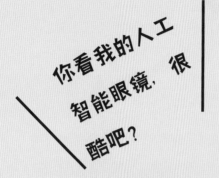

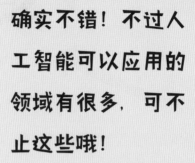

如今，我们的社会已经进入了人工智能时代。

各种各样的人工智能产品让生活变得更加便利。

下面让我们一起来了解一下人工智能和各个领域结合会发生什么吧。

第三章

人工智能和各个领域的结合

智能家居

在智能化技术不断发展的今天，人工智能已经慢慢融入了家居领域，从而产生了一个新名词——智能家居。当人工智能和家居结合会发生什么呢？我们来感受一下。当我们回到家时，家里的灯会自动打开，调整到合适的亮度。如果有温度需求，空调也会根据实际情况提前打开，调整到合适的温度。室内摄像头正在捕捉屋内的动态变化，排除潜在隐患。智能机器管家已经汇总了家里的各种电器及设备的情况，准备向主人汇报。

扫码看视频

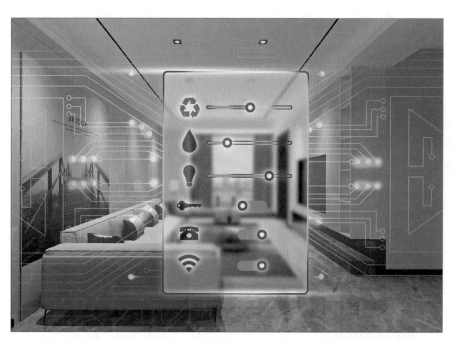

室内亮度和空调温度已调整到合适的程度，无潜在隐患。汇报完毕！

智能家居是在互联网的影响下发展起来的应用领域。通过物联网技术将家中各种设备连接到一起，就具备了控制家电、照明、远程遥控、防盗报警、环境监测等多种功能。这种智能家居系统的建立需要利用先进的计算机技术、网络通信技术和各种人工智能产品。

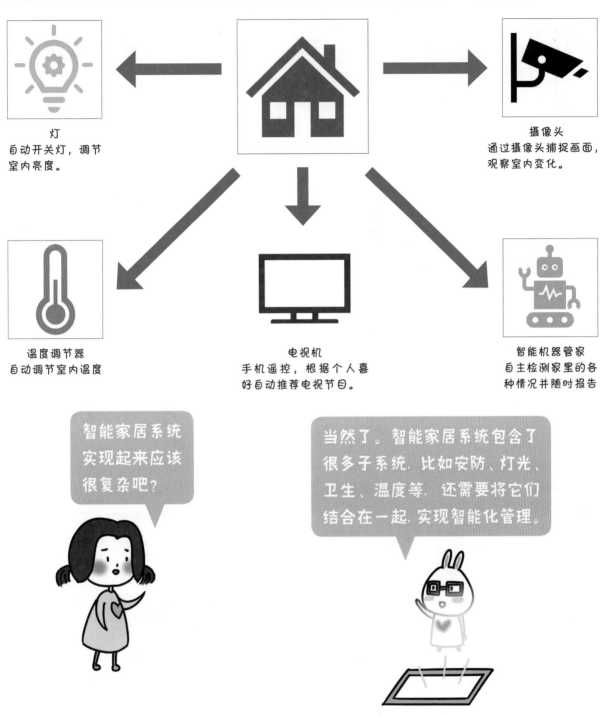

灯
自动开关灯，调节
室内亮度。

摄像头
通过摄像头捕捉画面，
观察室内变化。

温度调节器
自动调节室内温度

电视机
手机遥控，根据个人喜
好自动推荐电视节目。

智能机器管家
自主检测家里的各
种情况并随时报告

智能家居系统
实现起来应该
很复杂吧？

当然了。智能家居系统包含了
很多子系统，比如安防、灯光、
卫生、温度等，还需要将它们
结合在一起，实现智能化管理。

　　智能家居的应用还不止于此。未来，智能家居将会对家居设备进行集中管理，提供更加舒适、安全、节能的家庭生活环境。

　　目前很多家庭都在使用智能家居产品，比如智能扫地机器人、智能音响等。现在已经可以通过智能音响实现打电话、连接家中其他设备、控制空调、调节灯光等功能。未来还会推出不同功能的智能机器人，比如家用机器人和社交型机器人。

这种小型智能机器人非常适合聊天和陪伴，可以更好地和人类进行情感交流。

服务型机器人可以应用于各种公共场合，比如机场、车站、酒店大厅、银行大厅等。

你知道吗？

智能穿戴设备不止手表，还有智能眼镜、智能服装、智能鞋子等。研发智能穿戴设备的思想和雏形早在 20 世纪 60 年代就已经出现了。中国学者在 20 世纪 90 年代后期开始研究智能穿戴设备。

智能烹饪机器人是一款家用机器人，不仅可以提供各种烹饪方法，还可以制作美味的食物，自主开发新菜式。在烹饪结束后，还会清洗锅碗。烹饪机器人的机器手臂和人手相似，可以用来准备食材、烹饪食物。

我想吃东西的时候，只要说出菜名你就能做出来吗？

我要吃糖醋排骨、西湖醋鱼、麻婆豆腐……

是的。我有内置菜谱，即使你说的菜名不在我的菜谱内，我也可以自主学习研究出来。快来尝尝我的手艺吧！

补充知识

最早的烹饪机器人

世界上最早的全自动烹饪机器人是英国一家公司开发的，名字叫Moley。它可以识别和存储厨师的动作，会准备烹饪必要的食材。烹饪机器人之所以会做饭，是因为研发人员已经提前输入了可以做饭的程序。

在日常家庭生活中，垃圾桶是必不可少的。当垃圾桶加入了人工智能技术会发生什么呢？目前市面上推出的智能垃圾桶不仅可以通过传感器感应开盖，还可以自动套袋、压缩和打包。

当人或物体靠近垃圾桶时，它会迅速将盖子打开。无接触更卫生。

随着人们生活水平的提高，家居生活向现代化发展是必然趋势。未来这种智能感应垃圾桶将会逐渐进入人们的生活。未来技术成熟精进后，还会推出比现在更为智能的垃圾桶。

我们每天或多或少都会制造一些垃圾，学会垃圾分类很重要。

垃圾分类可以有效改善环境，促进资源的回收利用。所以在日常生活中我们应该避免制造更多的垃圾，做好垃圾分类工作。

自从提倡垃圾分类以来，如何将日常垃圾正确地分类成了我们平时需要注意的事情。为了解决这一问题，一些小区纷纷推出了智能分类垃圾桶。这种智能垃圾桶有专属的监控软件，带有垃圾分类提醒功能，还自带称重功能。当垃圾桶达到一定重量后会发出警报，提醒负责人进行处理。

智能垃圾桶进入社区，提升了居民生活垃圾分类的效率，也有助于建立垃圾分类回收体系。现在人们已经开始形成垃圾分类的意识，各个城市也推出了实施条例，相信在不久的将来，垃圾分类将会在全国范围内普及。

按照目前科技发展的速度，我们距离真正的智能生活已经不远了。

智能家居作为一个新生产业，正处于成长期。当前市场消费观念和消费者的使用习惯还没有发展到稳定的状态，因此，智能家居市场还需要继续提升产品的智能性，并大力推广和普及家庭智能产品的应用。

虽然现在智能家居还没有大范围普及，但是已经有不少智能产品进入到我们的日常生活中了。

要想拥有像我这么智能的全能管家机器人，以现在的技术水平还不可以哦！

智能家居的最终目的是让我们的家庭生活更加舒适、方便、安全、环保。随着人们的消费需求和智能化的发展，未来智能家居系统将会有更加丰富的体验，系统配置也会越来越复杂。

就整体而言，智能家居领域正朝着技术创新、生态整合、互联互通的方向发展，相信将来会创造出更高的价值。

拥有一个像阿奇这样的智能机器人真是太幸福啦！

智能教室

随着现代化的发展，传统的课堂模式已经不能满足学生和老师的需求了。当智能技术进入教室，高科技电子设备和教学的融合，给师生带来了更高级的教学体验，实现了智慧教学。

扫码看视频

通过安装智能教室系统，可以利用深度学习等技术对教室里的摄像头拍摄的画面进行分析。这个系统会分析教室里每个学生的表情、动作和行为，然后结合教育心理学输出统计结果，分析学生具有代表性的行为。

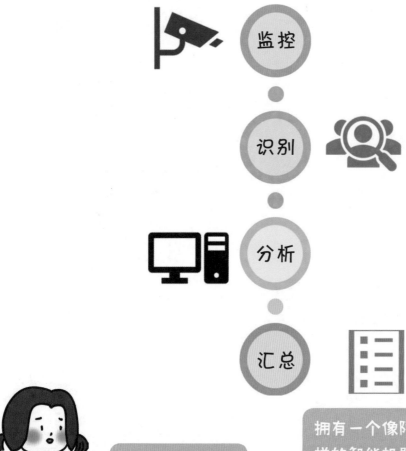

监控

识别

分析

汇总

什么是具有代表性的行为呢？

拥有一个像阿奇这样的智能机器人真是太幸福啦！

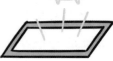

通过教室里的摄像头可以监测学生的学习状态和非学习状态。智能教室系统通过分析每一位学生的日常状态，会输出一份综合报告。老师可以根据这份报告更好地了解每一位学生的日常上课状态，有利于师生间的沟通交流。同时老师也能通过学生的反应及时调整教学计划。

你知道吗？

近年来，在国家政策的推动下，很多地方开始普及智能教室，同时也包括智能终端、宽带覆盖和无线网络覆盖等基础设施建设。

如今国家对智慧教室的发展已经纳入了日程，正在积极推进数字化校园建设。通过不断创新，未来的教室将会解放教师和学生，使学生可以更好地自我成长，老师可以因材施教，采用灵活变通的教学方式。

这样的课堂一定很有趣！

补充知识

智慧教室

　　智慧教室（又称智能教室）是结合多媒体和网络教室的高端形式，主要使用物联网、云技术和人工智能等技术构建的新型教室。智慧教室通过各种智能装备辅助教学，促进课堂互动，为师生提供了人性化、智能化的互动空间。

　　未来在智慧教室里，人工智能技术的应用将会彻底翻转教师和学生的传统教学环境。课堂上会有3D互动显示屏，生动地展示教学内容。学生的出勤情况也能准确识别。当然，通过人工智能技术，老师也会对学生的学习情况进行精准的分析。这种智能教室作为数字教室和未来教室的一种形式，势必会推动未来学校的建设。

智能教室主要包括灯光控制系统、空调控制系统、门窗监视系统、通风换气系统、视频监控系统等方面。建设智能教室，将会发展出一种新的教育形式。

哇！好厉害。这样的话，你们就不用担心我的学习了。

智能安保系统

人工智能应用到安保领域后，会有什么样的效果呢？智能安保系统涉及了算法、图像传感、生物识别、智能视频分析、大数据分析等技术。一个完整的智能安保系统主要包括门禁、报警和视频监控三个部分，可以用于家庭、学校、公共场所等地方。

扫码看视频

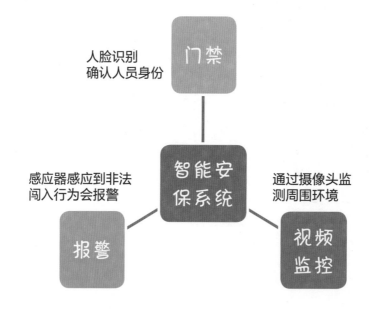

人脸识别确认人员身份 —— 门禁

智能安保系统

感应器感应到非法闯入行为会报警 —— 报警

通过摄像头监测周围环境 —— 视频监控

我的学校也有智能安保系统。

名词解释：生物识别

生物识别就是通过计算机与光学、声学、生物传感器等高科技结合，利用人体固有的生理特征（指纹、虹膜等）进行个人身份鉴定。

这种智能安保系统中的摄像头可以实现无死角监控，从而锁定犯罪嫌疑人的活动轨迹。即使嫌疑人严密伪装，系统也可以通过技术手段，通过分析嫌疑人的行为进行身份判断。

这个人行为举止异常，十分可疑，我要将他的图像上传到系统中进行排查。

收到图像。通过对比，发现是有过犯罪前科的人。

我都伪装成这样了，还是被发现了。

闯入者再怎么伪装，智能安保系统也能识别这个人的身份。

让坏人无处可逃。

　　一旦摄像头监测到非法闯入者，就会通过网络将图像信息传输到智能安保系统中。如果该系统和公安机关的罪犯图像库连接，就会识别闯入者的身份以及是否有犯罪记录等信息。

摄像头捕捉闯入者的图像信息和动态视频信息

将捕捉的信息通过网络上传到智能安保系统中

在已有的数据库中搜索，比对人员信息

锁定可疑人员

确定闯入者身份

和人工智能结合的摄像头可以感知人的行为，还可以转动摄像头，实时应对周围环境。

智能安保系统结合智慧校园可以保障在校师生的安全。若与智能家居结合则具备了防火、防盗、紧急求助、煤气泄漏警报等功能。在公共场所使用智能安保系统还可以监控城市里的火灾情况、交通路况、犯罪行为等。

智能视频分析技术在智能安保系统中相当于一个报警探测器，可以为系统提供异常事件的报警信息。

那这就是一个具有分析和思考能力的报警探测器。

智能安保系统作为智慧城市建设的一部分，不但自身随着城市的建设得到跨越式的发展，还在其他领域比如智能建筑、智能交通、智能家居等方面得到快速的发展和应用。

我相信"AI+安防"将会带来一个更加安全的时代。

基于深度学习深入应用，未来人工智能将会在安保领域大放异彩，也势必会掀起新一轮智能安防改造和建设的热潮。

补充知识

 ## 智能安保系统中的摄像头

摄像头在各种场景的应用都十分广泛，尤其是在智能安保系统中。随着技术的提升，摄像头技术也在不断发展和完善。以前的摄像头非常怕水，现在已经达到防水防尘的水平，而且还有超强的夜视功能，能够连接5G网络进行数据传送。一些摄像头还支持高清记录，可以连接应用程序访问已储存的摄像。

智能医疗系统

人工智能在医疗领域的应用，意味着全世界的人都将会得到更好的医疗救助。随着人工智能技术的不断提高，世界各地都在努力地将人工智能应用到医疗领域中。结合人工智能的特点和目前医疗领域的发展情况来看，未来人工智能将会在5个方面对我们的生活有所影响。

扫码看视频

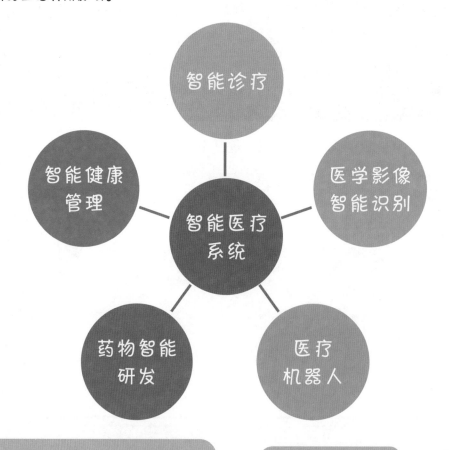

智能诊疗

医学影像智能识别

智能医疗系统

智能健康管理

药物智能研发

医疗机器人

你知道吗？

使用人工智能、大数据、5G 技术可以构建覆盖诊前、诊中、诊后的线上线下一体化的医疗服务模式。人工智能结合医疗健康明显提高了服务质量，改善了患者体验，节省了医疗保健的成本。

原来人工智能在医疗领域有这么多用处啊！

智能诊疗就是使用人工智能技术帮助医生诊断并治疗疾病。计算机会学习医学专家的医疗知识，模拟医生的思维和诊断推理，帮助医生统计病理和体检报告等数据，还可以给出比较可靠的诊断和治疗方案。

计算机学习医疗知识

模拟医生的诊断思维

统计病患的相关数据

给出诊疗方案

你是如何帮助医生诊断病情的？

根据输入的病人信息，我会使用大数据和深度学习等技术，找出成功率最高的诊疗方案。

你知道吗？

在诊疗过程中，人工智能技术主要应用在临床诊断、语音电子病历、智慧病房以及临床治疗等方面。在临床诊断中，人工智能会辅助诊断，模拟医生的看病思维和诊断疾病的过程，快速读取医学图像并进行智能诊断。

在传统的医疗领域，要想培养优秀的医学影像专业的医生，需要投入非常多的时间和金钱成本，而且人工读片主观性太大，容易出现误判。通过医学影像智能识别，可以

名词解释：病灶

病灶就是指身体的某个被细菌病毒破坏导致组织坏死，出现病变的部位。

帮助医生确定病灶的位置，减少漏诊和误诊。有研究表明，医疗数据中有超过90%的数据来自医学影像。

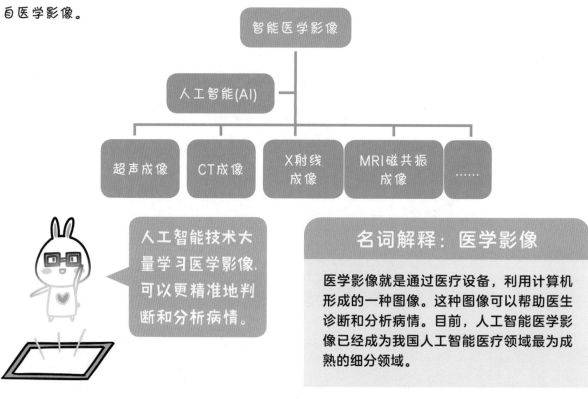

人工智能技术大量学习医学影像，可以更精准地判断和分析病情。

名词解释：医学影像

医学影像就是通过医疗设备，利用计算机形成的一种图像。这种图像可以帮助医生诊断和分析病情。目前，人工智能医学影像已经成为我国人工智能医疗领域最为成熟的细分领域。

机器人在医疗领域的应用非常广泛，医疗机器人的种类和功能也各有不同。智能假肢可以帮助人类修复受损的身体，外科手术机器人可以辅助医生手术。除此之外，还有康复机器人、护理机器人、服务机器人、外骨骼机器人等。

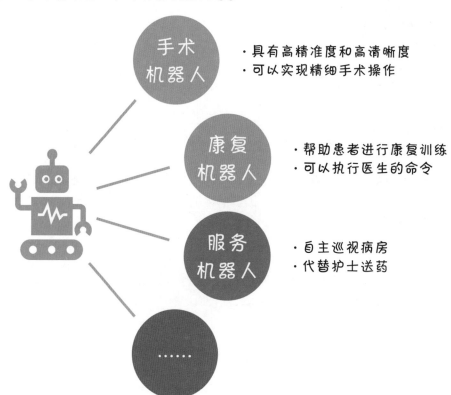

手术机器人
·具有高精准度和高清晰度
·可以实现精细手术操作

康复机器人
·帮助患者进行康复训练
·可以执行医生的命令

服务机器人
·自主巡视病房
·代替护士送药

……

医用机器人是智能型服务机器人，这些机器人可以根据实际情况执行动作程序。

当病人手术完成或者痊愈出院后，要进行随访，随访是医院定期了解患者病情变化和指导患者康复的一种观察方法。安排智能随访机器人定期进行后续互动指导，对患者和医生都可以起到积极的作用。

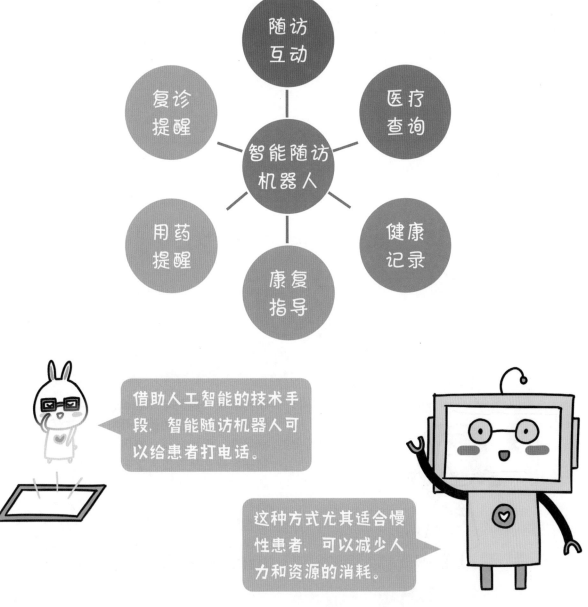

借助人工智能的技术手段，智能随访机器人可以给患者打电话。

这种方式尤其适合慢性患者，可以减少人力和资源的消耗。

机器人在医疗领域的应用前景

医疗机器人的应用为现代医疗注入了新的活力，促进了医疗领域的变革和进步。我们可以针对当前医疗机器人的使用模式预测未来发展的方向。医疗机器人是一个复杂的应用体系，包含了医学、图像学、信息传播学、自动化控制学等多种门类。未来机器人在医疗领域也将发挥更大的作用。

研发一种新药需要投入大量的时间和费用，只有通过多次临床试验，医疗专家们确认其药性和安全性，相关机构才会认可并批准使用它。但是如果在研发新药物的过程中使用人工智能，就可以快速准确地学习并分析相关数据，筛选出合适的药物，从而缩短研发周期，降低新药成本。

新药研制　　　　　　　　　　研究成分

分析数据　　　　　　　　　　含量测定

研制一种新药可不是一件简单的事情。

你知道吗？

新药研发一直面临周期长、费用高、成功率低等问题。完整的药物开发过程主要包括靶标筛选、药物发现、临床试验等。传统的药物靶标筛选是通过人工将已知药物与人体内的各种潜在靶点分子进行交叉筛选，从而找到有效的作用点。这种方法不仅速度慢，而且容易忽视隐藏关系。通过人工智能可以自动筛选药物和靶标，提高了筛选速度，做到及时优化或纠正筛选过程。

从患者的生活习惯、血液到细胞分析再到对药物研发的新见解，这些数据都可以通过人工智能进行分析。然后人工智能通过学习会给出新的候选药物的建议。药物研发人员可以根据人工智能提出的建议进一步探索新药的成分。

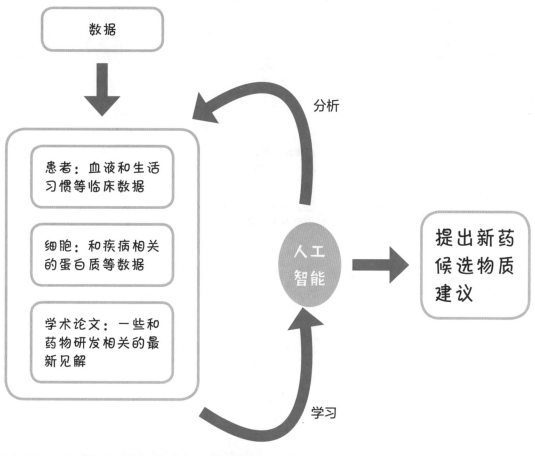

人工智能技术研发的智能设备可以实时监测人们的各项基本身体指标，开启智能健康管理方式。比如对身体素质进行简单评估，提供个性的健康管理方案，识别疾病发生的风险，提醒用户注意身体健康。

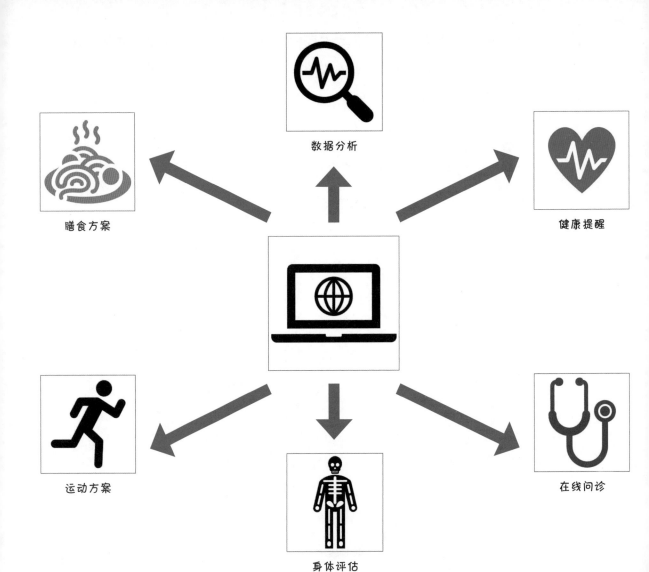

数据分析

膳食方案

健康提醒

运动方案

身体评估

在线问诊

目前人工智能在医疗领域还是存在不确定性吧？

虽然诊疗在智能医疗系统的应用非常重要，但是这毕竟关系到人的生命，人工智能只是给出辅助性的建议和帮助，最终的决定还是由医生来做。

智能医疗系统不是简单的技术方面的提升，而是通过技术全面推动医疗健康领域的变革。医疗资源供需不平衡既是医疗行业面临的突出问题，也是智能医疗发展的主要驱动力。未来智能医疗将成为医疗服务模式的"新常态"。

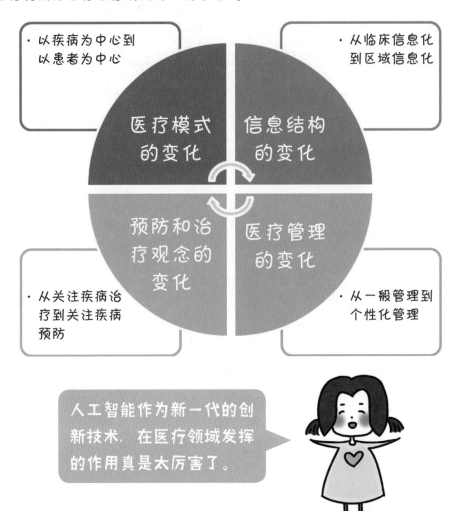

人工智能作为新一代的创新技术，在医疗领域发挥的作用真是太厉害了。

补充知识

计算机视觉技术

　　计算机视觉技术就是让计算机模拟人类的视觉功能。这项技术涉及了人工智能、生物神经学、心理学、计算机科学、模式识别等领域。通过使用计算机模拟人的视觉功能，可以从客观事物的图像中提取信息并进行处理，用于实际检测和测量中。

人工智能和艺术

如今，人工智能涉及的领域越来越多，应用的范围也越来越广。在智能化的时代下，艺术一直被认为是人类独有的功能。人工智能和艺术结合，会为我们带来怎样的惊喜呢？融入人工智能的艺术作品又是什么样的呢？

扫码看视频

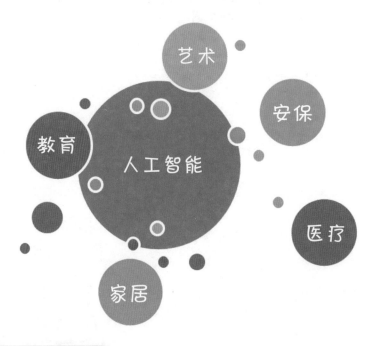

艺术

安保

教育

人工智能

医疗

家居

人工智能已经发展到艺术领域了吗？真是不敢相信。

人工智能进入艺术领域，可以让艺术和生活之间的距离缩短，出现更多的可能性。

可能之前你一直认为只有人类才可以进行艺术创作，然而随着算法的持续改进，人工智能已经可以从事艺术创作了。早在2016年谷歌就利用人工智能技术展示了多幅作品，风格以抽象派为主，实现手段是以人工神经网络算法为基础进行图片识别和处理。

名词解释：抽象派

抽象派是画派名称，抽象绘画泛指20世纪想脱离模仿自然的绘画风格。它包含了多种流派，并不是某一个派别的名称。

人工智能生成的绘画作品也为人们提供了新的思路。

根据目前的科技水平，绘画智能机器人的水平和人类画家还是有区别的。机器人在作画时，会直接从一个角落开始绘制图形，并不像人类画家那样有构思、构图和临摹的过程。

DeepDream 可以将世界名画绘制成奇怪又美丽的抽象化作品。看来，DeepDream 也是一个抽象派画家呢！

你知道吗？

2018年10月，在全球最为著名的佳士得艺术品拍卖会上，一幅由人工智能创作的名叫《爱德蒙·贝拉米的肖像》的画作，最终以43.25万美元的"天价"被拍卖。而这幅画最初的预售价仅定在7000到1万美元之间。其实，人工智能绘画不仅突破了人类自身的极限，也让绘画分析进入到一个更广阔的视野中。

音乐是抽象的艺术，可以表达人类的内心情感，充实人类的内心世界并使其获得幸福感。人工智能和音乐的融合，改变了创作音乐的方式。智能机器人通过深度学习技术可以学习大量的曲子，然后创作新曲子。

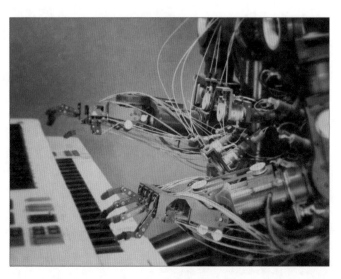

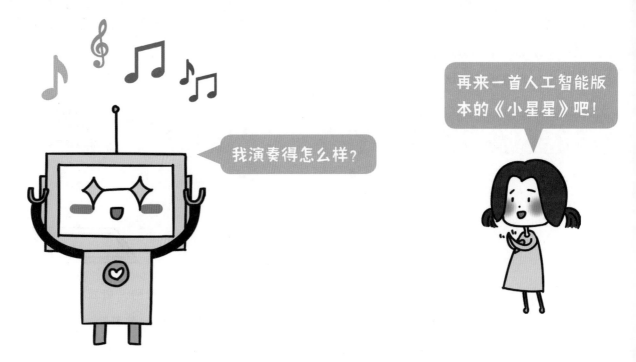

谷歌公司研发的智能钢琴演奏机器人Duet会学习人类的演奏方式，可以与人实现交互式弹奏钢琴。当你弹奏几个音符之后，Duet会自动计算并帮你弹奏重奏部分。

人工智能DeepBach可以学习音乐家巴赫的作曲风格，谱写出与巴赫风格高度相似的曲子。计算机目前的作曲水平还属于初级阶段，但是这项技术的应用前景相当广泛。

写作就是运用语言文字符号反映客观事物、表达思想感情、传递知识信息的创造性脑力劳动。而如今已经有不少专攻写作的智能机器人了，它们被应用在文学创作、新闻、编剧等和文字相关的行业。

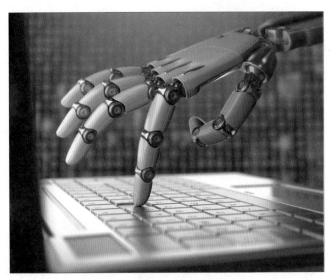

人工智能之所以能写作，主要是基于深度学习等算法，根据输入的文字数据生成文章或辅助写作，帮助人类提升写作的效率和质量。人工智能"本杰明"在阅读了上千部科幻电影剧本后，写出了9分钟的短片科幻电影剧本Sunspring。

你知道吗？

2019年，我国首部由人工智能创作的诗歌著作《万物都相爱》发布。这本书中收录了机器人小封基于算法生成的诗作共计150首。通过每天24小时不间断地学习数百位诗人的写作手法和数十万首现代诗，运用知识图谱、自然语言等技术，机器人小封创作了不少现代诗和古体诗。

写作是一种需要灵感和创新的工作，最终目的是可以从作品中看到深层次的思想。就目前的发展情况来看，人工智能写出来的作品还没有达到这个高度。

不过，写作型智能机器人在新闻写稿方面具有突出优势。时间对于新闻来说非常重要，机器人写稿可以提升发稿速度，实时监测新闻热点，提高了新闻的时效性。

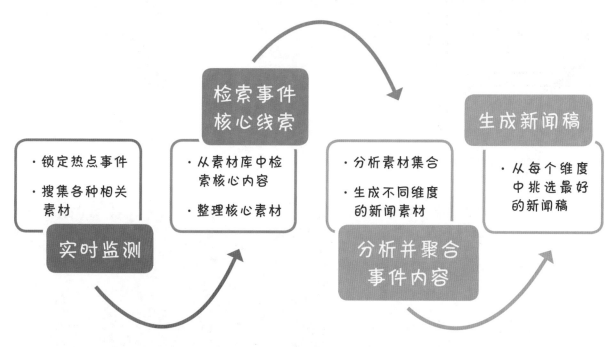

检索事件核心线索

生成新闻稿

·锁定热点事件
·搜集各种相关素材

·从素材库中检索核心内容
·整理核心素材

·分析素材集合
·生成不同维度的新闻素材

·从每个维度中挑选最好的新闻稿

实时监测

分析并聚合事件内容

随着人工智能技术的不断实践，智能写作已经在很多场景中发挥出了它的价值。但是和人类这么多年的知识积累相比，智能写作的水平仍然有很大发展潜力。

这就是人工智能写的诗啊！咳咳，那我也来赋诗一首。

《一只瘦弱的鸟》
语言的小村庄
停留在上半部
那他们会怎么说呢
毛孩子的游戏
如果不懂
小小的烟告诉我
你的身体像鸟
一只瘦弱的鸟
回到自己的生活里
我要飞向春天

写作是一种需要灵感和创新的工作，是不容易被机器替代的。写作使我们人类的团体力量发挥到了极致。

3D打印是一种快速成型的技术，以数字模型文件为基础，运用粉末状金属或塑料等可黏合的材料，通过逐层打印的方式来构造物体。日常生活中使用的普通打印机只能打印平面物品，而3D打印机可以打印三维立体的物品。除了可以打印工业领域的物体，还可以使用可食用材料打印食物。3D打印中使用的打印材料是有一定限制的，无法使用人们日常生活中接触的各种材料。

当人工智能和3D打印结合将会带来无限可能性。3D打印和人工智能的出现，让机器人制造业发生了颠覆性的改变。在计算机模拟的虚拟空间中，工程师可以设定一个机器人需要达到的目标，然后计算机根据可以使用的原件进行虚拟的3D打印。

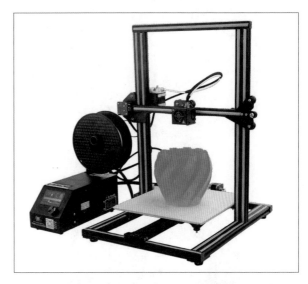

竟然可以打印机器人，太酷了。

借助人工智能技术，还可以实现新的材料设计，使3D打印可以有更多的可能性。

名词解释：材料设计

材料设计是指应用已知的理论与信息，预报具有预期性能的材料，提出其制备合成方案。从工程角度看，材料设计依据产品所需材料的各种性能指标和各种有用的信息，建立模型，以满足特定产品对新材料的需求。

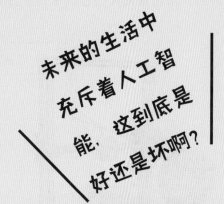

未来的生活中充斥着人工智能，这到底是好还是坏啊？

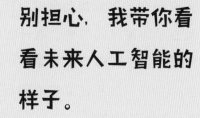

别担心，我带你看看未来人工智能的样子。

从目前的发展情况来看，
人工智能已经应用到了各个领域中，
对我们的生活产生了很大影响。
未来人工智能将会在各个领域继续发展，
那么人工智能会不会取代人类？
人类需要做些什么呢？

第四章

人工智能的未来会是什么样?

生活在人工智能时代是什么样子？

目前，一些单一的、重复性的工作已经可以通过弱人工智能完成。一些复杂的工作是由人类和机器共同完成的。各种各样的人工智能产品正在改变我们的生活。未来，人工智能将会代替人类完成更多事情。

扫码看视频

将来出行时可以用手机呼叫无人驾驶汽车。

无人机会负责派送网购商品，不需要人工快递。

还可以选择在无人服务的餐厅用餐，智能机器服务员负责为你送来美味佳肴。

智能药丸可以帮助医生寻找患者体内的病灶。

　　未来将会有更加智能的可穿戴设备为我们的生活提供便利。总之，人工智能将会在生活的方方面面产生影响。比如出行时选择无人驾驶汽车，它会自动选择不堵车的路线，使用完毕后，它还会自动寻找停车位并自行充电。

你知道吗？

无人驾驶汽车主要依靠车内计算机系统的智能驾驶仪，实现无人驾驶的功能。从20世纪70年代开始，美国、英国等一些发达国家开始研究无人驾驶汽车。中国从20世纪80年代开始进行无人驾驶汽车的研究。国防科技大学在1992年成功研制出中国第一辆真正意义上的无人驾驶汽车。

当前的无人驾驶汽车尚在试验阶段，并没有普及。

不过，无人驾驶汽车要想让人感到放松，还得解决很多难题。

当我们去超市购物时，将购买的商品放到购物车上面后，它会自动计算出商品的价格，还会自动累加。当我们购物之后，可以完成商品清算，然后提示支付金额。这样可以省去人们排队结账的时间，让人们直接拿着商品走出超市大门。目前，这种购物车虽然已经存在，但是还没有普遍应用到国内各大超市。随着技术的提升，这种智能购物车将会应用在未来的商场或者超市中。

这种购物车也太实用了，在超市买东西的时候再也不用排着长长的队伍了。

智能购物车会自动记录消费者从进店到离店的整个消费数据，并根据这些数据在消费者购物时适当地推送优惠券和消费者可能需要的关联商品。除了智能购物车，还有无人超市。顾客选购商品后，按照上面的标价自主结账后就可以离开，全程没有营业员。不过无人超市里会有应急装置，也会有无死角的监控。未来，无人超市将会是一种发展趋势。

无人超市的试行，反映了人们内心对诚信的渴望。

现在，我们的生活中已经可以看到服务型机器人的身影，比如扫地机器人、迎宾机器人、早教机器人、炒菜机器人等。未来还将会出现各种功能的智能机器人，它们会代替人类从事一些烦琐的或者危险的工作。有了它们，未来的生活将会更加便利和精彩。

陪伴型机器人可以陪伴老人、小孩、宠物等群体，还可以提供对话、互动、提醒等功能，就像一个时时刻刻关心你的好朋友。

智能消防机器人替代消防员接近火场灭火排烟、现场侦察，在火场内自主灭火、自主搜救。这种机器人尤其适合石化、燃气等易爆炸环境，对提高救援安全性、减少人员伤亡有重要意义。

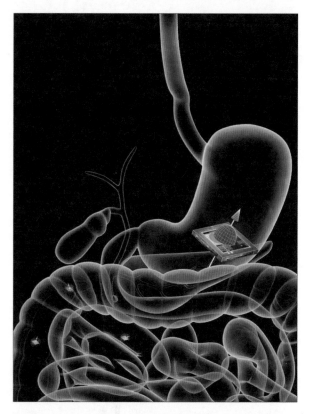

医疗机器人在做手术时将会更加精准，可靠地自动执行切除操作。可吞服机器人在进入患者体内后将会自行组装，在受损部位实施手术。

智能电力巡检机器人属于特种机器人的范畴，主要在各大厂房及园区进行全天候数据采集、视频监控、温湿度测量等，保障供电设备的安全运行，及时排查设备故障。

你知道吗？

　　未来机器人的应用没有限制，只要能想到，就可以去创造实现。智能机器人可以用于做手术、采摘水果、修剪枝叶、侦察排雷、配送外卖、潜海探测等。

预测对我们的生活十分重要。通过智能预测，我们可以提前了解事情发展的方向，然后准备相应的对策，比如预测天气，对我们的日常出行和农业生产都会有所影响。在智能交通方面，预测交通路况，可以实时分析数据，提醒人们避开拥堵路段。随着人工智能、大数据和物联网的发展，智能预测甚至还能预测犯罪行为，降低犯罪率。

在电影《少数派报告》中，神秘的"先知"系统能够预知犯罪活动，并精确到时间、地点和人物，让警方能够提前行动并加以阻止。要是现实世界也有这种系统就太棒了。

美国一家科技公司研究出了一款可以预测犯罪行为的系统PredPol。这个系统可以通过分析过去的犯罪信息，预测犯罪可能性高的地方。PredPol会在城市地图上将可能发生犯罪的区域标记为红色的正方形，然后根据已知信息并结合社会学信息，计算下一次犯罪有可能发生的地点。

还有 IBM 公司的 CopLink 系统，可以利用警局内部的大数据来预测犯罪模式，然后政府会加强巡视犯罪可能性比较高的区域，有效降低犯罪率。

目前国内也在积极研发智能预防犯罪的系统哦！期待未来可以更加完善。

未来将是人和智能机器共存的世界，它们将会成为人们生活中不可或缺的助手。在强人工智能阶段，智能机器将会胜任人类大量的脑力工作，还有可能会创造出人类意想不到的规则。

人工智能的脑回路就是和人类不一样！

未来高级智能机器人可以根据外界条件的变化，自主修改内部程序。这种智能机器人的"大脑芯片"有更高的认知和学习能力，可以自动规划和独立工作。在外形方面并不会局限于人形，它可以变成任何你想到或想不到的形态。

目前的弱人工智能可以完成预先规定的任务，未来的强人工智能和超人工智能将会自主完成更多独立的任务，懂得灵活多变。人类发明了机器，机器也在不断学习，增加自己的知识。在日后的发展中，人类也必须考虑这方面带来的各种影响。不过，智能化时代的来临必将给人类更多的启发和指引，让我们在前进之路上越走越远。

智能机器的大脑会通过不断学习变得越来越高级。人类永远保持学习的心态，大脑将会比机器更厉害。

或许未来会有更多像阿奇一样的强人工智能出现。

补充知识

"5G+人工智能"会发生什么？

随着5G时代的到来，未来人工智能将会给世界带来颠覆性的变化，人工智能将会无处不在。受4G网络和目前技术的限制，现在的人工智能还有很多局限性。5G时代的到来将会推动各项技术的提升，高智能化的研究会促使人工智能更普遍地投入到社会发展中。

人工智能将会提升GDP增长率、市场规模、劳动生产率等，世界各国也将受益于人工智能。

会被淘汰和新增的职业

随着物联网和人工智能的普及，未来将会有很多职业消失或被人工智能取代，同时也会产生很多的新兴职业。那么目前什么样的职业容易被淘汰？人工智能时代新增的职业又是什么样的呢？这些问题都需要我们去关注。

扫码看视频

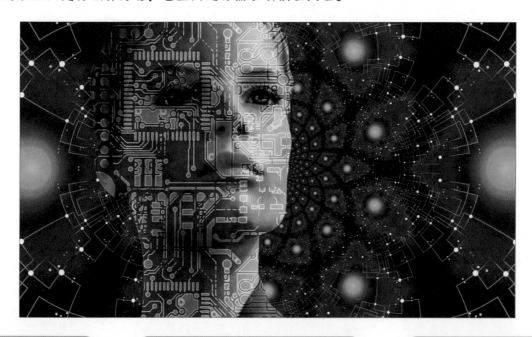

人工智能岂不是威胁到了人类的职业？

人工智能并不会取代人类，而是帮助人类分担更多繁杂和危险的事务。

一些职业会消失，也会有新兴的职业出现哦！

新生事物的产生必然会淘汰一些旧有事物，这是社会向前发展的必然规律。随着时代的发展，职业发生变化也是很自然的事情。

人工智能的不断发展必然会淘汰一些职业，就像第一次工业革命时蒸汽机的出现使机器代替了手工劳动。每一次的工业革命都会导致大量职业发生变化，一些十分模式化、自动化程度高的职业容易被人工智能取代。

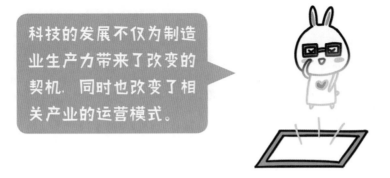

人工智能的出现，将解放我们的双手和劳动力。工厂里重复劳动的工人，全部会被人工智能机器代替，而人类要做的工作就是控制机器。

无人驾驶汽车 可能会替代的职业	· 司机、洗车工、租赁汽车职员、停车场管理员、代驾
AI机器人 可能会替代的职业	· 收银员、放射科医生、药剂师、环卫工人、门卫、保安、园林工人、装配线工人、咨询师、客服人员、中介、洗碗工、快餐厨师
无人机 可能会替代的职业	· 快递员、畜牧业人员、农业害虫消灭人员、测量员
3D打印机 可能会替代的职业	· 物流仓库工人、木匠、建筑工人、技术工人

简单地说，一些结构化低技能的工作未来将会被具有各种功能的AI机器人替代。这些可以实现自动化的工作都可以被人工智能分析并量化。

过去一个车间可能需要1000人，未来可能只需要1个人，甚至是全智能运作。而人类只需要在后端输入操作指令控制或维护机器人就可以了。

你知道吗？

对于一项工作，如果人可以在5秒内对工作中需要思考和决策的问题给出相应的决策，那么这项工作会有非常高的概率被人工智能全部或部分取代。也就是说这些工作通常都是低技能且可以熟能生巧的职业，而这正是智能机器所擅长的功能。

人工智能、大数据、机器人等技术的进步促进了新行业的诞生，也带来了全新的职业和就业机会。与那些容易被淘汰的职业相比，这些新增的职业又有哪些特点呢？

你现在已经对那些容易被淘汰的职业有所了解了。我们再来看看未来新增的职业都有哪些特点吧。

新增职业的特点
高科技密集型职业
探索未知领域
大数据分析
需要综合判断的岗位
能在机器和人之间进行沟通

感觉要求更高了。人类需要学习的东西还真不少呢！

人工智能最大的优势在于它可以在短时间内高效准确地完成一件事。与人类相比，人工智能可以24小时不间断地工作。在大数据发展的这几十年来，人工智能从被发明到实际应用，分别扮演了不同的角色，为人类带来了巨大的收益。

人工智能延伸出来的职业肯定很有意思。说不定我以后还是一个人工智能训练师呢！

想法不错。确实以后会有更多更有意思的职业。不过，对人类的自身要求也会更高哦。

随着平均寿命的延长，人一生可从事的职业不再是单一不变的，未来将会有多种的职业选择。在未来，一些新增的职业将会变成主流职业。

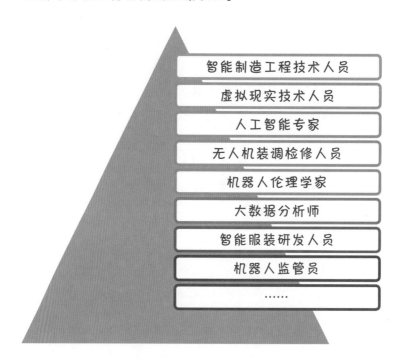

- 智能制造工程技术人员
- 虚拟现实技术人员
- 人工智能专家
- 无人机装调检修人员
- 机器人伦理学家
- 大数据分析师
- 智能服装研发人员
- 机器人监管员
- ……

未来将会出现的新职业远远不止这些，我们不用担心因人工智能时代的到来而造成的人员失业。人工智能的发展不会突然爆发，会给我们足够的适应时间。人工智能的发展是人类进步的表现，未来有前途的职业，就必须是人工智能无法替代的工作。

旧职业的消失一定会带动新职业的产生。人工智能的发展会促使人类更多地从事一些充满创造性的工作。

人工智能就是一个善于分析结果并量化的行家。

法律工作通常被认为是相对专业、高度依赖人力的工作。任何一个资历尚浅的律师都需要面对繁重的文书工作，可能需要查阅上千份案例文件和法律条文。当法律遇上人工智能，律师有可能被取代吗？

近年来，多家创新公司使用人工智能技术研发了智能律师助理，帮助律师团队在短时间内完成繁重的工作。

以前律师找文件资料要花很多时间。现在人工智能都替他们做了。

哇！好厉害呀！

世界上首位人工智能律师 ROSS 在 2016 年被美国一家法律公司聘用。它学习了相当于 100 万册书的大数据，每秒可以检索约 10 亿张文件。

你知道吗？

不仅律师行业有人工智能，就连金融行业也在应用这项技术。2013 年，美国开发了一个可以用于金融分析的智能金融助手 Kensho。它是一个程序，可以搜索大量的金融数据，展示市场动态分析结果，给出投资建议等，而且这些工作只需要几秒或几分钟就可以完成。

人工智能可以创造前所未有的财富，但是也催生了不平等的问题，导致社会的不稳定。纯体力劳动者很可能会被人工智能机器替代，高级技术人员反而会从中获取更多的利益。这种现象在世界范围内都会发生，尤其在发展中国家会更为明显。

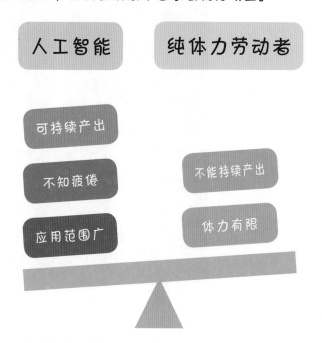

人工智能

纯体力劳动者

可持续产出

不知疲倦

应用范围广

不能持续产出

体力有限

为了预防这种不平等现象的发生，需要国际组织和专家们一起讨论和协商，共同解决问题。

你知道吗？

发达国家和发展中国家划分的依据主要有4个方面，分别是人均GDP、工业技术、科学技术、社会福利。发达国家需要同时满足人均GDP高、工业技术先进、科学技术先进、社会福利高这4个条件，缺一不可。目前世界上公认的发达国家有美国、加拿大、新西兰、英国等。

人工智能替代不了的事情

虽然新兴职业会取代旧有职业，但是有一些职业是人工智能无法替代的。需要人的智慧和情感的行业都不会被替代，这些需要温度和创意的领域将会永远需要人类来完成。

扫码看视频

阿奇也有做不到的事情吗？我以为你什么都能做到呢。

我虽然是一个强人工智能，但并不是万能的。我们的存在只是帮助人类更好地生活，人类精神层面的东西是我学不会的。我无法真正体会人类的满足感。

我们需要知道的一点是，人工智能并不是全能的，它不可能帮人类完成所有事情。即使人工智能可以尝试写作，但是也达不到人类所追求的丰富的精神世界。虽然有很多被淘汰或者新增的职业，但是有些职业会一直存在，因为这是人类对内心世界的表达和对精神世界的追求。

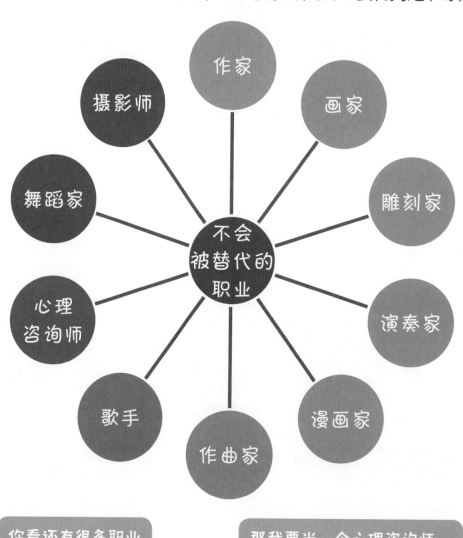

你看还有很多职业是人工智能无法从事的。

那我要当一个心理咨询师。我要对智能机器人进行心理咨询，哈哈！

人类通过有节奏的肢体动作来表达思想感情，有的柔美，有的狂热，机器人可做不到。

像这种现场演奏的大型音乐会所传达的效果，就算是阿奇也做不到。

心理咨询师这一类工作是智能机器做不到的，因为它们还没有能力分析人类复杂的内心世界。

机器能替代的更多是程序化的、固定的模式，而人具有主观能动性，具有创造力和想象力，这是人工智能无法替代的。

有创意和温度的事情是机器很难做到的。原来人工智能也不是万能的呀！我终于有比阿奇厉害的地方啦！

我没有感性思维，不能和人类进行心灵沟通。

那些有创意和温度的事情都需要和人接触，深刻了解对方的心理活动。而人工智能没有感情，无法与人进行情感、心理、经验等方面的沟通交流。因此，人工智能无法完成需要同理心和综合判断的人性化的复杂事情。这些事情一般是由科学家、艺术家、心理咨询师等专业人员来完成。

补充知识

 ## 人工智能会产生情感吗？

目前人工智能已经可以在某一领域领先人类，但是仍然处于弱人工智能阶段。这一阶段的人工智能还无法独立进行创作，需要依赖人工输入大量数据才能思考。如果没有数据，就不会产生智能。如果未来人类突破了技术上的限制，找到机器学习情感的方法，那么人工智能产生情感也不是不可能的事情。

人工智能会超越人类吗?

在科幻电影中经常会出现人工智能超越人类的情节，它们会有自主意识，能力远在人类之上。不过，目前的人工智能虽然在某些方面的能力已经超越了人类，但仍然是在人类的控制之下完成指定的任务。人工智能究竟会不会发展到不受控的地步，或者说人工智能是否会超越人类，这不仅是科学问题，也是值得讨论的哲学问题和伦理问题。

扫码看视频

人工智能是否会超越人类?

人工智能是否具备自主意识?

人工智能是否具有独立人格?

如果未来研发出了超过人类的人工智能怎么办？人类会不会控制不了它们？

科学家只要往利于人类发展的方向开发智能机器就好了呀！

社会科学将人类的心理活动划分为3种基本形式，分别是知、情、意。对于人工智能也划分了3个层次，分别是运算智能、感知智能、认知智能。目前人工智能处于感知智能，也就是弱人工智能的发展阶段，也是应用最广泛的阶段。不过，人工智能不会只停留在当前的阶段，当各方面条件完善后，它会迈向更智能的阶段。

就像人类生命的进化一样，人工智能也会进化得更高级。也许有一天，科幻电影中的场景真的会实现。

即使是这样，我们也不需要畏惧人工智能。人类可以加强对人工智能系统的伦理道德和法律约束，确保它的发展是对人类和环境有利的。

以目前的科技水平还不能创造出真正意义上超越人类的人工智能。如果将来创造出了强人工智能甚至是超人工智能，那么说明人类自身的发展已经达到了一个新的高度，而且是现在的我们想象不出来的高度。

如果未来人类有能力研发出更强的人工智能，那说明人类自身的力量已经很强大了。

我就知道人类是不会被打败的。

在现实生活中，人工智能已经显示出了极大的优越性。机器对我们的喜好了解得越多，就越能影响人的决策和行为，这样反而让人类的行为越来越机械化。如何合理应对人工智能从而更好地造福社会，是我们当前主要讨论的话题。大数据时代，对人工智能的监管和督促必不可少。

人工智能的未来发展一直是人类关注的话题，谁也无法轻易预测人工智能的未来。

人工智能会通过算法自动判断和分析人类的需求和喜好，因此我们也需要监管人工智能，不能被动地接收所有的信息。

补充知识

未来人工智能对生活的影响

如果未来可以成功创造出安全且有益于人类发展的人工智能，我们将会获得难以想象的好处。比人类更智能的机器会推动人类文明的发展，使人类能够充分发挥自身潜力，每一个人都会享受到人工智能带给生活的改变。

人工智能会给人类带来危险吗？

人工智能让我们的生活发生了很大变化，有关人工智能的争议一直存在。随着人工智能在生产生活领域的应用范围越来越广，它的学习能力也会越来越强，会代替人类完成更多的事情。从这个角度看，一旦人工智能拥有取代人类的自主意识，人类将会陷入非常危险的境地。不过，这些还只是人类的猜测。

扫码看视频

目前，关于人工智能是否具有危险性这一话题，人们已经分成了两个对立的阵营，各自持有不同的观点。

科幻电影中经常会有强人工智能发动战争的场面，人工智能真的会带来危险吗？

关于这个话题，目前主要有两种对立的观点：有的人支持，有的人反对。

物理学家斯蒂芬·霍金（Stephen Hawking）就曾提出过对人工智能的警告，他认为人工智能最终会意识到自我，并且会替代人类的位置。

电动汽车特斯拉（TESLA）创始人埃隆·马斯克（Elon Musk）认为人工智能研究和召唤恶魔别无二致。

反对派的主要观点就是人工智能终将会取代人类的位置。

你知道吗？

1988 年，霍金的著作《时间简史：从大爆炸到黑洞》发行。书中从研究黑洞出发，探索了宇宙的起源和归宿。但因书中内容极其艰深，在西方被戏称为"读不来的畅销书"。

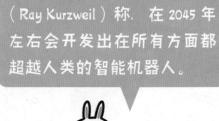

谷歌技术总监雷·库兹韦尔（Ray Kurzweil）称，在2045年左右会开发出在所有方面都超越人类的智能机器人。

马克·扎克伯格（Mark Zuckerberg）表示，通过一些人工智能工具，人类能够在不同类型内容的语言差异中获得更准确的信息。

支持派的主要观点就是人工智能将会推动人类的极限发展并造福人类。

你知道吗？

奇点就是改变本质的支点。随着人工智能持续发展，超越人类智能总和并且可以自我进化的智能机器或其他形式的超级智能的出现将会引发技术奇点。

我觉得双方的观点都很有道理。对此，你的看法是什么呢？

我是一个乐观主义者，所以我认为人类有能力研发出对世界有利的人工智能。

人工智能除了应用在我们能接触到的各种领域，还可以应用在军事领域。人工智能技术在军事方面的应用将会改变现代战争的形态，这无疑引发了人类的担忧。在未来，战争或许不是人与人之间打仗，而是人工智能之间的战争。

机器和机器之间的战斗，我只在科幻电影中见过。

人工智能在军事上的应用是人类所担忧的大问题，现在很多讨论都是围绕这个话题展开。

你知道吗？

2013 年，人工智能及机器人的相关学者联合起来举行了反对"杀人机器人"的活动。2014 年，欧盟提交了禁止研究"杀人机器人"的报告。2015 年，在国际人工智能学会上，众多专家呼吁不能把人工智能技术应用于军事。

如果恐怖分子使用人工智能制造的武器攻击人类，那怎么办？

针对这种情况，国际联盟也在讨论制定国际公约。

研究人工智能的目标应该是创造有益于全体人类的智能技术，而不是为了实现个别人的利益。为了避免研发具有危险性的人工智能，2017年欧洲公布了人工智能开发人员必须遵守的"阿西洛马人工智能原则"（Asilomar AI Principles）。这个原则包含了23个条款，主要分为下图的3个部分，规定研发人员应该创造对人类有益处的人工智能。

研究目标	道德标准和价值观念	长期问题
·开发有益于人类的人工智能 ·不开发没有方向的人工智能	·开发的人工智能应该是安全的、可用的人工智能 ·应该是符合人类价值观的人工智能	·应该避免使用致命的人工智能武器进行军备竞赛 ·人类应该对高级人工智能的发展进行计划和管理

科技应用于战争，归根结底不是科技的错，而是人类自身的道德问题。在科技不断发展的同时，人类也应该在道德方面约束自己。

附录：人工智能背后的程序设计

　　我们对人工智能的各种要求最终都要通过程序来实现，解决人工智能的相关问题需要在计算机上编写程序。传统的程序设计主要用于解决数值计算和数据处理的问题，而人工智能程序设计需要对数据进行符号化的知识处理，比如分类、检索、选择、比较、图像识别等。事实上，人工智能涉及的领域非常广泛，这也导致它背后的程序设计非常复杂。

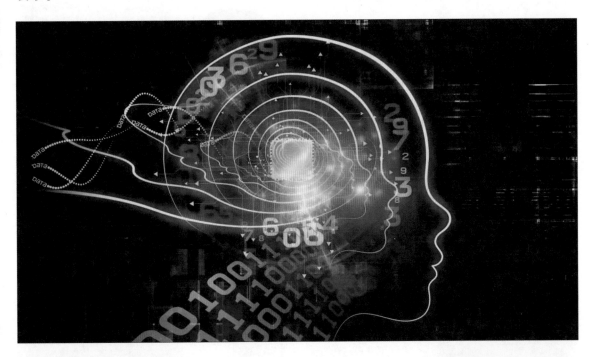

人工智能的发展速度已经远超我们的想象了。未来人工智能会带来无限可能，但也会有无限的挑战，你准备好迎接这些挑战了吗？

"人工智能+程序设计"听起来就很酷。我可不怕，我要迎接无限的挑战！

如果想深入学习人工智能，除了需要了解人工智能的基本常识之外，还需要了解它涉及的程序设计是什么。简单地说，程序设计就是给出某种特定问题解决方法的过程，在这个过程中需要某种程序设计语言作为开发工具。整个过程需要经过分析、设计、编码、测试等阶段，需要较高的专业编程水平才能完成。

专业的程序设计人员常被称为程序员。这类人经常和计算机打交道，有很高的编程水平。

那些研究人工智能程序设计的人脑子一定很聪明，肯定和我的脑子是不一样的。

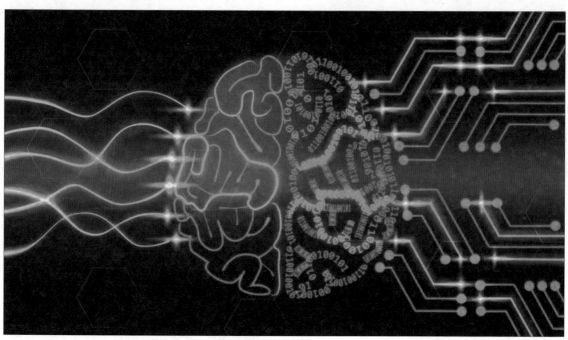

实现人工智能最需要的是计算机知识和数学知识，所涉及的学科非常广泛，包括计算机科学、应用数学、统计学、认知科学、神经生理学、心理学等多种学科。其中，程序设计和算法是进行人工智能开发的基础知识。

人工智能程序设计需要程序设计语言，那么能够和计算机交流的语言和我们日常对话的语言（自然语言）有多大的差别呢？程序设计语言就是编写计算机程序的语言，有指定的使用规则和语法，可以使用的关键字有限。而自然语言的词汇更加丰富，在语法上没有太多的限制，可以根据环境的不同不断变化。

怎么使用程序设计语言输出"你好"？会不会很复杂？

程序设计语言按照不同的功能分成了很多种类。如果使用 Python 语言的话，就可以写成 print("你好")这种形式。

计算机唯一能够识别的就是0和1，因此最初和计算机进行交互的语言是以二进制为基础的机器语言，但是这种语言对人类来说不容易理解和记忆。后来又产生了汇编语言，虽然这种语言比机器语言容易一点，但还是不好理解和记忆。于是人们又开发出了高级语言，这种语言更容易理解和记忆。

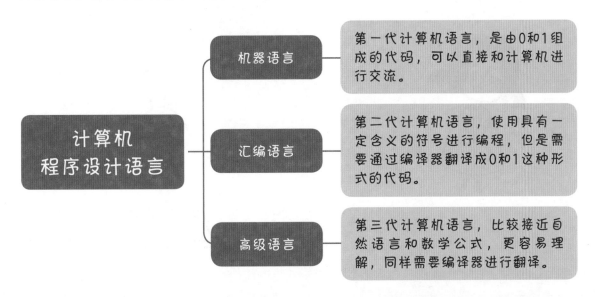

计算机程序设计语言

机器语言　第一代计算机语言，是由0和1组成的代码，可以直接和计算机进行交流。

汇编语言　第二代计算机语言，使用具有一定含义的符号进行编程，但是需要通过编译器翻译成0和1这种形式的代码。

高级语言　第三代计算机语言，比较接近自然语言和数学公式，更容易理解，同样需要编译器进行翻译。

看来编译器很重要，没有它，人类就不能和计算机交流了。

对呀！编译器相当于翻译官，它可以将计算机语言编译成二进制编码。程序员使用高级语言编写的程序需要编译器才能让计算机理解其中的含义。

　　人工智能涉及的知识结构比较复杂，在进行人工智能程序设计时需要掌握多种不同的编程语言，比如Python、C、Java、C++、LISP、Prolog等语言都可以用于人工智能领域的开发。这些编程语言各有优缺点，开发人员的选择往往取决于人工智能的应用功能。

这么多编程语言，我应该学习哪一种语言进行人工智能的开发呢？

人工智能是一个很广泛的领域，很多编程语言都可以用于人工智能的开发，只是开发效率和实现功能有所区别。

编程语言是实现人工智能的一个重要工具，那么，了解一些编程语言的特点，对于以后学习编程来说是很有必要的。

编程语言	特点
Python	语言灵活，语法规则相对简单，有非常丰富的库，比如Numpy库可以提供科学的计算能力
Java	是面向对象的语言，扩展性很好，适合搜索算法和神经网络等方向
C++	执行和响应速度很快，适合机器学习和神经网络方向
LISP	可以灵活和快速地解决特定问题，适合归纳逻辑项目和机器学习
Prolog	是一种基于规则和声明性的语言，支持模式匹配、人工智能编程的自动回溯

在教会计算机思考之前，首先需要理解计算机是如何思考的，然后用计算机可以理解的语言进行沟通，因此编程是人工智能的基础。

C++、C、Python、Java、PHP、C#、SQL、LISP、Prolog……

如果你对编程非常感兴趣的话，可以试试学习 Python。

随着平台、算法、交互方式的不断更新和突破，人工智能技术已经延伸到生产生活的方方面面了。在日常生活方面，人工智能可以协助人类完成此前必须由人类完成的智能任务。在生产方面，未来人工智能将在传统农业转型中发挥重要作用，比如用无人机检测耕地情况。在制造业方面，人工智能可以协助人员完成产品的设计。在金融领域，人工智能可以协助银行建立更全面的征信和审核制度。在医疗领域，人工智能可以协助医务人员完成患者病情的初步筛查和问诊。

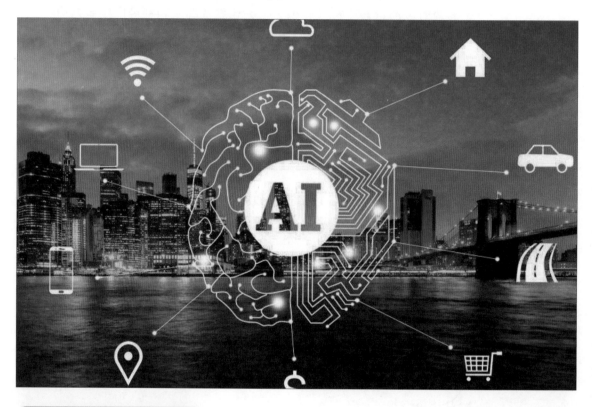

在人工智能时代，程序设计变得越来越重要。人工智能的发展越来越深入，AI 将和我们日常生活的所有方面都交织在一起。

我之前觉得人工智能离我特别遥远，现在看来人工智能就在我身边。